謹以此書獻給中山先生奉安大典80周年紀念日！
向呂彥直等中國近現代建築先驅致敬！

This book is dedicated to the memory of the eightieth anniversary of the grand funeral of Dr. Sun Yat-sen, and salute to pioneers of architects in modern China—Lv Yanzhi, etc.

中國近現代建築經典叢書

中山紀念建築

建築文化考察組 編著

《建築創作》雜志社 承編

指導單位: 國家文物局
協編單位: 北京市建築設計研究院 南京中山陵園管理局 廣州中山紀念堂管理處
南京博物院 南京大學 天津大學 中國建築學會建築師分會
南京市城市建設檔案館 廣州市設計院

天津大學出版社
TIANJIN UNIVERSITY PRESS

圖書在版編目（CIP）數據

中山紀念建築/建築文化考察組著.—天津: 天津大學出版社, 2009.5
ISBN 978-7-5618-2961-5

I. 中… II.建… III.孫中山 (1866~1925)—紀念館—建築設計—簡介IV.TU251.3

中國版本圖書館CIP數據核字（2009）第072792號

中國近現代建築經典叢書編輯委員會

顧　問：	單霽翔	羅哲文	吳良鏞	周幹峙	傅熹年	馬國馨	楊永生	何鏡堂	程泰寧	張錦秋
	齊　康	周治良	劉叙杰	劉先覺	張良皋	王其亨	鄒德儂	阮儀三	洪銀興	陳謙平
	龔　良	周　嵐	王鵬善	肖恆光	陳玉環	單捍政	余金保	黃建武	黃建德	黃建文

主　任：	朱小地
副主任：	張　宇　和紅星　崔　愷　邵韋平

編　委：	孟建民	胡　越	趙元超	莊惟敏	周　愷	朱文一	王建國	曾　堅	湯伯賢	金　磊
	楊　休	殷力欣	周學鷹	楊　歡	王志勇	韓振平	王前華	廖錦漢	吳應勝	錢曉清
	王曉抒	馬　曉	劉江峰	查　珺	蔡鎮遠	徐　楠	張　燕	李　沉		

主　編：	金　磊
執行主編：	殷力欣
執行編委：	康　潔　周學鷹　劉江峰　馬　曉　路　偉
測繪主持：	馬　曉　周學鷹
圖片統籌：	劉錦標
攝　影：	劉錦標　傅忠慶　殷力欣　陳　鶴　周學鷹　金　磊 南京中山陵園管理局　廣州中山紀念堂管理處等
建築圖：	呂彥直　彥記建築事務所　廣州市設計院　南京大學
歷史圖片：	南京博物院　南京市城市建設檔案館　廣州市設計院　南京中山陵園管理局 廣州中山紀念堂管理處　黃建德等
書籍設計：	康　潔
英　文：	吳　萌
編　務：	王曉蓉　劉　佳

出版發行	天津大學出版社
出 版 人	楊歡
地　　址	天津市衛津路92號天津大學内（郵編: 300072）
電　　話	發行部: 022-27403647　郵購部: 022-27402742
網　　址	www.tjup.com
印　　刷	北京華聯印刷有限公司
經　　銷	全國各地新華書店
開　　本	260mm×350mm
印　　張	45
字　　數	461千
版　　次	2009年5月第1版
印　　次	2009年5月第1次
定　　價	460.00元

《中山紀念建築》簡介

1925年3月12日，現代中國的奠基人、壯志未酬的革命先行者孫中山先生在北京病逝。從那時起，爲紀念斯人之偉大，"以偉大之建築，作永久之紀念"的建築活動，隨即在中國興起并延及海外，形成了一個歷時六十餘年、覆蓋中國和日本、新加坡、美國、英國、加拿大等國，由陵墓、故居、紀念堂、紀念碑、園林建築景觀和建築歷史街區等不同名目的數百個建築單位所組成的龐大建築群體，堪稱是中外建築史上非常獨特的建築現象——中山紀念建築。

本書收錄了世界各地40餘處中山紀念建築的歷史照片、設計圖紙、最新攝影圖片、相關歷史文獻以及殷力欣、周學鷹、馬曉、劉江峰等學者的研究論文，從文化史、建築史的角度，客觀闡釋了以南京中山陵、廣州中山紀念堂爲代表作的中山紀念建築在建築藝術和社會文化教育等方面所取得的成就，並指出南京中山陵、廣州中山紀念堂這兩組紀念建築組群，堅守着本民族建築文化精神永存的信念，博採居當時領先地位之西方建築技術與觀念，是以建築尋求民族文化再生的偉大嘗試；包括海外遺存在內的全部中山紀念建築是一項珍貴的文化遺産，在當代華人社會中具有不可替代的文化價值。

本書系"中國近現代建築經典叢書"的第一册，是一部集建築歷史研究、文獻記錄和攝影資料於一體的專著，具有較高的學術水準，同時也是一部高水準的建築藝術賞析圖籍。

Introduction to "the Memorial Buildings of Dr. Sun Yat–sen"

Dr. Sun Yat–sen, the revolution forerunner and founder of modern China, with his lofty unrealized aspirations, passed away in Beijing on March 12, 1925. After his death, a large–scale construction drive in memory of his accomplishment was raised thoughout the country and abroad. "To achieve permanent memory with great construction" was the name of the drive which lasted over 60 years and covered many parts of world, spreading from China to Japan, Singapore, the United States, the United Kingdom and Canada, etc. Dr.Sun Yat–sen's memorial buildings, a unique architectural phenomenon thus came into being, represented by enormous building complex consisting of hundreds of buildings, such as mausoleums, former residences, memorial halls, monuments, landscape architecture , historical sites and streets, etc.

This book includes research articles written by the scholars Yin Lixin, Zhou Xueying, etc. , historical pictures, design drawings, latest photographs and relevant historical documents of more than 40 Sun–Yat sen's memorial buildings around the world. It shows from the viewpoint of cultural history and architectural history, the achievements of Sun Yat–sen's memorial buildings as represented by his Mausoleum in Nanjing and Memorial Hall in Guangzhou, in aspects of architectural art and social culture and education. It also points out that the memorial building complex in Nanjing and Guangzhou not only held fast to China's belief in its own national spirit in architecture, but also manifested its absorption of fine ideas from western architecture that plays a leading role in world architecture. So it can be considered a great step taken for regeneration of China's national culture. The entire set of Sun Yat–sen's memorial buildings, including remained overseas memorial buildings, are precious cultural heritage that has irreplaceable cultural value for contemporary Chinese communities all over the world.

This book is the first volume of the series "Modern Chinese Architectural Classic", consisting of architectural historical researches, historical documentaries and photographs. It not only has a higher academic value, but also can provide high level architectural art photographs for readers to appreciate.

序

2009年6月1日是孫中山先生安葬南京中山陵的奉安大典80周年紀念日。在這個值得紀念的日子即將到來之際，欣聞建築文化考察組編著《中山紀念建築》一書即將付梓，此舉誠爲建築領域、文化領域的雙重大事。

　　孫中山先生是中國近現代史上具有世界意義的一位偉人，是舊中國封建帝制的掘墓人和現代中國走向富强、民主的奠基者。在他去世後，中國人民以各種方式紀念他，其中包括"以偉大之建築，作永久之紀念"的建築活動——將他生活、工作過的地方以他的名字命名，進而建造專題的紀念建築，如陵墓、紀念堂、紀念碑，并開闢了數以百計的中山公園及中山路等。

　　對此，正如本書所述：這數百處遍佈中國及海外的中山紀念建築，在建築學的意義上真實地反映了19世紀末到20世紀末的中國建築面貌和建築思潮的演變過程，是珍貴的建築文化歷史遺產；另一方面，在華人社會的文化意義上，這些紀念建築在中國現代社會生活中也起到了越來越重要的作用——接續了中國古代孔廟兼顧思想傳承和社會教化功能的傳統，成爲海内外華人的文化歸屬之象徵。

　　我作爲一個從事文化遺産保護與研究管理工作多年的中國公民，對中山先生偉大的一生是極其敬仰的，對以南京中山陵、廣州中山紀念堂和臺北國父紀念館等爲代表的中山紀念建築懷有很深的感情，祗要有機會拜謁，我都不會錯過。

　　優秀的建築代表着特定時代社會思想、藝術追求與科技水平，中山紀念建築是爲中山先生而存在的，但集中反映着中國人民在過去100年的奮鬥歷程和所思所想，理應被承認爲中國近現代史上最珍貴的文化遺產。

　　《中山紀念建築》是一部集歷史文獻、研究論著和新舊圖影資料於一體的大型專著，詳細論述了以南京中山陵和廣州中山紀念堂爲代表的孫中山先生專題紀念建築，具有很高的史料價值和學術研究水平，也是可供廣大讀者啓蒙近現代歷史文化之上的建築藝術圖册。它正式出版的本身，就説明了中山紀念建築日益得到各界越來越高的重視。

　　這裏，我想向大家介紹一下承擔本書編撰工作的"建築文化考察組"。這個考察組是一個由北京市建築設計研究院及其傳媒機構《建築創作》雜志社等支持的自發性研究團隊，有天津大學、南京大學、中國文化遺產研究院等機構的部分中青年學者盡全力參與其事，近年來在接續中國營造學社傳統、深入研究中國古代建築歷史方面做出了突出成績，所編著《義縣奉國寺》一書，在爲我國民族傳統建築杰作樹碑立傳方面成績斐然。現在，他們又兼顧了近現代建築文化遺產的研究。本書即是在這方面的新成果，其翔實的文獻梳理工作和獨到的研究視野，使得此書在報請專家評審過程中，就已經獲得了好評，被認爲是近年來足以代表當前中青年學者學術水平和研究成果的力作。

本書是繼"中國古代傳統建築經典叢書"之後，又開啓的"中國近現代建築經典叢書"新系列中的第一部著作，我想它也開啓了國家文物局支持的要關注中國近現代建築文化遺産研究的序幕，屬於爲近現代建築經典樹碑立傳的文化工程，從而使得建築歷史研究更加具有了承前啓後、指向未來的現實意義。

此外，我很高興地得知：在本書編寫過程中，中山陵園管理局、南京博物院、南京城市建設檔案館、廣州市文化局、廣州市中山紀念堂管理處、廣州市設計院等單位都對此書的編撰工作予以了無私的支持，這本身就是一個文化自覺及國家利益高於一切的説明。自2006年國家設立文化遺産日以來，越來越多的業内外人士已經意識到：爲了中國的文化建設，必須加强近現代文化遺産的保護與研究。

最令人感動的是：中山陵與廣州中山紀念堂的設計者、著名建築師吕彥直先生的合作伙伴黄檀甫先生一生致力於吕彥直文獻資料的保存，他和他的妻子兒女們爲此付出極其高昂的生命和時間代價而義無反顧。今天，他們爲支持這項工作，又無私奉獻了家藏的珍貴圖文資料，展示了我們中國人忠信仁義的傳統美德。

我衷心希望我們的文化遺産保護工作者悉心愛護海内外每一處中山紀念建築，使中山先生的事業與精神隨建築的永久而垂不朽！

單霽翔

2009年4月

目　録
Contents

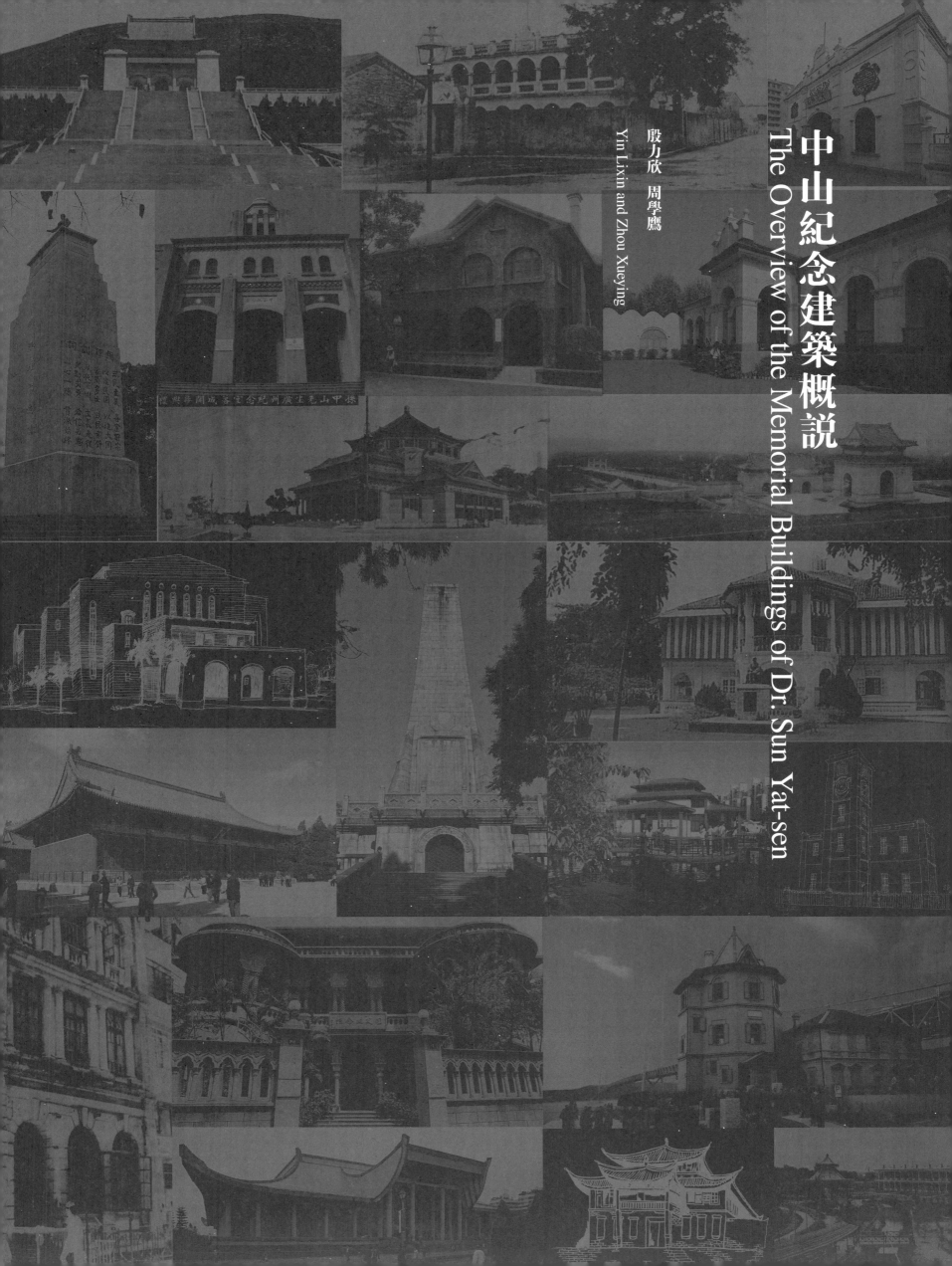

中山紀念建築概説
The Overview of the Memorial Buildings of Dr. Sun Yat-sen

殷力欣　周學鷹

Yin Lixin and Zhou Xueying

引言

1925年3月12日, 現代中國的奠基人、壯志未酬的革命先行者孫中山先生在北京病逝。從那時起, 爲紀念斯人之偉大,“以偉大之建築, 作永久之紀念”的建築活動, 隨即在中國興起并延及海外, 形成了一個歷時六十餘年、覆蓋中國各地和日本、新加坡、美國、英國、加拿大等國, 由陵墓、故居、堂、紀念堂、禮堂、紀念館、紀念碑、紀念亭、園林建築景觀、建築歷史街區等不同名目的數百個建築單位所組成的龐大建築群體, 堪稱是中外建築史上非常獨特的建築現象——中山紀念建築。[圖1、2]

2009年6月1日是中山先生靈柩安葬南京中山陵的“奉安大典”80周年紀念日。藉此機會, 本書將對這一獨特的建築現象作一次初步的梳理, 以期通過這個建築現象内在的發展變化軌迹, 探討其所蘊涵的文化形態和時代精神的演變趨勢。

在建築學分類中, 紀念建築始終是人類建築活動中非常重要的一項, 而陵墓、堂廟建築則是紀念建築中不可或缺的組成部分。

人文伊始, 世界各民族大多抱靈魂不滅、萬物有靈的哲學理念, 故爲死者擇地建墓、建廟等即成爲各民族歷史上最重要的建築活動之一, 并以此陵墓類、廟堂類建築活動爲載體, 衍生出一系列涉及信仰、宗教和倫理教化等重要内容的社會活動。

陵墓建築——即爲死者選擇適當的地點和適當的建築形式安葬的建築活動。除安葬外, 這類建築往往加建爲後人提供憑弔、紀念活動的場所。重要的陵墓建築可列舉埃及金字塔、德埃巴哈利哈特什普蘇女王陵、印

圖1. 北京十萬民衆爲中山先生送靈的場面

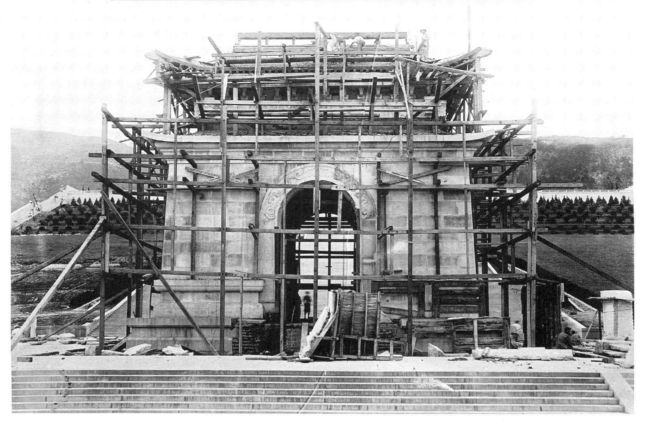

圖2. 南京中山陵建造工程舊影

度泰姬陵以及中國陝北的黃帝陵、曲阜的孔林、關中的秦始皇陵、咸陽原的漢茂陵、唐乾陵、杭州的南宋岳飛墓、南京的明孝陵、北京的明十三陵、揚州的明末史可法衣冠塚、河北遵化的清東陵、易縣的清西陵等。這裏，"事死如事生、事亡如事存"爲建築活動的核心理念。

　　廟堂建築——重點不在喪葬，而純爲紀念、祭祀的建築。如遍布世界各地的佛寺、基督教教堂（含東正教堂、天主教堂和新教教堂等）、清真寺以及遍布中國各地的孔廟、賢良祠、忠烈祠等。這類建築，最初的起因是紀念釋迦牟尼（約公元前565~公元前486）、耶穌基督（相傳爲公元1~37）、穆罕默德（570~632）、孔子（公元前551~公元前479）以及中國的名將良相等已故先賢巨哲、開國元勳和治世能臣，但很快即不拘泥於初衷，成爲人類寄寓宗教理想、維係信仰、體現終極關懷的最重要的精神殿堂。

　　一些重要的建築群是將安葬與祭祀合一的，如耶路撒冷聖墓及教堂、麥地那聖墓及先知寺（亦稱爲聖寺）以及供奉有佛舍利的佛寺（塔）等。另外，許多有影響的人物的誕生地也往往被列爲紀念地，甚至成爲宗教聖地，如耶穌基督誕生的伯利恒、穆罕默德誕生的麥加等。

　　在上述實例中，很突出的一點，是這些建築帶有很強的神性和宗教色彩。在古代社會，人類對現實的道德規範和對未來的憧憬，一般都是要借助超人、超自然的力量——皇家不可侵犯的權威、英雄們的蓋世功勳以及哲人們指向永恒的形上思辨和金科玉律般的道德戒律等，都不免打上了天賦神權的印記。在這一點上，古代西方與古代東方本沒有什麼質的區別：在西方的文藝復興之先，中國的辛亥革命之前，紀念性建築大都帶有神性，至少帶有部分神性因素。即使自己持"未知生、焉知死"之現實觀念，素以實踐理性著稱的孔夫子，也難免自逝世二百多年之後的漢代，逐漸被後人如神般地敬之畏之。

以1789年法國大革命爲標志，人類文明進程進入一個新的階段。在這個現代文明階段，"慎終追遠"的紀念性建築活動并未終止，但被賦予新的文化意義。紀念性建築的主色調逐漸被社會思潮的理性傾向和偉人們的平民化傾向所取代。這種理性的平民化的紀念建築可以法國巴黎市的先賢祠和美國華盛頓特區的林肯紀念堂爲代表。

巴黎先賢祠（Panthéon de Paris）之名係中文意譯，而Panthéon一詞原本的意思是"萬神殿"。起初，這座建築是法王路易十五於1764年開始興建的聖日内維耶大教堂，1789年落成之際適逢大革命，這座教堂未及啓用其原有功能，即被革命政權改作埋葬"偉大的法國人"的陵墓。這一時刻之所以更名聖日内維耶大教堂爲"萬神殿"，因其正立面略似羅馬萬神殿（Panthéon de Rome），也有以萬神喻共和國功臣之意。以後近百年間，其用途時有變更——兩度被先後執政的大小拿破侖政府恢復爲教堂。至1885年5月30日，法國最終形成了全民性的共識：將先賢祠法定爲法蘭西偉人的安葬地和紀念場所。這一天，法國國會決定將文學巨匠維克多·雨果（Victor Hugo, 1802~1885）的靈柩安葬於先賢祠，並爲其舉行盛大國葬，而這樣的一次國葬是具有劃時代的象徵意義的——有史以來第一次有一個國家因他們的一位詩人、思想家和社會活動家代表着社會良知、追求光明的精神，被譽爲"共和之父"，給予他以往衹有宗教領袖和開國元勛才有資格享有的無上榮光。相隔一日，1885年6月1日，一個同樣具有象徵意義的舉動出現了：人們將先賢祠正立面門楣的宗教性裝飾拆除，鐫刻以雨果的詩句相替代——"偉人們呵，祖國感謝你們（Aux grands hommes, la Patrie reconnaissante）！"至此，這座兼有陵墓與紀念堂性質的建築，"偉人（Grand Homme）"的主題取代了神祇（Dieu）的位置，徹底將廟堂建築的文化内涵定性爲對人的紀念[1]。迄今進入這一人性聖殿的七十二人名單中，曾在生前叱咤風雲、顯赫一時的政治家和軍人衹占其中很小的份額，而更爲引人注目的是其思想、情感和貢獻更具普世意義的哲學家伏爾泰、盧梭，文學家雨果、左拉，科學家居里夫婦，音樂家柏遼兹，畫家莫奈和本身就是盲人的世界通用盲文發明者路易·布萊葉（Louis Braille, 1809~1852）等。[圖3、4]

[1] Wincok, Michel. Les voix de la liberté. Seuil, 2001；殷力欣. 影像中的雨果. 老照片（第二十二輯），濟南：山東畫報出版社，2002.

圖3. 巴黎先賢祠全景

圖4. 先賢祠門楣

林肯紀念堂（Lincoln Memorial）坐落在美國華盛頓特區國家大草坪西端、波托馬克河東岸。早在林肯逝世兩年後的1867年，美國公衆即有爲其建造紀念建築物的動意，但直到1914年才正式動工，於1922年落成。這座通體用白色花崗岩和大理石建造的希臘神殿式建築物是爲紀念美國第16任總統亞伯拉罕·林肯而建造的。從紀念堂落成之日起，每年2月的"總統紀念日"，美國人民都會在林肯紀念堂臺階上舉行紀念儀式，其内容之一是朗誦林肯著名的"在葛底斯堡國家烈士公墓落成典禮上的演說"：

"87年前，我們的先輩們在這個大陸上創立了一個新國家，它孕育於自由之中，奉行一切人生來平等的原

[2] 朱曾汶譯.林肯選集.北京:商務印書館,1983.

圖5.林肯紀念堂

則……從更廣泛的意義上,這塊土地我們不能够奉獻,不能够聖化,不能够神化。那些曾在這裏戰鬥過的勇士們,活着的和去世的,已經把這塊土地聖化了,這遠不是我們微薄的力量所能增减的……我們要使這個民有、民治、民享的政府永世長存。"[2]

自林肯紀念堂竣工之日起,這個紀念堂即不是林肯一個人所獨有的私人空間,而成爲一個内容更廣泛的公共場所,一個民權運動的聖地。1963年,馬丁·路德·金在這裏發表著名演説"我有一個夢想"。[圖5、6]

在美國建國史上,爲林肯建造的這個紀念堂,其體量之大、形式之莊嚴都是空前的,開國元勳華盛頓、杰佛遜們也没有得到如此的禮遇。這不意味着林肯的功勳高於他的前輩,毋寧説是林肯的一生更貼近蕓蕓衆生,他的理想代表普通民衆的理想,故這個紀念堂的意義在於:將對一個偉人的紀念殿堂升華爲全體公民争取公民權利的公共殿堂。

巴黎先賢祠與林肯紀念堂,在建築形式上不約而同地借鑒了西方神殿形式(分别是羅馬神殿和希臘神殿),也不約而同地將往昔的神殿賦予了人性與理性的全新的内在精神特質,足以詮釋現代文明中紀念建築的文化理念。

也正是在文明演化進程達到巴黎先賢祠與林肯紀念堂的階段之際,繼這兩座偉大建築之後,在古老的中國產生了以南京中山陵、廣州中山紀念堂爲代表的衆多中山紀念建築,寄寓着至少有5000年文化傳承歷史的偉大國度正式

圖6.林肯紀念像

步入了現代文明之林,説明了這個國度的人民有着在現代文明進程中繼續承擔偉大民族所應承擔之義務的信念和决心。

應當着重指出的是:中山先生所堅守的現代文明的理想和抱負,是帶有中國固有文明的印記的,他的成功與他的未竟之業,都是立足於中國而放眼全球的。他胸懷世界大同的理想,這個理想源自本土典籍,因他研習近代西方學説而覺得有成爲現實的可能。他曾具體解釋他的思想淵源:"余之謀中國革命,其所持主義,有因襲吾國古有之思想,有規撫歐洲之學説事迹者。"[3]《禮記·禮運》中記載着孔子對理想社會的描繪:

"大道之行也,天下爲公,選賢舉能,講信修睦,故人不獨親其親,不獨子其子,使老有所終,壯有所用,少有所長,鰥寡孤獨廢疾者皆有所養。"[4]

中山先生曾多次擷取這段文字中的"天下爲公"四字書寫成條幅分贈友人,以此勵志,也以此將西方政治學説作了本土化的表述。

[3] 孫中山全集(共十一卷).北京:中華書局,1981—1986.

[4] 十三經注疏.北京:中華書局,1980,第1414頁.

與此相應，爲紀念他所建造的紀念性建築，也大都兼有現代文明特質和難以割捨的中華古老文明的積澱成分，無論建築物本身採取中式、西式或

圖7.孫中山爲臨時大總統府所題 "天下爲公" 匾額

中西合璧式，中山先生手書 "天下爲公" 普遍被鎸刻爲匾額在各地昭示，由此形成古中華文明的現代建築文化象徵。[圖7]

中山紀念建築作爲歷史文化遺産，建築形式上留有各類具有鮮明地域特色和時代信息的歷史遺存，詮釋着時代變革的社會背景；而其中的代表作南京中山陵與廣州中山紀念堂等，在繼承中國皇家宮殿、宗廟樣式和陵墓格局的同時，也借鑒了西方穹頂、拱券樣式，更針對現代社會的功能需求和資源局限，大量採用了現代建築結構技術，形成了全新的中國民族建築樣式。

距中山陵奉安大典80年之後的今天，環顧遍布全國各地和部分海外的中山紀念建築，特別是將這些紀念建築當作一個整體性的建築組群通覽，我們可以自信地説：中山紀念建築以其規模之龐大、採用建築樣式之多樣和文化内涵之豐富，形成了近現代中國一筆最重要的建築文化遺産，并在世界建築史上占據了一個崇高的位置。

一、中山紀念建築概覽

（一）孫中山先生生平及歷史功績

孫中山（1866~1925年），名文，幼名帝象，字德明，號逸仙，廣東省香山縣翠亨村（今中山市翠亨鎮）人。其履歷如下：

1866年11月12日，誕生於廣東省香山縣翠亨村；

1892年，畢業於香港西醫書院；

1894年，上書李鴻章呼籲政治革新，遭拒後在美國檀香山組織興中會；

1895年，發起旨在推翻清政府統治的廣州起義，事泄未果，赴海外繼續尋求救國之路；

1905年，興中會與華興會、光復會合併爲同盟會，被推舉爲總理；

1911年，10月10日武昌起義後，於12月當選爲中華民國臨時大總統；

1912年，2月14日辭去臨時大總統職務並於4月3日卸任，所主持制定的《中華民國臨時約法》於3月經臨時參議院審議通過，又於8月接受袁世凱政府 "全國鐵路督辦" 的委任；

1913年，發起討伐袁世凱的 "二次革命"；

1914年7月，在日本東京組織成立中華革命黨，任總理；

1915年12月，發動討袁 "護國運動"；

1917年9月，在廣州建立護法軍政府，任海陸軍大元帥；

1919年10月，改組中華革命黨爲中國國民黨；

1921年5月，在廣州成立中華民國非常政府，任非常大總統；

1923年1月，發表他制定的《中國國民黨宣言》、《中國國民黨黨綱》，宣佈三民主義、五權憲法爲其建國綱領；

1924年6~11月，創辦黃埔軍校，發表北伐宣言，應邀赴北京與北京政府共商國是；

1925年3月12日，在北京鐵獅子胡同行轅病逝。

中山先生的一生，至今爲後人稱頌的是：從1895年籌劃廣州起義受挫起，至1910年廣州新軍起義、1911年的黃花崗起義、武昌起義，他與黃興（1874~1916）、廖仲愷等人爲推翻清政府組織反清武裝起義十餘次，屢仆屢戰，以堅忍不拔的戰鬥精神激勵着愛國志士和被壓抑已久的全國民衆；爲謀求現代中國共和國體的誕生，他先受命於危難之際就任臨時大總統，又主動辭職以求新政體的確立，其人格之仁厚與心胸之豁達，爲國人樹立了一個不計私利、清廉、親民的現代政治家的楷模；民國成立後，爲謀求國家真正的民主、自由和中華民族的復興大業，一方面與舊勢力作不屈不撓的抗爭，一方面勤於思考、殫精竭慮，從改革政體到和平建設，事無巨細地規劃着中國的未來。

毋庸諱言，中山先生是一代偉人，是壯志未酬的民族英雄，但不是傳統意義上的完人、聖人。後人盡可以從他生前有"孫大炮"的綽號而嗅出他血肉之軀所難免的凡人的喜怒哀樂，他不是《世說新語》所謂"聖人忘情"的聖人；也可對他要求求他的同志按手模起誓加入中華革命黨的做法提出異議（如併稱"孫黃"的黃興先生在當時即表示不能接受）；中山先生的政治思想是宏大的，而他"將社會革命與政治革命畢其功於一役"的設想和實際行動則不免天真、不切實際……但是，無論當時的黃興，還是百年之後的學人，都無可否認他的不謀私利、他的仁厚豁達、他對不斷完善自我所付出的不懈努力，他對國家和民族是鞠躬盡瘁的。

中山先生開創了全新的國體，也留下了未竟事業，他光輝永恒的思想，更是有待後人繼承的精神遺產。

對於這樣一位建立豐功偉績也遺留若干遺憾、既富於人格魅力又不掩性格弱點的一代偉人，後人紀念他，並在紀念他的場所銘記他的"建國大綱"、"總理遺言"和"革命尚未成功，同志仍須努力"的諄諄告誡。[圖8、9、10、11、12]

（在本文初稿完成之後，意外收到了一份珍貴的禮物——南京大學中國文化與文物研究所楊休所長將其珍藏的一幅中山先生手澤拍成照片惠贈筆者。此件條幅上書"要立志做大事，不要做大官"十一字誠詞。楊先生很贊成筆者把中山先生看作平民偉人，故願意將此手澤交予我們首次刊載面世，爲這"平民偉人"之説提供一個左證。在此，衷心感謝楊先生的支持和厚愛!）

圖8.孫中山臨時大總統像

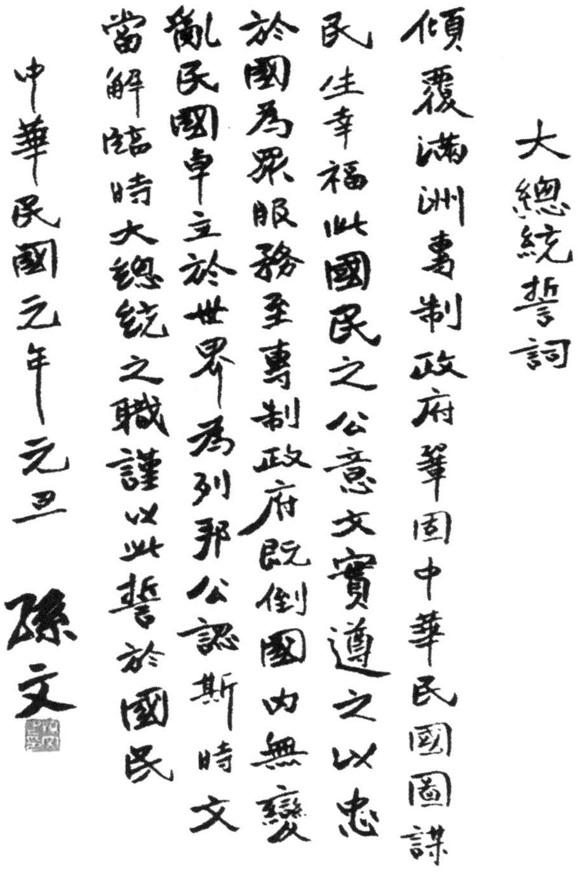

大總統誓詞

傾覆滿洲專制政府鞏固中華民國圖謀民生幸福此國民之公意文實遵之以忠於國爲衆服務至專制政府既倒國內無變亂民國卓立於世界爲列邦公認斯時文當解臨時大總統之職謹以此誓於國民

中華民國元年元旦　孫文

圖9.大總統誓詞

圖10. 臨時參議院會議代表合影 (一排左五爲孫中山)

圖11. 孫總理實業計劃圖

圖12. 孫中山誠詞手迹

(二) 中山紀念建築舉要

　　所謂"中山紀念建築",分散於全國各地和海外,由現存的一座陵園、一處衣冠塚、20幾處故居及史迹紀念地、30餘座中山紀念堂館及紀念碑、40餘個中山公園和500多條中山路歷史街區等組成,可簡單分爲三類:中山史迹紀念建築、榮譽命名的中山紀念建築和專題建造的中山紀念建築。

中山史迹紀念建築

　　此類建築本不是爲紀念中山先生而建,因其生前曾是中山先生生活、工作的地方,且有重要的紀念意義,遂在中山先生逝世後闢爲專門的紀念場所,并以之命名,如中山市翠亨鎮中山先生故居紀念館、廣州市孫中山大元帥府紀念館、長洲島中山紀念碑、南京孫中山臨時大總統府、上海市孫中山先生故居紀念館、北京市中山堂、碧雲寺中山先生衣冠塚、福州中山紀念堂、澳門國父紀念館、香港"中山史迹徑"(含歷史建築遺迹13處)、臺北國父史迹紀念館(原名"梅屋敷")、新加坡孫中山南洋紀念館(原名"晚晴園")、美國舊金山市國父紀念館、日本神户市孫中山紀念館(原名"移情閣")等。此外,還有一些與孫中山相關的歷史建築,如1912年孫中山主持國民黨成立大會的北京湖廣會館、設有孫中山辦公室的黄埔軍校舊址紀念館等,因不是專門的紀念性質,本文暫不列入"中山紀念建築"行列。

榮譽命名的中山紀念建築

此類建築原本與中山先生生平事迹無關或關係極小,而在中山先生逝世後,後人爲紀念他而冠以他的名義,如北京中山公園、常州中山紀念堂(原爲城隍廟)等。此類紀念建築的範圍是很寬泛的:全國有40多個城市均將某個公園命名爲中山公園,甚至在海外也有加拿大温哥華埠中山公園和日本仙臺中山公園,全國更有400多個市縣將至少一條街道以中山或孫文命名。此類紀念建築雖非專門建造,但將紀念建築的範圍擴展到了園林和歷史街區。

專題建造的中山紀念建築

此類建築是在孫中山逝世之後專門建造的。在三類建築中,其數量目前不一定比第一類多,但建造歷程最久,影響也最大。自1925年建造梧州中山紀念堂、梅州中山紀念堂至20世紀80年代中山市中山紀念堂竣工,各地建造專門的中山紀念建築已歷時60餘年,其中,南京中山陵、廣州中山紀念堂、臺北國父紀念館等,無論其文化意義,還是在建築本體上的建樹,均已享有世界性的聲譽。

迄今爲止,這三類紀念建築尚無精確數目,據劉江峰博士的初步統計,目前已知在500個以上(詳見本書"世界各地中山紀念建築輯略")。現擇其典型舉要如下。

1.翠亨鎮孫中山故居紀念館

坐落於原香山縣翠亨村的孫中山故居本爲嶺南常見的二進院落的鄉村民居,在孫中山開始以行醫謀生後,由其兄出資,並於1892年春親自設計、改造爲中西合璧樣式。其主要特徵是:主體建築的二層青磚樓正門擴建爲由七個古羅馬拱形門組成的二層門廊,而側面外觀仍保持舊貌。20世紀90年代,當地政府將附近民居劃定爲歷史街區,並在故居西側建成并投入使用一座"孫中山故居陳列展示綜合樓"。

圖3. 翠亨村舊影

此地既是孫中山先生的出生地,又是早年生活、學習之地,更是與陸皓東(孫中山譽爲"爲共和革命而犧牲者之第一人",其爲1895年廣州起義設計的青天白日旗被孫中山欽定爲中國國民黨黨旗)等人開展早期革命活動之地。他曾在這裏試驗制作武裝起義用的炸彈，今翠亨村南門"瑞接長庚"石匾上猶存被震裂的裂痕。

將此中西合璧樣式的故居與周邊典型的嶺南民居、現代風格的陳列展示綜合樓視爲一個時間延續的整體性建造過程，我們從中體味着偉人誕生的時代性地域性氛圍和偉人獨有的個性、天賦與機緣以及後人對他的尊崇。[圖13、14]

圖14.翠亨村故居側影——嶺南民居與西式門廊的結合

圖15.孫中山等"四大寇"在香港合影

圖16.乾亨行舊影

2.香港"中山史迹徑"

香港"中山史迹徑"係由香港西區高街延伸到中區德忌笠街的歷史街區，沿街建築風格以中西合璧的殖民風建築爲主。將此街區命名爲"中山史迹徑"，是因爲這裏遺存着與中山先生早期革命活動相關的13處建築，如：歌賦街"楊耀記"商號，孫中山曾與陳少白、楊鶴齡、尤列等人在此策劃反清革命，被稱"四大寇"；德忌笠街20號"和記"鮮果店，是1903年"廣州之役"的指揮中心；屯門蝴蝶灣"紅樓"門前有黃興先生手植三株棕櫚，中山先生曾與他在此策劃著名的惠州起義和黃花崗起義……在這一街區中，中西區衛城道7號甘棠第（建於1914年，原富商何甘裳家族府第）係保存完好、具有純正英國古典風格的住宅建築，今已正式闢爲香港孫中山博物館。而實際上，"中山史迹徑"街區本身就是一個展示在西風東漸形勢下策動東方古國現代巨變的"香港孫中山博物館"。[圖15、16]

3、新加坡孫中山南洋紀念館

新加坡大人路的晚晴園建於19世紀末，是一座英式風格的別墅建築。1900~1911年間，孫中山先後10次在新加坡逗留，其中在晚晴園居住時間最長，曾在此設立同盟會分會、策劃舉行第二次廣州起義。孫中山逝世後，晚晴園即闢爲紀念地；抗日戰争期間，晚晴園被日軍占據作爲通訊部，紀念文物蕩然無存；1966年經整修後重新開放；1996年被正式命名爲"晚晴園——孫中山南洋紀念館"。

晚晴園純西方式的建築風格，與上海香山路孫中山故居、澳門國父紀念館、日本神户孫中山紀念館（移情閣）等相近似。這個巧合，説明了西風東漸爲東亞、東南亞的大風氣。而晚晴園的歷盡劫難，詮釋着孫中山實現理想的艱難歷程。

4.上海孫中山故居

上海孫中山故居位於今上海香山路東，是英國鄉村別墅式樣的小型洋房。1918～1924年間，中山先生在此居住，寫下了代表其政治觀念、哲學思想和治國策略的重要著作《孫文學説》、《實業計劃》，并在這裏召開會議，着手國民黨改組，策劃國共合作……

此處故居見證了中山先生晚年的工作和思想變化。[圖17、18]

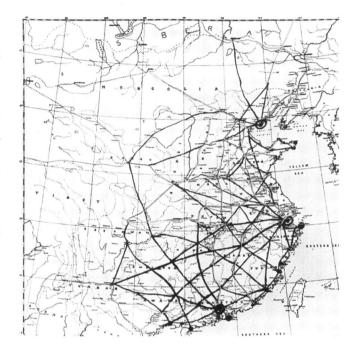

圖17.中山先生親筆勾畫的鐵路建設圖

圖18.孫中山夫婦在上海寓所的會客室

5. 廣西梧州中山紀念堂

廣西梧州中山紀念堂位於梧州中山公園中心的北山頂,占地面積1 630.59m²,坐北向南,素白色的外墻與四季常綠的古樹相映襯,寓中山精神萬古常青。紀念堂前座是四層社塔式圓頂建築,高23m,外拱門正中的門楣上,有陳濟棠先生於民國十九年七月題寫的"中山紀念堂"楷書門額。後座爲千人會堂,東西兩側各有兩扇小門。會堂的正面爲舞臺,舞臺中央有中華民國國徽,臺口上方中央塑有古銅色的孫中山頭像,像的左右是用天藍色書寫的總理遺囑全文。臺口兩側有孫中山"革命尚未成功,同志仍須努力"的遺訓。紀念堂除地座外尚有樓座,頂部爲歇山式建築,用天青色琉璃瓦覆蓋。整體建築採用西方教堂式和中國古典宮殿式相結合的建築結構設計,具有中西合璧的建築藝術風格,整個建築氣勢雄偉,莊嚴肅穆。

1921~1922年,孫中山曾三次到梧州從事革命活動,在此發表重要演說,組織北伐,深得當地人的愛戴。因此,他逝世後不久,梧州民衆爲紀念其豐功偉績,在李濟深先生的倡議下,籌建了這座紀念堂。梧州中山紀念堂遂成爲全國最早的中山紀念堂之一,今會堂展出孫中山先生生平事迹圖片及文物。梧州市還有中山路、中山碼頭等遺迹。[圖19]

圖19. 最早的中山紀念堂——梧州中山紀念堂

廣西百色凌雲縣、廣東梅州、高州、江門、海南海口、湖南長沙等地也都有早期的中山紀念堂。

6. 上海中山公園

上海中山公園原是舊上海英國房地産商霍格的私家花園,1914年改建爲租界公園,保留了近代英國式自然風景園林特色和日本式築山庭院園林特色,并融匯了若幹中國園林造景特點,以大面積的草坪、茂密的山林和規整的水面處理在舊上海知名,而其與周邊環境的處理手法,是常見的西方城市街心公園的設計手法,具有西方現代主義建築思潮的痕迹。經過近90年發展建設,形成了具有濃鬱近代歷史文化色彩的園林建築景觀。

上海中山公園與天津中山公園同爲典型的租界公園,但後者是中山先生發表過重要演說的地方,而上海中山園公則完全與孫中山生前事迹無關,在他逝世後,以他的名字冠名,表達了民衆對他的仰慕。在目前40餘處中山公園中,類似的情況是很普遍的,如廈門、青島等地,均有中山先生生前從未涉足的中山公園。

7. 北京中山公園及北京中山堂

北京中山公園本是明清皇城内的社稷壇,20世紀初,由朱啓鈐先生主持,改造爲具有傳統園林特色的公園,稱"中央公園"。園中社稷壇之北,有供皇家社稷壇祭祀時休息的拜殿——一座面闊五間、黃琉璃瓦單檐歇山屋頂的楠木大殿。1925年3月12日,中山先生在鐵獅子胡同行轅病逝,爲適應民衆憑弔之需,3月19日,中山先生靈柩移至社稷壇拜殿;3月20日,由林森主持公祭;4月20日,靈柩移往西山碧雲寺暫厝。據統計,此次治喪期間,治喪處收到花圈7 000餘個、輓聯59 000餘個,簽名弔唁者達74萬餘人。1928年,拜殿被更名爲中山堂,中央公園

圖20: 在社稷壇拜殿的憑弔活動舊影（此殿後被命名爲北京市中山堂）

更名爲中山公園，而中山公園南的一段長安街也命名爲中山路（後中山路的命名取消）。1949年之後，中山公園內的中山堂成爲北京各界紀念中山先生的主要場所。

1993年，雕塑家曾竹韶創作的高約3m的中山先生銅像被安放在公園入口，使得中山公園更加名副其實。

北京的中山公園及中山堂，素以傳統園林建築藝術風格聞名，是最早的中國民族風格的中山紀念建築。［圖20］

8.北京碧雲寺"總理衣冠塚"與"孫中山紀念堂"

1925年4月至1929年5月間，中山先生靈柩長期存放在北京西郊的碧雲寺內，將普明妙覺殿設爲靈堂，而靈柩停放在金剛寶座塔的石塔內，至今塔內永久性封存着孫中山衣冠和楠木棺，故寺內普明妙覺殿被命名爲孫中山紀念堂，而金剛寶座塔則正式命名爲"總理衣冠塚"。因此，香山碧雲寺內的紀念堂和衣冠塚也屬民族傳統風格的中山紀念建築，而按中國的風俗，衣冠塚是與正式的陵墓同樣重要的。［圖21］

圖21.宋慶齡等在碧雲寺金剛寶座塔守靈，此處後爲"總理衣冠塚"

9. 南京中山陵

在目前世界範圍的紀念建築群中, 其規模之大是屈指可數的, 而其中呂彦直設計的中山陵墓主建築群則是舉世聞名的現代偉人陵墓, 中國新民族風格建築的開山之作。(詳後)

10. 廣州中山紀念堂

我國近現代杰出的建築師呂彦直先生設計的又一新民族建築風格建築的曠世杰作, 與中山陵墓主建築群同樣在建築史上享有盛譽。(詳後)

11. 雲南省富源縣中山禮堂

雲南省富源縣(原"平彝縣")中山禮堂位於縣人民政府左側。原爲三重檐之殿閣建築, 高18m左右, 20世紀60年代以防患雷擊爲由, 將頂層拆除, 改爲歇山式屋頂, 今通高13.3m, 占地1畝左右。該建築奠基開工於1943年7月7日, 竣工於1945年3月3日。一樓爲會堂, 北端設主席臺, 臺下有席位300餘座; 二樓四邊內設回廊。月拱正門上方石刻孫中山半身像, 兩邊從右至左青石陰刻"忠孝仁愛, 信譽和平"八個隸書題字, 背面則刻有"禮樂射御書數"的儒學六藝字樣。正門前方設有臺明, 臺明之下是11級臺階, 支撐臺明的石柱上分別刻有"從容乎疆場之上, 沉潛於仁義之中"、"富貴不能淫、貧賤不能移, 威武不能屈, 此之謂大丈夫"等題句, 其落款爲: "孫文題, 西南聯大教授陳雪屏書"。

此建築物地處偏遠, 於抗日戰爭民族瀕臨危亡之際建造, 以中山先生之古詩文集句激勵抗戰將士與西南民衆的必勝信念, 在衆多中山紀念建築中獨具特色, 也極具歷史意義。

12. 臺北國父紀念館

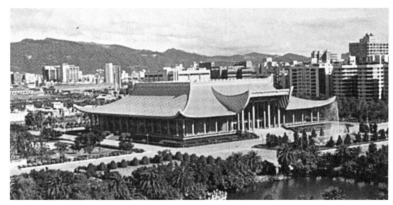

圖22. 臺北國父紀念館全景

臺北國父紀念館位於臺北市仁愛路四段中山公園內, 於1972年落成, 是一座東方韻味濃鬱的大型紀念建築。全館用地約4萬m², 占中山公園總面積的四分之一, 是當今中國臺灣極負盛譽的大型公共建築杰作之一, 也堪稱是繼南京中山陵和廣州中山堂之後, 最重要的中山紀念建築。紀念館的正門高敞軒宏, 入門是長方形的大紀念廳, 安置着孫中山先生的純銅坐姿塑像, 高5.8m, 重17噸。大廳後爲紀念館實用部分, 上下二層, 包括大會堂、圖書館、畫廊、展覽室、演講室以及其他文化服務建築。館內設有400個座位的圖書館, 藏書14萬册。中山廊長達百米, 四大展覽室裝潢精美, 設計新穎, 經常展示現代名家藝術品及建國史迹資料。表演廳經常舉辦高水平的音樂、戲劇演出。演講廳每周都有學術性、生活性的講座。

設計者王大閎, 臺灣著名建築師, 1918年生於北京, 曾就學於英國劍橋大學建築系, 1942年在美國哈佛大學獲建築設計碩士學位, 1947年在上海開業, 1952年起在臺北工作。主要設計作品有林語堂宅、教育部公樓等。設計者曾談到其創作感言: "……**國父是一位革命家, 所以紀念塔的建築必須創新, 而他的爲人與生活特色, 在**

圖23.王大閎先生手迹　　　　　　　　　　　　　　　　圖24.設計者王大閎先生肖像

[5] 梁銘剛、曾光宗等. 國父紀念館建館始末.臺北:國父紀念館建館，2007.

於樸實和簡單，所以這座建築不應俗氣華麗，必須莊嚴中帶有親和力，真正的中國建築，是簡樸淳厚，非常自然的，尊重現在有的大環境。"[5]

正是基於他對中國建築本質的獨到見解，也基於現代社會對生活節奏、人居環境的要求和審美趣味的不

圖25. 國父紀念館建造過程中之挑檐處理

同，他設計的要素是中國韻味、現代節奏和莊嚴氣氛，而不拘泥於嚴格的古典建築法則，更不追隨國際風。因此，這個看似中國古代宮殿的建築，實際上僅採用了屋角上揚等符號性中國元素，因結構的不同而捨棄了不必要的斗栱，因整體氛圍追求樸素而捨棄了彩畫，甚至因總平面的限制和內部空間的要求，在屋蓋樣式上不採用廡殿式或歇山式，而採用不常見的盝頂式屋蓋。

至於建築功能方面，此建築貌似龐大，但包容了一個可安置高達5.8m大體量紀念像的大紀念廳，一個可容納3 000人的紀念堂，一個可容納1 000人的集會室，一個中型圖書館，一個200人的學術講演室和四個大陳列室等，空間利用率極高而佈局從容，實爲簡潔實用的設計典範。

現代主義藝術的要義在於其反叛精神，表現在建築上，因國際風建築的流行而逐漸失去早期的鋒芒，而逐漸失諸膚淺和平庸，後現代主義藝術提倡個性和地域性，但往往失諸怪誕。王大閎先生設計國父紀念館之際，在西方正處於兩種傾向此消彼長的交會期，他很了解這個動態，故他的這個作品純熟地應用現代建築技術，將東西方文化元素恰如其分地服務於建築主體思想，於世界性潮流中保持個性，與設計者的同學貝聿銘先生所設計的北京香山飯店一樣，可視爲現代主義建築思潮向後現代主義思潮過渡階段的成功之作。

臺灣學者蔣雅君評價道："50到70年代（指20世紀的臺灣——殷注）的大型公共建築提案往往肩負着國族認同形式表徵的使命。王大閎設計之國父紀念館明顯有別於戰後仿古建築，爲現代中國建築表述提供了一種新

的思維向度, 其競圖與修改過程是現代主義與折衷古典主義兩種不同的建築思潮的轉折點, 對理解50到70年代的現代中國建築之發展與轉向至爲關鍵, 從建築文化面向而言亦深具意義。"[6] [圖22、23、24、25]

[6] 梁銘剛、曾光宗等. 國父紀念館建館始末.臺北:國父紀念館建館, 2007.

13. 中山市孫中山紀念堂

中山市孫中山紀念堂位於中山市石岐城區中心, 高35m, 總面積爲3萬m², 建築面積爲8 400m²。建築平面成一"中"字, 而正立面呈"山"字, 紀念堂爲組合的復式結構, 分前、中、後三座。前座是三層樓房, 一樓爲大廳, 正中安放着一座用漢白玉雕刻的孫中山胸像, 兩邊佈置爲"中山建設成就展覽館";二樓兩側均爲"孫中山革命史迹展覽館";三樓是呈"山"字排列的三個亭頂結構, 中間大八角亭是可容100餘人的貴賓室, 兩旁小四角亭爲貴賓休息室。中座是大型現代化影劇場, 設有中央空調系統, 座位1 484個, 舞臺可旋轉, 音樂池分三級升降, 舞臺上裝有39路電動佈置弔杆, 場内裝有40路電容話筒和聲控燈光設備。紀念堂的後座分兩層, 均爲演員化妝室。紀念堂兩側是幽廊曲徑, 園林小景。紀念堂前面爲公園, 樹木葱蘢、緑草如茵。

整個建築顯然是呂彦直的設計思路, 建造具有民族風格的時代建築, 不過, 由於時代局限, 整體設計并没有達到廣州中山紀念堂的水平。

中山市孫中山紀念堂於1982年2月1日動工, 次年4月落成。它是建成年代較晚的一座中山紀念建築, 距最早的一批相差近半個世紀, 也正説明中山先生在民衆心目中的歷久彌新和永垂不朽。

14. 溫哥華華埠中山公園

加拿大卑詩省溫哥華華埠中山公園建成於1986年4月, 園内很多陳設都是直接來自中國。該園的設計建造者以中國道家的哲學理念處理人造山水與自然的關係, 使得黛瓦白墙的中國江南私家園林與北美特殊的自然環境异常和諧。

就目前掌握的資料, 此園可能是加入"中山紀念建築"群體的最新成員。這個成員却是以中國古代文化意蕴誕生於海外, 很出乎公衆的意料, 這個世界上唯一一座在中國境外興建的江南園林風格的建築景觀冠以"中山"之名, 更是意味深長——實現中山先生有關"大同"的理想, 其途徑不是不同文化間的衝突, 而在於彼此間的理解和融合。

(三) 中山紀念建築的意義

中山紀念建築在時間跨度上, 包括那些建於19世紀末的中山史迹紀念建築, 延續至20世紀末, 已有上百年的歷史, 很可能在將來還會有新的建築加入其中;包含中國鄉土民居建築、西方古典建築、中國古典官式建築、中國古典園林、西式公園、中西合璧式建築、現代主義建築、後現代主義建築等多種建築形式。其意義有三。

歷史價值——中山史迹建築記録着中山先生爲追求真理、謀求中華民族復興大業而歷經坎坷、百折不撓的一生, 也從一個側面見證了中國晚清以來的變革歷程;榮譽命名的中山紀念建築和專題建造的中山紀念建築也已經有了84年的從無到有、經跌宕起伏而影響至今的過程, 其興其衰, 反映着孫中山之後的國運與民心的發展變化態勢。

建築意義——就其現存各個不同的建築面貌而言, 以建築式樣反映了不同地區不同的社會現實和社會風尚，時間上反映了不同時期不同的建築追求。而這些建築形式的變化，也留給世人一個長久思考的問題：中國建築向何處去？什麼樣的建築是現在和未來能够代表中國的？

　　文化意義——目前，世界上除基督教堂、清真寺和佛寺這三大宗教的建築遺存外，中山紀念建築是覆蓋面和數量都很可觀的建築群體，很大程度上展示了當代中國人的文化價值觀念。

　　以歷史、建築、文化等三重因素綜合衡量，在現存中山紀念建築中最重要也最具影響力的建築依次是：南京中山陵、廣州中山紀念堂、翠亨村孫中山故居紀念館、臺北國父紀念館、北京中山公園及中山堂、北京碧雲寺中山先生衣冠塚、南京孫中山臨時大總統辦公室、澳門國父紀念館、香港中山史迹徑、上海孫中山故居、雲南富源中山禮堂等。而其中最值得探討的，仍應首推南京中山陵和廣州中山紀念堂這兩組建築群，因爲這兩處建築群是中國近現代建築發展史上承前啓後的關鍵步驟。

二、南京中山陵、廣州中山紀念堂在文化史上的意義

　　有關這兩組建築在建築學上的意義，將在本書"南京中山陵、廣州中山紀念堂的建築特色及啓示"一文中詳述，本處則僅做一般性的介紹和賞析。

　　縱觀中國19世紀末20世紀初的建築狀況，隨着建築材料資源的變化，中國在這一時期已無法繼續以木結構爲建築主流了；而隨着西方勢力不斷滲入中國，西式建築已逐漸爲國人所熟悉；更由於西式建築在功能上更適應現代社會生活的需要，借鑒西方建築，甚至直接移植西方建築以改良中國建築現狀，似乎已成爲中國建築界的大勢所趨，而且，這種對功能上的要求，也改變了人們對建築的審美趣味——在積弱積貧而欲有所作爲的中國（特別是東部沿海地區），視西方建築爲先進、高雅，視本土建築爲落伍、粗俗，就儼然是大部分人的成見了。故當時中國的建築面貌，上海、天津、武漢等開放口岸所建造的西式建築爲世人仰慕，而北京等文化名城的傳統建築經典則受到各界的質疑。這一狀況在1911年辛亥革命之後開始有所改變，而始作俑者却似乎是一些在華開業的西方建築師——

　　1913年，美國建築師墨菲（Henry Murphy）率先在長沙設計建造了被公衆認可爲風格純正的屋頂採用中國宮殿樣式的建築——長沙雅禮大學教堂、教學樓等[7]；

　　1919年，美國建築師司南（A.G.Small）設計建成了一個屋頂採用中國宮殿樣式的建築——南京金陵大學北大樓[8]；［圖26］

　　1920～1930年，美國建築師墨菲完成了採用更多中國古典建築元素的北京燕京大學建築群的設計和施工[9]。

　　繼西方建築師的首批仿效中國古典建築之作之後，就有了中國建築師呂彥直先生（恰巧是墨菲的學生）的兩個曠世杰作——南京中山陵和廣州中山紀念堂。

圖26. 金陵大學北大樓

[7] 蔡凌.長沙雅禮大學：墨菲"適應性建築"的起點.建築與環境2007-3-7.

[8] 吳光祖.中國現代美術全集，建築藝術1.北京：中國建築工業出版社，1998.

[9] 吳光祖.中國現代美術全集，建築藝術1.北京：中國建築工業出版社，1998.

一般來說,文學藝術作爲特定社會現實的寫照,客觀地反映着社會現狀及思潮,而建築作爲藝術與工程技術的結晶,其優秀者,堪可代表社會思潮和科學技術水準。呂彥直先生的這兩組建築作品,正可説明20世紀20~30年代的社會思潮和建築技術水準,由此形成了建築界的新民族建築流派——一個至今爲人津津樂道的建築現象。

在這一建築現象的背後,是中山先生締造的現代中國,使得中外有識之士開始重新審視中國固有文化的生命力,重新燃起了中國文化再生的希望。

(一) 南京中山陵

對於這個位於南京紫金山南麓的中山先生安息之地,先後有不同的稱謂:孫中山陵墓、總理陵墓、中山陵墓、中山陵和中山陵園。後二者是後人習稱而被認可爲正式名稱。這個稱謂的變化,有着廣義與狹義的區分。

前三者特指今中山陵博愛坊前廣場至孫中山墓室一綫的中軸綫建築群,即世人熟知的呂彥直設計作

圖27. 中山陵三部工程竣工舊影

品,本文暫以"中山陵墓"統稱;目前所説中山陵,範圍擴大了一些,包括了附近的仰止亭、光華亭、音樂臺、行健亭和永慕廬等附屬建築;而中山陵園的含義則包括了東起靈谷寺景區,西至紫金山天文臺在内的紫金山南坡各個歷史時期全部文化遺迹。但無論怎樣界定概念,這個龐大的建築組群是以呂彥直設計的博愛坊前廣場至祭堂、墓室一綫爲中心和主題的,而中山陵園之所以在建築史、文化史上享有崇高的聲譽,也因此緣故。[圖27]

紫金山是鐘山之別稱,居南京城東北,即所謂"虎踞龍蟠"之"龍蟠",自古爲華東名勝。其山外觀爲三峰并

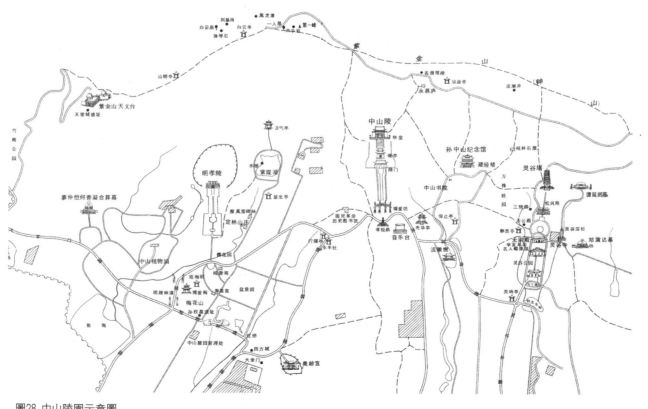

圖28. 中山陵園示意圖

立, 略呈筆架狀, 主峰居中稱"北高峰"海拔449m; 東峰稱"小茅山", 海拔366m; 西峰稱"天堡山", 海拔248m。

據記載, 1912年3月10日, 時任臨時大總統的中山先生在紫金山行獵, 對胡漢民等説: "待我他日辭世後, 願向國民乞此一抔土, 以安置軀殼耳。" 他自擇鐘山爲安葬之地。此前, 已有東吳大帝孫權和明太祖朱元璋長眠於斯。孫中山逝世後, 遺孀宋慶齡、哲嗣孫科具體選定的墓址, 爲主峰西側之中茅山坡地, 此地向西約700m, 穿越山林和一道溝壑, 爲朱元璋明孝陵所在的獨龍阜。中山陵墓墓室的海拔158m, 高出明孝陵90m左右。有關中山陵主體建築的分析研究, 本書將在"南京中山陵、廣州中山紀念堂的建築特色及啓示"一文中展開。在此僅記一點感言。

中山先生自選此山安葬, 方圓百里中與明孝陵爲鄰, 這個歷史巧合, 暗含了一番深意。1912年2月15日, 即清帝退位三天後, 中山先生曾親往謁陵, 并作祭文, 中有一句:

"……邇者以全國軍人之同心, 士大夫之正誼, 卒使清室幡然悔悟, 於本月十二日宣布退位。從此中華民國完全統一, 邦人諸友享自由之幸福, 永永無已, 實唯我高皇帝大義, 有以牖啓後人, 兹成鴻業……" [10] [圖29]

這裏固然流露出中山先生對促成清帝退位的袁世凱的輕信成分和對未來過於樂觀的一面, 但也表明中山先生歷史觀的特點: 不斷然割裂歷史, 而把辛亥革命視爲五千年中華民族文明衍變進程的組成部分。他吸收西方近現代文明成果, 是以民族文化本位爲基礎的。

這種文化理念在呂彥直先生的建築設計中得到了饒有趣味的演繹。

(1) 陵墓總體布局沿用了中國古代帝王陵的慣例, 墓道以牌坊爲起點, 逐層布置陵門、碑亭、祭堂(或稱享殿)和墓壙(明清之寶頂)。但與相鄰的明孝陵比較, 明孝陵的墓道, 因兩側有成隊列矗立的石刻神獸與文臣武將拱衞而成神道; 中山陵墓的墓道樸素, 除一對象徵"東亞醒獅"的雕像和一對奉安大典紀念銅鼎外, 長達480m、分三段迭次向上的墓道兩側極少附庸, 僅以蒼松翠柏烘托凝重氣氛, 其樸實無華的藝術處理, 使墓道主題內容僅限天和地兩項, 而不再有神的成分。

[10] 孫中山全集(共十一卷). 北京: 中華書局, 1981~1986.

圖29. 孫中山率臨時政府成員赴明孝陵謁陵

（2）在建築色彩方面，都沿用了白色的石級和建築基座，但選用石料上，明孝陵多以南京本地的青石追求華麗，中山陵則主要以南京外地優質的花崗岩展示其堅實、永久；明孝陵的陵門、享殿（主體建築已毀於戰火，但應與明清帝陵其它享殿形制相似）等以紅墻黃琉璃瓦的主色調延續皇家之威嚴，中山陵的陵門、衛士室、碑亭、祭堂等則爲白墻藍琉璃瓦，與周邊的山勢和植被有很獨特的色調搭配，與中山先生欽定的青天白日黨徽相一致，暗喻了偉人的理想與世長存。

（3）在建築裝飾方面，中山陵的建築保持中國宮殿建築樣式，但將原正脊鴟吻、脊獸等簡化處理作雲紋，又因係石質仿木結構，在梁枋、屋檐裝飾圖案方面，以石質浮雕代替最高級的和璽彩畫，題材也不再有龍鳳瑞獸，而以旋子彩畫、蘇式彩畫常用的卷草、團花和祥雲爲主，其作用主要是作匾額題記的襯托。這種去繁就簡的藝術處理，突出的是被紀念者而非過去的皇權與神權天意，具有鮮明的時代氣息。

（4）碑銘、匾額、楹聯之屬，歷來爲中國傳統建築中重要的主體説明和裝飾成分，但往往爲求風雅而失之於膚淺。中山陵墓繼承了這個傳統，但更注重於這些碑刻、匾額及紀念像等與建築和被紀念者在精神層面的內在關係，使之構成了完整的紀念內容：牌坊和陵門上分別鎦金鐫刻中山先生手書"博愛"和"天下爲公"，祭堂重檐間嵌以孫中山手書"天地正氣"四字直額，正面三個拱門，居中者門楣上鐫刻"民權"篆體銘刻，左右分爲"民生"、"民族"；祭堂內，東西兩側護壁上全文鐫刻着孫中山《建國大綱》，原北面墓門兩側護壁鐫刻着《總理遺訓》、《總理遺囑》和《總理告誡黨員演説辭》，惜今已無存。這些以被紀念者的思想所構成的紀念物，以傳統的書法充分表現出來，維係着東方藝術的意蘊。

呂彥直的設計在建築學上的成功，一是在於民族文化符號的延續和推陳出新；一是確實成爲中山思想最適宜的載體。

另一個值得稱道之處，筆者以爲，是呂彥直設計的主體建築群完工之後，再經後人所做的補充工作最終使中山陵墓擴展爲中山陵園。[圖30、31、32、33]

在1929年6月1日奉安大典前後，相繼由孫中山先生葬事籌備委員會、總理陵園管理委員會、中山陵園管理

圖30.孫中山手迹"博愛"

圖31.中山陵"博愛坊"

圖32.陵門"天下爲公"匾額

圖33.祭堂直額及門楣匾額

局等機構統籌管理事宜,遂因各界的意願,將陵園範圍內的建築規劃和各項功能日趨完善。

(1)有楊廷寶、劉敦楨、趙深等著名建築師參與,在周邊建造了永慕廬(陳鈞沛設計)、奉安紀念館、音樂臺(楊廷寶設計)、光華亭(劉敦楨設計)、仰止亭(劉敦楨設計)、行健亭、正氣亭(傳爲蔣介石自選墓址,楊廷寶設計)、革命歷史圖書館、藏經樓(今之南京孫中山紀念館,盧樹森設計)、中山書院(原趙深設計之中山文化教育館舊址)等,成爲中國第一批建築家展示才華的舞臺,也加强了公衆休閑功能。原計劃還有在陵園區域內"設大學、建公園"之議,可知當初是有一個着眼於社會文化教育事業的發展遠景規劃的。

(2)紫金山西峰之巔有天堡城遺址,原是1853年太平天國所建,1913年孫中山領導"二次革命"期間,這裏發生過南京討袁軍與張勛辮子兵激戰慘烈的"癸丑之役",也是民國史上值得紀念的戰爭遺址。1928年春成立的紫金山天文臺於1930年駐足於此,由於這個"東亞第一"的我國自行設計的現代天文臺的加盟,中山陵園具有了更豐富的現代文明成分。

(3)在1926年陵墓工程開工不久,孫中山先生葬事籌備委員會便決定在陵園區域內的明孝陵、梅花山和前湖一帶建立中山植物園。這一舉措,不僅成就了日後享譽世界的植物學研究基地,也拉開了全面綠化紫金山的序幕,雖經抗日戰争、十年"文革"等波折而延續至今。紫金山因建築而帶動綠化的成果,已經成爲世界建築史、工程史上值得深思的奇迹和佳話。

(4)之後,又增添有廖仲愷夫婦墓(呂彥直設計)、譚延闓墓(關頌聲、楊廷寶和朱彬設計)、鄧演達墓(麥實曾設計),特別是將原明代靈谷寺加以整修,中有陣亡將士牌坊、陣亡將士公墓(美國建築師墨菲主持規劃設計,現存以淞滬會戰之"十九路軍陣亡將士紀念碑"和"第五軍陣亡將士紀念碑"最爲人所熟知)、癸丑陣亡軍士紀念碑等,又將寺內無梁殿內部改爲陣亡將士公墓祭堂,特別是墨菲設計的靈谷塔(即"陣亡將士紀念塔"),八角平面、九層,通高60餘米,造型俊秀挺拔,實爲墨菲最成功的仿古建築,可謂中山先生所説的"平等待我之民族"與我們共同爲革命前輩樹立的豐碑。中山陵園先後在抗日戰争和"文革"中受到損傷,今陵墓墓道上奉安銅鼎仍可見日軍炮火所遺彈痕,桂林石屋也被摧毀成一派斷壁殘垣,而"文革"期間所毀的大量碑刻至今仍難以修復……戰争創傷與文化劫難歷歷在目,無字碑般記録了中國人堅忍不拔的奮鬥精神。中山陵園堪稱我國民主革命和民族復興大業的先賢祠。這裏,應提及呂彥直在《建設首都市區計劃大綱草案》一文中,已經有在中山陵園範圍內建造先賢祠的設想(見本書附録呂彥直著《建設首都市區計劃大綱草案》),顯示了呂彥直先生的遠見卓識,而他辭世後當局、友人等的一系列舉措,也足以告慰建築師之英靈。

中山陵墓,以創新的民族建築樣式成爲繼林肯紀念堂之後的又一個平民偉人的紀念殿堂;以此爲中心,中山陵園又將紀念者的名單列入了中山先生的同伴,同盟會成立以來至抗日戰争勝利期間的所有先賢烈士,使得巴黎先賢祠有了一位比鄰天涯的偉大的中國同伴。

中國古代帝王陵、廟堂等終歸是少數人的私人空間,而中山陵園、中山紀念堂則出色地完成了建築的私人空間向公共空間的遞變。

(二)廣州中山紀念堂

如果説,中山陵園以呂彥直設計的主體建築群爲核心,之後又有楊廷寶、劉敦楨、墨菲(美籍)等的設計作品襄贊,是諸多建築師共同完成的現代世界規模罕見的紀念建築群,廣州中山紀念堂則集中體現了呂彥直先生個人在建築創作領域的成就。

廣州是中國最早的通商口岸之一，"十三夷館"、"石式"教堂等西式建築物的出現，令此地較早接觸到西方文明，也較早體會到清廷的昏聵和腐敗，國勢羸弱、民生艱難，泱泱大國已淪落到任人欺凌的地步；廣州又以"虎門硝烟"爲肇始，掀開了抵御外侮的序幕，同時又促使林則徐等人"睁開眼睛看世界"，反思舊體制之積弊難返，試圖以民族自省實現民族自救……

圖34. 廣州中山紀念堂及紀念碑全景舊影

中山先生使廣州成爲中國近現代社會劇變最重要的策源地之一。1910年的廣州新軍起義、1911年4月的黃花崗起義等是辛亥革命的先聲，之後的"二次革命"、"護國運動"、"護法運動"、"北伐"等歷史事件，莫不與廣州息息相關。1917年、1921年，中山先生兩度在廣州建立政權，先後任海陸軍大元帥和中華民國非常政府大總統，他在這裏宣布三民主義、五權憲法爲建國綱領，他在這裏創辦黃埔軍校、誓師北伐……今廣州尚存孫中山大元帥府、黃埔軍校舊址等中山史迹。

廣州中山紀念堂坐落於越秀山（原作"粵秀山"）南麓，山頂處建有作爲紀念堂整體之組成部分的中山紀念碑。此地曾是中華民國非常政府的總統府。1925年，經以胡漢民爲首的"哀典籌備會"動議和反復考察、勘測，決定在這裏拆遷舊制以建新堂，此即所謂"以偉大之建築，作永久之紀念"的由來。

廣州中山紀念堂與中山紀念碑原爲一個整體性的建築組群。紀念碑位於越秀山頂，據此向南俯視，山脚偏東一隅即紀念堂之所在。今分屬兩家，紀念碑歸屬越秀山公園管理。

紀念堂前周圍有5萬m²的廣場，綠草如茵，四周建有紅色鐵花園墻，正南爲須彌座上壘砌黃磚墻體、開三個石拱券門道的院門，門道居中者較大，上覆藍琉璃瓦歇山式屋頂，兩翼略小，覆藍琉璃瓦廡殿式屋頂。中山紀念堂平面爲八角形，建築面積1.2萬m²，高47m。鋼筋混凝土與鋼架混合結構，大廳內，上方堂頂爲玻璃鑲嵌的圓形大弔頂，堂內周圍裝飾着民族風格的彩繪圖案，設上下兩層觀衆席，可容納4 700人左右，可能是當時中國規模最大的公共建築空間。

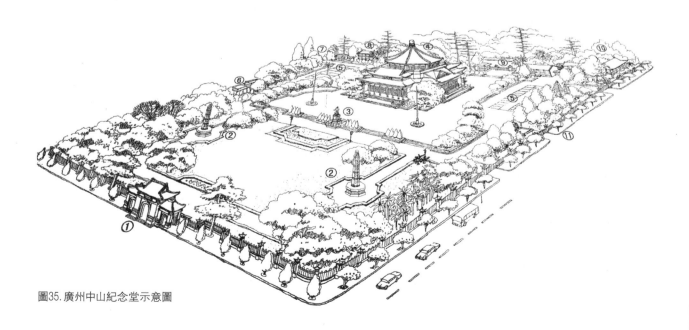

圖35. 廣州中山紀念堂示意圖

圖36.裝飾細部

圖37. 銘刻 "建國大綱" 的銅像基座

堂前所立孫中山銅像, 高5.5m, 係尹積昌等於1958年創作, 而銅像的花崗岩基座則爲1931年紀念堂竣工時的原物, 四面嵌白色大理石面版, 鐫刻着孫中山《建國大綱》全文。

中山紀念堂是在大跨度建築上追求中國式體形輪廓的嘗試, 觀衆廳覆蓋八角形攢尖屋頂, 四面四座卷棚歇山式抱厦, 正面和兩側爲出入口門廊, 後座爲舞臺, 總體效果完整統一、主次分明。

這是把中國傳統宮殿式建築同大會堂的形制相結合, 創造集中式大體量的中國式建築的創新之作。其聚心式建築平面布局, 創作靈感可能來自北京天壇、孔廟闢雍和羅馬萬神殿等; 能够不依靠柱網而實現大跨度室內空間, 則得益於現代建築材料——優質鋼材的使用, 得益於當時自西方舶來的先進的鋼桁架建築技術。

廣州中山紀念堂在當時即獲得各界的好評, 如著名學者、呂彥直的校友胡適之就曾評價道: "中山紀念堂是亡友呂彥直先生設計的, 圖案簡單而雄渾, 爲彥直生平最成功的建築……我們看了黃花崗, 再看呂彥直設計的中山紀念堂, 可以知道這二十年中國的新建築之大進步了。" [11]

曾參與1949年後中山紀念堂修繕工作的著名建築師林克明先生做如是評說: "紀念堂的設計是在大體量的會堂建築中, 運用民族形式的一個大膽嘗試。整個建築構思、形象和細部處理雖是模仿宮殿式, 却有不少革新精神; 運用穩重的構圖, 和諧的色調和精致的裝修細部, 表達出一種莊嚴氣氛……廣州中山紀念堂是一座宮殿式巨型建築, 是我國民族風格與外國近代建築技術相結合的産物, 是一座富有歷史紀念價值的紀念物。" [12]

近期, 建築學家吳慶洲教授也做了總結性的評價: "中山紀念堂是中國近代紀念建築的代表作, 因爲它融合了中國傳統宮殿式建築形式的精華, 又通過採用當時最先進的鋼架結構, 創造了一個十分廣闊的內部空間。……中山紀念堂莊嚴雄偉又美觀實用, 其設計思想對後來的建築師影響很大……" [13]

誠如吳慶洲教授所言, 1954年張家德先生所設計的重慶人民大會堂, 無疑有着呂彥直的影響。

圖38.受廣州中山紀念堂影響的重慶人民大會堂

[11] 廣州市文史研究館.羊城風華録: 歷代中外名人筆下的廣州. 廣州: 花城出版社, 2006.

[12] 林克明.廣州中山紀念堂.建築學報.1982 (3): 41.

[13] 轉引自: 廣州市中山紀念堂管理處.廣州中山紀念堂歷史圖册.非正式出版物, 2006.

[14] 參見: 盧潔峰.廣州中山紀念堂鈎沉.廣州: 廣東人民出版社, 2003.

與南京中山陵園同樣, 廣州中山紀念堂在抗日戰爭期間也遭受了日軍及汪僞政府的襲擾, 在日軍飛機轟炸中一處屋角嚴重受損, 今紀念堂東北角側門兩側的青石墻裙上仍可見累累彈痕[14]。然而, 歷經抵御外侮的戰火洗禮, 這座建築也見證了一個值得紀念的歷史事件: 1945年9月16日上午10時, 國民革命軍第二方面軍司令張發奎上將在此主持了華南地區的侵華日軍受降儀式。抗日戰爭的勝利, 使得飽受屈辱的中國重新獲得了全世界的

圖39.華南日軍受降儀式　　　　　　　　　　　　　　　圖40.日軍投降將領走入紀念堂

矚目和尊重——成爲戰後最具影響力的"世界四强"之一、聯合國常任理事國——這是可以告慰中山先生英靈的。[圖34、35、36、37、38、39、40]

（三）呂彥直與黃檀甫的意義

　　南京中山陵墓與廣州中山紀念堂是建築師呂彥直先生（1894～1929年）的嘔心瀝血之作，在他設計意圖實現的過程中，先後有李錦沛、黃檀甫、林克明等建築師和工程師參與其事。其中計劃工程師黃檀甫（1898～1969年）是他最密切的合作夥伴，在這兩處建築工程施工中發揮着舉足輕重的作用。特別是在呂彥直英年早逝之後，黃檀甫先生爲完成亡友未竟事業所做出的努力，尤其在保存兩建築設計施工文獻資料方面所做出的努力，值得後人敬仰，更值得後人深思。

　　有關黃檀甫先生事迹，應補充一點：在1949年之後，他爲保存亡友呂彥直遺留圖紙和文稿，歷經磨難，

圖41. 呂彥直肖像

累及家人而無所悔，其家人在他去世後，秉承先君遺願，繼續爲使這批彌足珍貴的歷史文獻能發揮作用盡心盡力。黃檀甫先生一家用兩代人的生命，展示了中國傳統美德，這本身也是對偉大建築的無言詮釋。同時，爲了保存一個已經竣工的建築工程項目的技術檔案和設計思想文獻，竟須付出如此高昂的代價，也足見黃氏父子的遠見卓識——這兩組建築對中國建築界的未來必將起到重要的啓示作用。關於這段逸事，近年有盧潔峰

圖42.黃檀甫肖像

女士所著《呂彥直與黃檀甫》、《廣州中山紀念堂鈎沉》，評述甚詳，可資參考。

正是黃檀甫先生在特殊的年代以身家性命爲代價保護下的大量的圖紙和一部分呂彥直文字手稿，在呂彥直先生逝世80年之後，其建築思想仍可澤惠後學。今黃檀甫先生之哲嗣黃建德先生仍珍藏了部分文獻資料。本書在編撰過程中，尤其得益於黃建德先生對使用這批文獻資料方面的慷慨資助。

黃建德先生保留的重要文獻之一是"呂彥直致夏光宇先生"信函手稿。其中有這樣一段文字：

"……但凡美術作品，其具真真實價值者，類皆出於單獨的構思，如世界上之名畫、名雕塑、名建築以至名城之布置，莫非出於一個名家之精誠努力。此種名作固皆一時代文化精神思想之結晶，但其表現必由於一人心性之理智的及情感的作用。" [15]

[15] 黃建德藏呂彥直手稿（未刊稿）

參照呂彥直生前發表的《規劃首都市區圖案大綱草案》，我們可總結其建築思想的基本要素：藝術是個人的個性的表現，而成功的藝術作品（名畫、名雕塑、名建築等）必定是"時代文化精神思想之結晶"。呂先生欲以建築作紀念的孫中山又何嘗不是如此呢？中山先生做人做事、所思所想，固然是其個性的表現，而成就其偉業、令其步入世界偉人行列之所在，也正因其足以代表19世紀末20世紀初（即中國由封建帝制進化爲現代共和政體國家之歷史時期）的"時代文化精神思想之結晶"。

從這個角度看，呂彥直設計這兩組建築群之所以至今被各界認可爲中山紀念建築的代表作、中國近現代建築史上最可珍貴的建築文化遺產，是其以西方科學技術的應用，象徵了文明古國審時度勢順應歷史潮流的時代要求，而堅持採用民族建築形式，則展示了這個民族自強不息的生命力和民族精神。故傑出的建築學家梁思成先生曾評價中山陵墓建築：

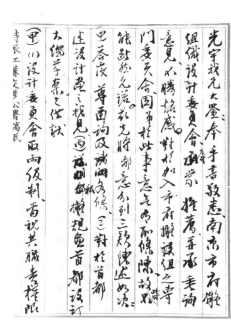

圖43. 呂彥直手迹

"故中山陵墓雖西式成分較重，然實爲近代國人設計以古代式樣（指古代中國式樣——殷注）應用於新建築之嚆矢，適足以象徵我民族復興之始也。" [16]

[16] 梁思成全集，第四卷.北京：中國建築工業出版社，2001.

在同函中，呂彥直又寫道：

"……不若由中央特設一建築研究院之類，羅致建築專才。從事精密之探討。冀成立一中國之建築派，以備應用於國家的紀念建築物，此事體之重要，關係吾民族文化之價值，深願當局有所注意焉。"

此言涉及具體的紀念建築一事，但反映着呂彥直先生在建築學方面的見解和理想：事關民族文化價值，必須創立自己的建築流派。在此意義上，中山紀念建築在建築學上的價值可定性爲：爲重新創立中國建築學體系做出了開創性的努力。

黃建德先生保留的另一重要文獻是"黃檀甫代呂彥直在中山陵墓奠基典禮上的致辭"手稿。其中說：

"……今中山先生已爲吾人犧牲矣，因此而有陵墓之建築。吾人因此亦不能不勉勵而希望有實用之紀念物日興月昌。如將來此處之中山紀念大學及民國國家政治機關，皆應有相當之紀念物。

一國家、一民族之興衰，觀之於建築之發達與否，乃最確實之標準。蓋建築關於民生之密切，無在而不表示

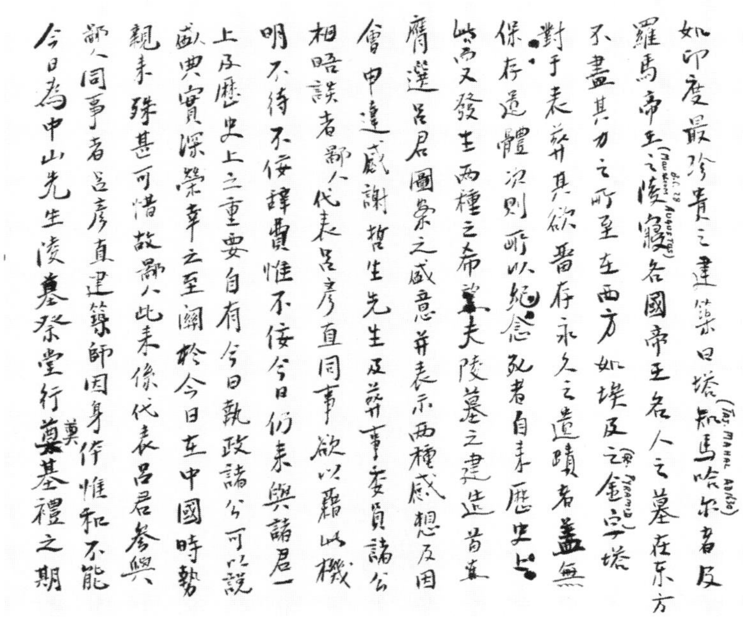

如印度最珍貴之建築曰塔(原Mena Askd)
羅馬帝王之建陵寢各國帝王名人之墓及
不盡其力之所至在西方如埃及之金字塔
對于表彰其欲令人皆存永久之遺蹟者蓋無
保存適體識別而以紀念弘者自身歷史已此
此或又發生西種之希望夫陵墓之建造首重
會甲達嚴謝哲生先生及葬事委員諭公因
廥選呂君圖案之威意葬表示西陵墓之建造
明不待不使譯貴惟不使令仍未與諸君一
上及歷史上三重要自有今日就政諭公可以說
敬典實深榮幸至圖於今日在中國時勢
觀未殊甚可惜故鄙人此未像和不能
今日為中山先生陵墓榮堂行葬墓禮之期

圖44. 黃檀甫手迹

其文化之程度也。故中華民族而興隆則中華之建築必日以昌盛。……夫建築一事，在文化上爲美術之首要，其成之者，應用哲學之原理及科學的方法，然其所以爲美術，由其具有感發之作用。……"[17]

這段文字，既是代呂彥直所述，也表現了黃先生自己的見解：強調科學的方法，依靠嚴謹的實際工作，使一個復雜的建築設計經施工者有條不紊地工作，能夠更爲充分地實現設計者的設計思想。

通過梳理史料，我們知道，從1926

[17] 黃建德藏黃檀甫手稿(未刊稿).

年3月12日中山陵墓工程奠基算起，至1931年10月10日廣州中山紀念堂竣工，這兩組建築有相當長的一段時間是同時施工的。這歷時5年半的施工中，國內戰亂頻仍、經濟形勢的跌宕起伏，兩組建築時時有停工危機。特別是呂彥直先生於1929年3月18日抱未竟事業而英年早逝，黃檀甫先生與李錦沛工程師等人面臨着空前的困難。爲使呂彥直的設計能夠在實際施工中得到完整的體現，黃檀甫先生在呂彥直之生前身後往來於廣州、南京和上海三市之間，既要求得各界的支持，又要嚴格監理工程質量，事無巨細均須按計劃漸次地展開，遇到特殊情況發生（如廣州中山紀念堂工程中有關使用松木樁的爭議），則須以保證設計意圖爲不可動搖的前提，予以及時變通。這個復雜、艱難的過程，展示了黃檀甫先生作爲工程計劃和監理負責人的卓越才能，也顯示了現代建築工程實爲一個系統工程。在這一點上，現代建築工程有別於傳統建築的營造過程，需要有呂彥直這樣杰出的設計者，也需要有黃檀甫這樣具有現代管理學素養的專業人士襄助。

呂彥直把傳統建築意蘊融會於現代文明階段，而黃檀甫則使建築業由傳統作坊進化爲現代工業的系統工程。

從1929年建成中山陵墓主體建築、1931年廣州中山紀念堂落成，到1972年臺北國父紀念館竣工，再到20世紀80年代的中山市孫中山紀念堂之設計，中山紀念建築在建築風格演變上，經歷了新民族形式到後期現代主義建築的變化過程。這個變化過程首先伴隨着對固有文化傳統的理解的變化。

在呂彥直的時代，基於呂彥直、黃檀甫等人深厚的舊學根基和對那個時代的西學充分認識（建築學意義上爲西方折衷主義和早期現代主義）以及相當豐富的傳統建築考察研究所獲取的古典建築專門性的學養，他們選取更純粹的"固有式樣"自是順理成章、水到渠成。

到20世紀中晚期，受"文革"影響，新一代建築師對古典傳統的認識反成倒退趨勢，其理解程度不僅不及專門研究建築歷史的梁思成、劉敦楨等，也遠遠不及呂彥直、楊廷寶等早期的開業建築師，故1983年落成的中山市孫中山紀念堂，本意要繼承呂彥直的衣鉢建造一個純正的新民族風格建築，但在具體設計中難免權衡失當、諸多細節處理粗疏等缺憾。此建築文化意識回歸的意義要大於具體建築物或優或劣的意義。

臺灣方面，建築師王大閎等的優勢是及時把握了時代脈搏，特別是世界建築發展思潮的最新動態，但也有其先天不足：由於特殊時代的限制，臺灣學人理解這個傳統文化更多地是從文獻入手，很難及時掌握傳統建築的考察動態和最新研究成果，故對傳統建築的理解是很有限的。

[18] 梁銘剛、曾光宗等. 國父紀念館建館始末.臺北：國父紀念館建館，2007.

[19] 梁銘剛、曾光宗等. 國父紀念館建館始末.臺北：國父紀念館建館，2007.

據記載，王大閎先生設計國父紀念館時，祇好**"到香港爲此購買一些書籍，包括一大本蘇州庭園的書，事務所也有清式營造則例一類的書"**[18]。

因此，王大閎先生認爲：**"因爲國父推翻了滿清，我們不宜再用清式的建築物來紀念他，因而要有創造性的設計，才能合乎國父學貫中西的創造精神。……現在研究增加中國風味，問題在於應增加多少？因爲增加得太多，恐怕就成爲滿清的宮殿式了。"**[19]

這句話看似有道理，但如果王先生當時能徵求大陸學者的意見，他大概會得到一個輕而易舉的反駁——"清式建築直接繼承明代樣式，何況還可以選擇唐宋式樣，甚至可以追溯到秦漢"。

從更深一層理解，當初中山先生之拜謁明孝陵，顯然其襟懷比當代人更寬闊了許多。

僅以對中山先生思想的理解而言，王大閎先生設計的臺北國父紀念館已經非常好了，但筆者認爲，也還沒有達到呂彥直、黃檀甫等前輩的高度。

在未來，中山紀念建築很可能還會有新的成員。可以想見，在如何表現"繼承傳統"與"時代進步"之關係方面，未來會有不同於呂彥直或王大閎式的理解和解決，但未來的設計者們仍然會從南京中山陵、廣州中山紀念堂中汲取營養，這也是毫無疑問的。［圖41、42、43、44］

結語

我們擇要評述了上述十幾處不同時期、不同社會狀況下產生的不同形式的中山紀念建築。從建築學意義上，它們所代表的數百處紀念建築從一個側面真實記錄下了自19世紀末到20世紀末的中國社會在建築面貌方面的表象，并將觸角上溯至更爲遙遠的歷史建築形態，也從某種意義上引導着人們對未來建築的思考；而蘊藏於建築表象之下的，是社會文化形態的衍變過程，揭示着未來中國的文化價值取向。因此，這數百處紀念性建築物作爲中國近現代歷史文化遺產，無論其在建築本體意義上的成敗優劣，都是值得後人珍視的。

與西方林肯紀念堂和巴黎先賢祠相比，中山紀念建築接受了西方現代文明的影響，强調着理性批判色彩濃重的時代文化精神，同時，這也堪稱是中國上古前秦時代實踐理性精神的偉大復歸。中山紀念建築數量衆多、分布更爲廣泛，在社會功能上更像是中國固有傳統中的孔廟和賢良祠、忠烈祠等的後續，兼顧紀念與教育等社會功能的傳統，倡導着中華民族尊重歷史、尊重先賢鴻儒，以史爲鑒地思考未來的文化精神。

近現代中國的社會巨變，經歷了清廷帝制的覆滅、抗日戰爭和"文化大革命"的浩劫，固有文化傳統受到空前的挑戰和質疑，孔廟、賢良祠、忠烈祠等幾經磨難，喪失逾半。但是，也正是在這個社會劇變中，由於孫中山等有識之士的努力，中國文化正經歷着鳳凰涅槃般的復興。中國近現代的社會衍變，無疑是與東西方之間的關係密不可分的。相互之間有文化衝突，有文化理解，將來或許會形成中西互補、和衷共濟的局面。

本文在前言部分曾提到孔子在漢代之後被逐漸神化的現象。這裏，要贅言幾句補充說明。以孔子爲領袖的中國儒學本不同於西方概念上的純粹宗教，而是帶有相當程度的社會實踐理性成分，這本是中國文化之獨到所在，也曾被西方啓蒙時代的思想家們借鑒，應用於西歐的改革。中國"五四運動"之反孔，很大程度上不是否定孔子本人的思想，而是針對孔子的學說在日後被神化、教條化，在自南宋至明清之際幾乎喪失了再生的能力。如今，也正是得益於"五四"先賢們勇敢地抹去了孔子身上的神聖光環之後，當今的國人反而可以更爲理性地重新認識孔子及其學說，故今日曲阜、北京等地的孔廟又重新成爲中國傳統文化精華的象徵。

圖45.中山陵祭堂內之中山先生紀念像(局部)

與被賦予新的文化內涵的孔廟相比較,中山紀念建築從創建伊始就帶有極強的理性成分。如果說,儒學因神化程度達到了空前僵化的境地,曾使得中華固有文化面臨着能否實現更新、再生的考驗,則近現代西方文明的衝擊,促使這種更新和再生有了日趨明朗的途徑。中山紀念建築之接續孔廟,包容了西方文明成果,重新營造先秦時代以"天下爲公"爲社會理想的文化氛圍,是現代中國文化精華的象徵。

以現存中山紀念建築的形成過程和民衆(特別是海峽兩岸及旅居海外的全體華人)對中山建築的態度而言,這些建築物的存在,其意義遠遠超過了對建築的欣賞,而成爲民族文化認同、歸屬的象徵。無論持什麼樣的信仰,有哪一位中國人在拜謁中山陵的時候不是心存敬意的呢? 分散各地的中山紀念建築,一如曾經遍布華人世界的孔廟一樣,正受到人們越來越多的尊崇。[圖45]

參考文獻

1. 孫中山全集(共十一卷).北京:中華書局,1981~1986.

2.[美]費正清編.楊品泉,等,譯.劍橋中華民國史.北京:中國社會科學出版社,1994.

3.[美]韋慕庭着,楊慎之,譯.孫中山:壯志未酬的愛國者.北京:新星出版社,2006.

4. Wincok,Michel.Les voix de la liberté.Seuil,2001.

5. 沈先金主編.孫中山的足迹.南京:南京出版社,2005.

6. 孫中山故居紀念館.中國民主革命的偉大先驅孫中山.北京:中國大百科全書出版社,2001.

7. 孫中山紀念館.孫中山.香港:香港國際出版社,2000.

8. 十三經注疏.北京:中華書局,1980.

9. 南京市政協文史資料委員會.中山陵園史録.南京:南京出版社,1989.

10. 孫中山紀念館.中山陵園史話.南京:南京出版社,1999.

11. 梁銘剛、曾光宗等.國父紀念館建館始末.臺北:國父紀念館建館,2007.

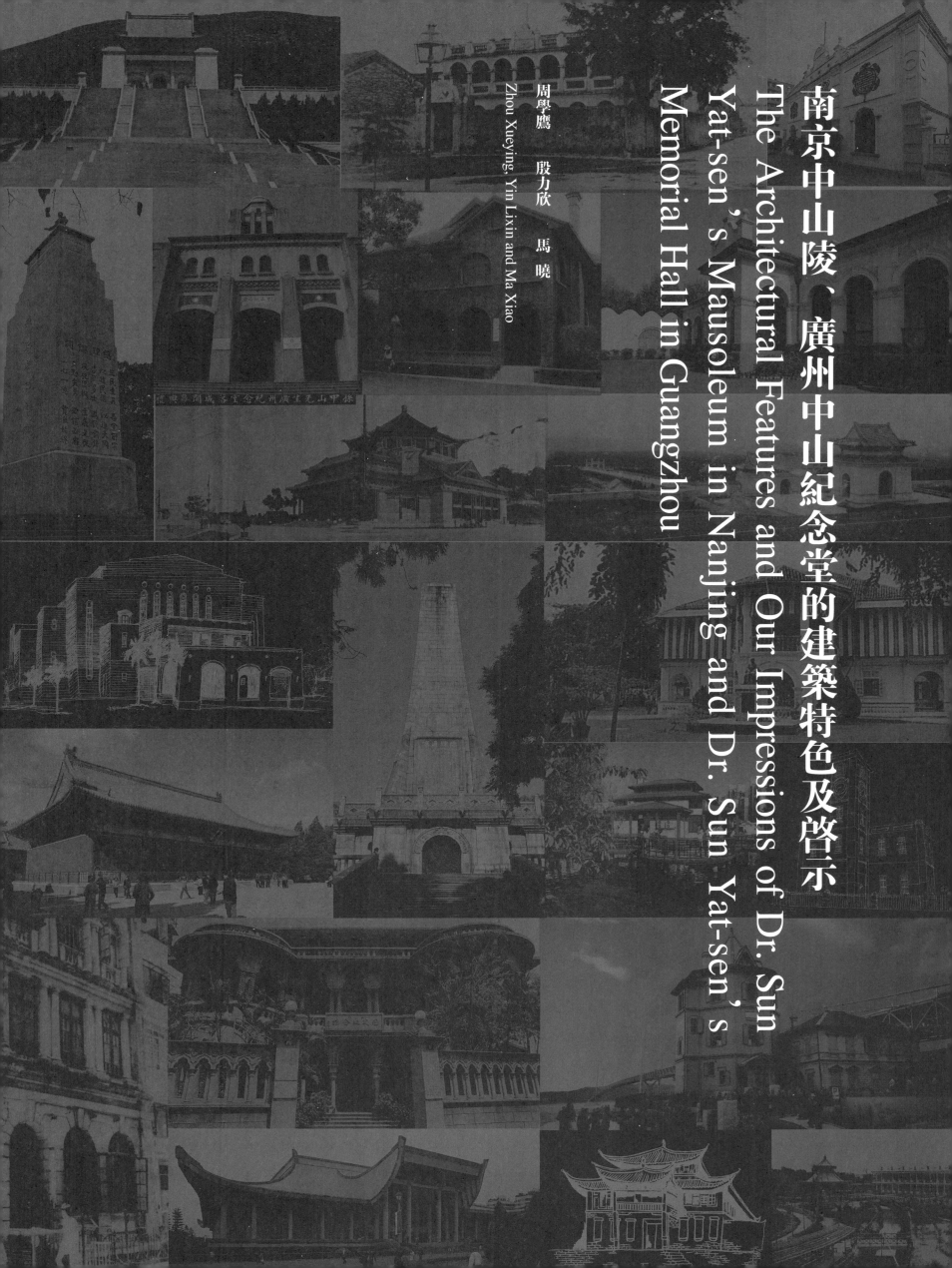

南京中山陵、廣州中山紀念堂的建築特色及啓示

The Architectural Features and Our Impressions of Dr. Sun Yat-sen's Mausoleum in Nanjing and Dr. Sun Yat-sen's Memorial Hall in Guangzhou

周學鷹　　殷力欣　　馬　曉

Zhou Xueying, Yin Lixin and Ma Xiao

20世紀20年代末，有鑒於革命家、先行者、世紀偉人孫中山先生（1866~1925）創立共和政體的豐功偉績和他爲國爲民鞠躬盡瘁的高尚人格，有感於他"革命尚未成功，同志仍須努力"的殷殷囑托，爲繼承他的遺志，激勵四萬萬同胞繼續爲中華民族的復興大業而奮鬥，國民政府在全體國民的鼎力支持下，建造了南京中山陵、廣州中山紀念堂這兩組宏大的紀念建築組群。這兩組紀念建築均爲我國近現代建築巨匠呂彥直先生設計，在竣工之初即受到國内外人士的廣泛贊譽，被稱爲"適足以象徵我民族復興之始也"[1]。

就建築學本身的價值而言，這兩組紀念建築具有"西風東漸"時代的轉型期建築特徵，是吸收西方先進建築技術，立足於本民族文化傳統、審美心理，進而創造中國新民族風格建築的開山之作。其文化精神正與中山先生所倡導的爲民族文化復興而博採西學的一貫主張相契合；其和衷東西方之所長的精湛的建築設計手法，對當今的建築業仍有着啓示作用。

如今，歷經80年的時間檢驗，這兩組紀念建築不僅被世界建築界視爲中國20世紀最偉大的建築，其所獨具的建築藝術魅力已深化爲民族文化之向心力，爲海内外全體華人所熱愛、所珍視。

爲此，筆者謹以建築學方面的考察和研究，對其建築文化上的承前啓後意義試作初步的探討和闡釋，敬祈方家指教。

南京中山陵

一、南京中山陵簡介

（一）南京地理形勝

南京地處江蘇最大的低山、丘陵區，有三條山脈分布其間：老山山脈呈東北—西南走向，主要分布在江浦縣；寧鎮山脈呈弧形構造，分布於南京與鎮江之間；茅山山脈在溧水縣東部。其中，寧鎮山脈西翼呈東北—西南走向，分三支楔入南京市區或切近市區邊緣。

北支沿江有龍潭山、棲霞山、烏龍山、幕府山。中支有寶華山、龍王山、靈山、鐘山等。南支有湯山、青龍山、黃龍山、大連山，跨秦淮河谷地爲方山、祖堂山、牛首山、鳳凰山等。

鐘山東西長約7km、南北寬約3km，像巨龍蟠結在南京城東，平地突起，分外高峻。山脈略呈弧形，弧口向南，東段東南走向，止於馬群；西段西南走向，經太平門附近入城，餘脈向西延伸爲富貴山、九華山，止於北極閣。

鐘山古稱金陵山，漢代始名鐘山，東吳爲蔣山，東晋稱紫金山，明代又名神烈山。歷代帝王對之青睞有加，東吳大帝孫權、明太祖朱元璋等均葬於此。

鐘山共有三座東西并列的山峰，形勢巍峨，氣象萬千。主峰北高峰居中，海拔高449m；第二峰茅山居東，高366m；第三峰天堡山居西，高248m。西延爲富貴山、覆舟山（即九華山）、雞籠山（即北極閣）、五臺山與鼓樓崗等低山丘陵，楔入市內，環水如帶，爲橫斷市區的天然分水綫。其水，南爲秦淮河水系，北屬金川河水系。

因之，南京城襟長江、環秦淮、衘鐘山、佩玄武，其山川風貌兼得北地之雄、江南之秀。優越的地理加之十朝建都的經歷，山川形勝、帝京繁會，締造了南京城的恢弘氣度，金陵帝王氣凸現。然而，南京城有王氣却無霸氣，有着寬厚直樸、祥和悠閑的生氣，古城内到處彌散着文化古都悠遠綿長的韻致[2]。[圖1]

[1] 梁思成全集，第四卷.北京：中國建築工業出版社，2001.

[2] 馬曉.城市印迹——地域文化孕育的南京城市景觀.南京：東南大學碩士學位論文，2002.

圖1、中山陵園地形圖

（二）中山陵主體及附屬紀念建築

　　中山陵位於南京東郊鐘山風景名勝區內東峰小茅山的南山腰，背依鐘山主峰，群峰綿延；西接明太祖朱元璋孝陵；東鄰靈谷寺；南面平川，遠峰隱約。因之，中山陵坐擁絕佳的地理形勝，是一組雄偉大氣、莊重肅穆、造型優美的建築群。

　　中山陵主體建築順山勢而築，層層而上，於民國時期分部建設而成。現狀主體建築及陳設沿中軸綫由南而北逐級抬升，依次爲孝經鼎、"博愛"牌樓、墓道、陵門、石階、碑亭、祭堂和墓室等。永慕廬、奉安紀念館及寶鼎、音樂臺、流徽榭、仰止亭、光華亭、行健亭、藏經樓等，一系列紀念性建築環繞着中山陵主體建築。周圍林海泛濤，蒼翠欲滴，氣勢宏偉。1961年，國務院公佈其爲第一批全國重點文物保護單位。[圖2~12]

圖2.孝經鼎

圖3. "博愛" 牌樓

圖4.陵門

圖5.碑亭

圖6.祭堂

圖7.永慕廬

圖8.音樂臺

圖9.流徽榭

圖10.仰止亭

圖11.行健亭

圖12.藏經樓

南京中山陵主體建築工程分部表

分部	時間	內容	資料出處	備註
第一部	1926年—1929年（民國十五年一月十五日至十八年春）	包括陵墓、祭堂、平臺、石階、圍墻及石坡各項工程	（民國）總理奉安專刊編纂委員會編.總理奉安實錄.1931.第41頁	上海姚新記營造廠承建
第二部	1927年—1929年（民國十六年十一月二十四日至十八年春）	直達陵門之石階、左右大圍墻之石坡及墻腳、祭堂平臺前之鋼骨凝土擁壁、祭堂平臺兩旁之鋪石面及挖土、填土、水溝等工程	同上，第42頁	上海新金記康號營造廠承建
第三部	1929年—1931年（民國十八年八月底至二十年八月）	左右大圍墻、碑亭、碑石、陵門、牌樓、衛士室等工程	內政部（國民政府）年鑒編纂委員會編.內政年鑒1936（四·禮俗篇）.商務印書館,1936.第245頁	上海馥記營造廠承建

南京中山陵紀念建築工程表

序號	名稱	內容	數據源	備註
1	永慕廬	當總理陵墓第一部工程行將告竣之時，前孫中山先生葬事籌備處於總理陵園小茅山頂萬福寺古刹之旁，擇地建築總理家屬守靈處，題名爲"永慕廬"，以備總理家屬守靈之用也。永慕廬房屋之建築采用東方式，內設客廳一間、臥室四所，旁設廚房一間、下室四所。房屋之外，布置花圃，周以石墻。風景清幽，建築古樸。於（民國）十七年冬開工，越四閱月，始克告成	南京市檔案館、中山陵園管理處.中山陵檔案史料選編.南京：江蘇古籍出版社，1986年，第183頁	陳鈞沛設計 新金記康號營造廠承辦 抗戰中被毀，1995年重建
2	奉安紀念館	總理奉安之時，國內外爲追慕總理偉大之精神，紛紛敬獻物品以留紀念者爲數甚多，陵墓祭堂容量有限，難以陳列。迨至奉安大典謹敬告畢，本會鑒於是項困難，特將總理陵園小茅山頂永慕廬旁之萬福寺，飭由新金記康號營造廠大加修葺、整理，并將各室護以鐵栅，爲陳列總理奉安紀念物品之用。該項修理工程當於民國十八年時修葺完竣	同上，第183頁	楊廷寶設計 抗戰中被毀
3	溫室	總理奉安之際，各省及海外公私團體暨各同志贈送各種紀念花木爲數甚多。就中閩、粵兩省及南洋各地寄贈之花木生長暖地，非有完備之溫室難以護其越冬。……（民國十八年）九月十八日即開工建築。溫室建於陵園石象路之北、苗圃之中央，前後共二所。其一於（民國）十九年春落成，占地面約二百八十平方米，全部結構除底腳、側壁、花架外，餘均用鋼鐵、玻璃構成之。加溫裝置采用熱水循環式，在冬季最冷時，室溫可保持華氏五十度。窗戶均裝有齒輪開關，可以自由調節溫度及空氣流通。全部造價共計約三萬元（當時貨幣，下同）。其二於（民國）二十一年冬季完成。造價計一萬四千元，構造與前者相仿，專充切花、培養、蔬菜栽培及繁殖之用	同上，第184,187頁	章君瑜繪就內部設計，朱葆初繪圖 一部分建築費由漢口總商會捐建 新金記康號承包 1937年毀於侵華日軍 1962年按原貌重修
4	孝經鼎	建於陵墓前。銅質，高四米許，內藏銅牌，刻戴太夫人書孝經全部。鼎安置於石臺上，臺爲八角形，共三層，圍以石欄。全部造價三萬餘元。戴季陶擬鼎之做法説明："鼎上五方（萬一五方不易妥當，則六方亦可）、三級。鼎亭全部黃銅吹色（造法全由陵園作主）。向外正面刻八德字；向內正面刻智、仁、勇三字，全部集總理字。鼎內藏四方銅碑，上刻戴太夫人書孝經（如字太大時，可以劇照相縮小）。下面三級石臺。四面欄杆石級全部雕花"	同上，第186頁	放鼎之石臺由張鏞森設計 戴季陶與中山大學同學捐建 金陵兵工廠翻砂鑄造

5	光華亭	在陵墓東小紅山上,全部采用福建産花崗石構成,高十三米,亭下築平臺二層,四周圍以欄杆兩道。亭内有柱十二根,成八角形。所有屋面、瓦脊、檐椽、幾門、梁柱、雀題、藻井等全用大石雕塑而成,刻工至巨。全部用石在八百五十噸以上,容積約爲三百立方米,造價計共八萬元,於(民國)二十三年秋間落成	同上,第185頁	劉敦楨設計 福建蔣源成石廠承建
6	革命歷史圖書館	建於陵墓之西。屋分前後兩部:前部計兩層,闢爲辦公室及閲覽室等;後部計三層,均爲藏書庫房。所有工程用鋼筋混凝土建築之。全部造價計五萬五千元,於(民國)二十二年夏季完成	同上,第185~186頁	
7	中山書院(中山文化教育館舊址)	孫科倡辦。1933年3月12日在總理陵園成立。1933年10月27日測量、勘定地界。1935年1月30日落成,館中設閲覽室、書庫……,藏書21 664册,外文書籍4 493册,中文雜志1 881種,中文報紙20餘種,訂閲外文報刊155種。編印月刊《期刊索引》、《日報索引》;主辦英文《天下月刊》,享有盛譽	南京市政協文史資料委員會編.中山陵園史録.南京:南京出版社,1989年,第66~69頁	趙深設計 張裕泰營造廠承建 毁於侵華日軍
8	仰止亭	建於陵墓東首、二道溝北之梅嶺上。方形,上蓋琉璃瓦屋面,柱梁、欄杆用鋼筋混凝土構築,外着色、施以彩畫。(民國)二十一年秋間落成	南京市檔案館、中山陵園管理處.中山陵檔案史料選編.南京:江蘇古籍出版社,1986年,第186頁	劉敦楨設計 葉遐庵先生捐建
9	行健亭	建於陵墓之西,當陵墓大路與明陵路轉角處。亭爲方形,長寬各九米,地面用水泥方磚鑲砌,亭角支柱四根,四角共十六根,柱、梁及上層窗格具用鋼筋混凝土砌成,外施油漆并彩畫,屋面蓋藍色琉璃瓦。全部造價約一萬餘元,於(民國)二十二年夏季落成	同上,第186頁	趙深設計 廣州市政府捐建 王競記營造廠承建 1975年維修時把木屋頂改爲鋼筋混凝土結構,重繪彩繪
10	桂林石屋	建於靈谷寺與陵墓間之高阜上,墙垣俱用青龍山石砌成。屋共兩層,内設起居室、卧室、陽光室等七間。屋外遍植桂花,故名桂林石屋,造價計二萬元	同上,第186頁	廣州市政府捐建 抗戰中被日軍炸毁,現僅存遺址
11	音樂臺	建於墓前廣場之南,於(民國)二十一年秋興工、二十二年夏落成。全部建築純爲鋼筋混凝土之結構,其平面圖樣作半圓形,圓中心處爲臺,寬二十米。臺後建大壁,高十米,藉以匯集音浪。臺前爲聽衆集坐之處,其他原作盆形,就原址加以整理,築成斜坡之半圓形草坪一大片,圓半徑爲五十米,可容三千人。圓邊緣上築有六米寬之混凝土走道,周長一百五十米,上架花棚,下置石凳,可供坐憩。造價計九萬五千元	同上,第186頁	楊廷寶設計 美國舊金山華僑與遼寧省政府合資捐建 韓順記承辦
12	流徽榭	建於陵墓東之二道溝,其地溪水匯流甚豐,陵園於此築壩蓄水成一小湖,環植垂柳、碧桃等。湖西岸建水榭,長十三米、寬九米,所有屋架、地面、梁、柱、欄杆等俱用鋼筋混凝土構築。造價一萬一千元,於民國(民國)二十一年冬落成	同上,第186~187頁	顧文鈺設計 中央陸軍軍官學校捐建

序號	名稱	內容	數據源	備註
13	永豐社	座於陵墓西、行健亭南，專以發售園産。室外闢花壇、植草地。全部建築於（民國）二十二年春間完成，造價九千元	同上，第187頁	中央陸軍軍官學校捐建
14	藏經樓	總理陵墓之東、靈谷寺之西，平坦丘阜之上，深處幽谷之間。該樓之本身長一百零四呎、寬七十一呎，共分三層，第一層爲講堂，并有夾樓聽座；第二層爲藏經、閱經及研究等室；第三層則純爲藏經。於樓之後進爲宿舍、下房，兩翼有回廊及亭子二座，備裝鑲三民主義石碑之用。該項工程之柱、梁、樓板、屋頂等，全用鋼骨水泥構造之。其外觀似古宮殿式，堂皇富麗，堪爲陵園生色。（民國）二十五年冬竣工	同上，第187~188頁	盧樹森設計 1948年7月興工修繕，9月初竣工。南京市政協文史資料委員會編.中山陵園史錄.南京：南京出版社，1989年，第118頁.
15	陵園大道工程	……於（民國）十六年冬議決從中山門（即朝陽門）起另築寬大平坦之正式馬路，經過四方城、造林場，直達總理陵墓，以利往返。并經陵園計劃委員呂彥直、傅煥光、劉夢錫詳加查勘，決定路綫計由中山門起，東沿鐘湯路折入造林場，由四方城向東北，沿坡經江蘇省立第四屆植樹林場，復折向東至陵墓前之大廣場爲止，約長六里	（民國）總理陵園管理委員會編.總理陵園管理委員會報告（上）.南京：南京出版社，2008年，第307~308頁	上海徐成記營造廠承辦，工程師劉夢錫負責監督

其他與中山陵有關的建築工程，如衆星拱月在中山陵周圍。譬如，廖仲愷墓、譚延闓墓、范鴻仙墓，蔣介石曾擬作百年後安息之地的正氣亭[3]等。

[3] 南京市政協文史資料委員會編.中山陵園史錄.南京：南京出版社，1989年，第119頁.

南京中山陵園相關建築工程舉要

序號	名稱	內容	數據源	備註
1	國民革命陣亡將士公墓	位於靈谷寺舊址。靈谷寺爲首都（民國）叢林，原有殿宇除無量殿尚存廡廊外，其餘均爲洪楊劫後之新小房屋。今公墓即以舊址建築，按茂菲計劃，公墓有三，其一在無量殿後之五方殿舊址，第二、第三公墓則在無量殿東西各約之一千尺之山凹中，三墓地點成一極鈍之三角形。墓外建築即以萬工池內之原有大門爲墓門，不過兩旁另闢偏門，以通車馬。金剛殿原址峙雄偉之石牌坊，無量殿恢復原來式樣，改爲祭堂。其前之大雄寶殿卸去其中佛像，移入東屋之龍王殿中。志公塔前建紀念堂，其後數百步造紀念塔，爲公墓建築之極點	（民國）總理陵園管理委員會編.總理陵園管理委員會報告（下）.南京：南京出版社，2008年，第563頁	墨菲設計 劉夢錫爲監工 上海陶馥記營造廠承建
2	譚延闓墓	位於靈谷寺東側，（民國）二十年六月招標興工建築，公園式布置，墓爲圓形，坐北朝南。全部用蘇産白石，鋼骨水泥，水池及牌樓用湘産白石，（民國）二十年九月一日墓穴工程完畢。九月四日舉行國葬典禮，至（民國）二十一年全部工程先後完竣	內政部（國民政府）年鑒編纂委員會編.內政年鑒1936（四·禮俗篇）.商務印書館，1936年，第246頁	關頌聲、朱彬、楊廷寶設計 申泰興記、蔡春記營造廠建 原墓在"文革"被毀，1981年按原貌重修
		總理陵墓建築得陽剛之美，譚墓構造得陰柔之美，全部工程可分五部：龍池、廣場、祭堂、寶頂、墓園	傅煥光.總理陵園小志.1933年，第69頁	

3	廖仲愷、何香凝合葬墓	1926年9月5日,駐粵委員會議記録……(六)廖先生墓地。議决;定在磨盤山,墓式由呂建築師計劃(旁有一紀念亭),簡單堅固,另行省墓廬一所,約三、四千元。墓及廬共約大洋三萬元。陽歷十月中圖繪好	南京市檔案館、中山陵園管理處.中山陵檔案史料選編.南京:江蘇古籍出版社,1986年,第98頁	呂彥直設計
		在明孝陵的西邊,却倚紫金山天文臺山麓,前面正對前湖。墓道分左右盤旋而上。登平臺,左右有華表二,仿六朝陵墓墓闕,上有蓮花形圓蓋,頂置辟邪。拾級而上,左右各建方亭,可以休憩。再上爲墓室,今用石砌,作渾圓形	朱偰.南京的名勝古迹.南京:江蘇人民出版社,1955年,第26頁	
4	範鴻仙墓	陵墓規模宏大,建築恢宏,原建有享殿、碑亭和墓道。現尚存墓冢,呈長方形。墓前立墓碑一通。墓道漫長,兩旁樹木成林	南京市政協文史資料委員會編.中山陵園史録.南京:南京出版社,1989年,第85~87頁	"文革"中被毀。後局部復建
5	正氣亭	位於紫霞湖觀音洞附近。1947年4月動工,同年12月,工程告竣。亭爲方形,鋼筋混凝土結構,重檐飛角,頂覆藍色琉璃瓦,以蘇州花崗石爲基座,亭之内外,畫梁彩棟,富麗濃艷。蔣介石命名爲"正氣亭",并親筆題寫亭名和楹聯。亭之正面横眉上陰刻"正氣亭"三個鎦金大字,兩側檐聯藍底黃邊金字,上聯"浩氣遠連忠烈塔",下聯"紫霞籠罩寶珠峰",落款"蔣氏中正"方印。亭後砌花崗石擋土墻,墙中央竪有碑刻,碑文是由孫科撰寫的"正氣亭記"	同上,第118~119頁	楊廷寶設計旅美紐英倫華僑救國會捐建
6	延暉館(孫科公館)	行健亭西側……建於1947年,是一座具有西式風格的兩層樓洋房,前後有半圓形凉臺,樓上設卧室、書房、客廳、衛生室等,樓下有大小客廳、餐廳、厨房、衛生間等。整座公館建築考究,室内地板、門窗以及書房内四面壁橱,全用進口高級木料制成,至今完好。門鎖、門把手、窗插銷等物專從美國進口,紫銅制作。衛生間裏的設備亦爲美制。主要房間内裝有通風設備	同上,第119~120頁	楊廷寶設計馥記營造廠承建
7	浙軍紀功碑	碑在天堡城上天文臺之東北方,自玄武湖或城中望之,一碑巍然矗立峰巔,系辛亥初次革命時浙軍與清軍血戰之處。浙軍克城以後於此建陣亡將士碑	傅焕光.總理陵園小志.1933年,第72頁	
8	航空烈士公墓	在自由門外之王家灣。築有牌門一,左右廡二,碑亭一,祭堂一。(民國)二十一年工竣,用費二萬六千元	同上	邱德孝設計軍政部航空署醵金文革時除牌坊外均遭毁壞,1985年及1995年重修

　　陵園界内還有運動場、學校、學術研究機構之設。如中央體育場(在總理陵墓之東、靈谷寺陣亡將士公墓之前,距中山門八里)、中央國術體育傳習所(中央體育場之南端)、天文臺、國民革命軍遺族學校(四方城前之地)[4]等。

　　以中軸綫而論,從中山陵廣場登石階,迎面是石質三間四柱柱出頭三樓牌樓(通稱博愛坊),福建花崗岩砌築,藍色琉璃瓦頂,匾額題"博愛"二字,中山先生手書。

[4] 傅焕光.總理陵園小志.1933.

博愛坊後爲375m長的神（甬）道，寬40m，分三道，道間綠化帶上種松柏兩行。神道盡端是重檐藍琉璃瓦的陵門，門前左右分立中式石獅一對。

越陵門爲碑亭，中立石碑，上鎸原國民政府主席譚延闓手書"中國國民黨葬總理孫先生於此"十三個金字，下款"中華民國十八年六月一日"。

碑亭後是直通祭堂的寬大石階。石階共八段，290級（博愛坊至祭堂共392級），蘇州金山石材。第五級臺階平臺上東西兩側各有一座西式石獅。其上三段石級兩側安石欄杆，石階上又加設兩行石欄杆，將石階分隔爲三道，統一中又有變化。

石階上的祭堂地坪高出陵墓入口處70m，坐落在海拔158m的緩坡上。堂前寬大的平臺東西兩側爲高約四丈的華表、銅香爐。祭堂中西合璧，鋼筋混凝土結構，上部重檐歇山寶藍色琉璃瓦頂，四周四個角室如四個堅實的墩柱。祭堂內正中是高達5m的中山坐像，意大利白石，由法籍波蘭雕塑家朗多斯基（Landowski）在法國巴黎雕成。

墓室銜接在祭堂後，穹窿頂，外砌香港石，直徑18m、高11m。捷克籍雕塑家高琪創作的中山先生大理石卧像，安詳地躺在圓形墓池中（圖13），卧像下安放中山先生的靈柩，墓穴深5m，外面用鋼筋混凝土密封。整個中山陵主體建築群，空間序列豐富、莊重雄偉、手法洗練，渾然一體。

圖13. 中山先生大理石卧像，安詳地躺在圓形墓池中

1926年3月12日，孫中山先生逝世一周年忌日，舉行了中山陵奠基典禮。宋慶齡、孫科、各界知名人士及代表萬餘人出席，立奠基石（現鑲嵌在祭堂外西側），鎸"中華民國十五年三月十二日中國國民黨爲總理孫先生陵墓行奠基禮"。

1929年春天，主體工程竣工。1929年6月1日，民國政府舉行了隆重的奉安大典。

二、 中山陵建設緣起

(一) 巨星殞墜

1924年10月23日，傾向革命的馮玉祥將軍從直奉戰争前綫，突然回師北京發動政變，因禁賄選總統曹錕，致直系軍閥吳佩孚全綫崩潰，推翻了直系軍閥把持的北京政府。

早在醞釀北京政變時，馮玉祥將軍就望寄事後請孫中山先生北上主持國事，推倒曹、吳之後，一定"迎請中山先生北來主持一切"，以便讓孫中山先生"好好施行其計劃與主義"。

政變成功後的第三天，馮玉祥等人正式議決，速"電請孫中山先生北上主持大計，以便打開更新的局面"，數次電請中山先生早日北上[5]。此時，全國各界人士亦紛紛致電中山先生，懇請北上，主持大計[6]。

孫中山先生得知政變成功的消息後，十分高興，於10月27日分別致電馮玉祥、段祺瑞等人，表示"建設大計，亟應決定，擬即日北上、與諸兄晤商"[7]。希望早日結束國家内亂，盡快實現祖國的和平統一與建設。

然而，此時中山先生已略感身體不適，但爲革命成功和民衆的利益，中山先生決然抱病北上，作最大的努力。11月10日，先生以國民黨總理的名義，發表了《北上宣言》。

[5] 李殷元.共和之夢——孫中山傳.成都：四川人民出版社, 1995.

[6] 各界敦請帥座北上電.上海：民國日報.1924-11-17.

[7] 徐友春、吳志民主編.江蘇文史資料第26輯 孫中山奉安大典.北京：華文出版社, 1989.

11月13日，中山先生携宋慶齡等人乘"永豐"艦北上。11月17日，中山先生經香港抵上海，受到了滬上各界數千民衆的熱烈歡迎。

11月22日，中山先生離滬，繞道日本赴天津。

12月4日，中山先生乘船抵津，兩萬多群衆自發到碼頭去歡迎他。可見，國人對中山先生的北上寄予了極大期望。

然長年勞累，又抱病北上，加以沿途事務頻繁，中山先生抵達天津時肝病復發，不得不卧床休息。時不我待，中山先生稍事休養，於12月31日，扶病抵達北京，然病體難支，不能親自演講，祇得請人代讀書面講話。此後的日子裏，中山先生一直忍着病痛，與段祺瑞爲首的軍閥勢力進行了針鋒相對的鬥争。

1925年3月12日上午9點30分，中山先生在北京鐵獅子胡同行轅與世長辭，享年59歲。

（二）自選墓塋

孫中山先生臨終前親自對夫人宋慶齡明言，願埋葬在南京。據擔任孫中山先生主治大夫——克禮醫生1925年3月12日的醫療記録，"昨日下午發表其對於諸事之最後囑咐，并曾告孫夫人，願如其友人列寧保存遺體，且願葬於南京"[8]。可以推定，中山先生最後一次表達此遺願時在3月11日下午。

由此，4月2日上午11時，孫中山先生的靈柩由中央公園出發，下午4點25分到達、暫厝於北京香山碧雲寺，以待南京中山陵完成後，再正式奉安。

中山先生希冀身後能够長眠於鐘山，由來已久。粗略統計相關資料，列表如下。

序號	論著者	内容	資料出處
1		"中山先生當民元之初，在南京任第一任臨時大總統時，曾與參軍某游覽紫金山，甚愛該處形勝，當語某參軍云："安得結廬此地，以息餘年。"某參軍當謂："總統如有所欲，安得不遂。"先生謂："我身安有休息之時，候他日逝世，當向國民乞此一抔土，以安置軀殼耳。"	三民公司編譯部纂.孫中山軼事集.上海：三民公司出版部，1926.第196頁
2	（民國）憲治通訊社	十二時略安眠，昨晨四特癥象稍變，孫自知不起，遂囑孫哲生等云：余之遺體須設法保存永久，將來葬地最好以南京之紫金山爲宜云云。……丙、葬地遵總理遺囑葬於南京紫金山	徐友春、吳志民主編.江蘇文史資料 第26輯 孫中山奉安大典.北京：華文出版社，1989年，第7頁
3	王耿雄	1912年3月10日（星期日），停辦公事，與胡漢民、孫科等往南京東郊各山游獵，并攝影而返。"中山先生步行上山，走到現在中山陵墓穴地方，先生四面環顧，指着對面遠方山，和回環如帶的秦淮河説："你們看，這裏地勢比明孝陵還要好，有山有水，氣象雄偉，我真不懂當初明太祖爲什麼不葬在這裏！"胡漢民説："這裏確比明孝陵好，拿風水講，前有照，後有靠，左右有沙環抱，加以秦淮河環繞着，真是一方大好基地。"中山先生接着帶笑説："我將來死後葬在這裏那就好極了。"……"	王耿雄.孫中山史事詳録.天津：天津人民出版社，1996年，第223頁.轉自：郭漢章.南京臨時大總統三月見聞實録

由列表可知，有關此方面内容大致相似（然所載具體日期不一），皆言紫金山優美的風水形勝，吸引了中山先生。

有學者認爲中山先生之所以選定南京紫金山爲身後安息之地，是有深意的：第一，南京爲孫中山先生就職、解職臨時大總統之處，南京對孫中山先生有着特别重要的意義；第二，孫中山先生辭世之際，南京尚處於軍閥統治之下，孫中山先生希望自己歸葬南京，表現出其不屈不撓的鬥志與奮鬥精神。另有一種説法認爲，孫中山

[8] 徐友春、吳志民主編.江蘇文史資料 第26輯 孫中山奉安大典.北京：華文出版社，1989.

[9] "又云: 廖鳳書君云: 先生起葬紫金山念頭時, 必在祭明陵時, 故應在山南", 見 南京市檔案館、中山陵園管理處編.中山陵檔案史料選編.南京: 江蘇古籍出版社, 1986年, 第56頁; 另有其它説法, 見 陸其國.千年不敗 中山陵紀事.上海: 百家出版社, 2004.

[10] 孫中山紀念館.中山陵史話.南京: 南京出版社, 2004.

[11] 廣東省社會科學院歷史研究所等.孫中山全集 (第一卷).北京: 中華書局, 1981.

[12] 廣東省社會科學院歷史研究所等.孫中山全集 (第一卷).北京: 中華書局, 1981.

[13] 夏邦平.孫中山與武漢.見 卜承祖.世紀之交話中山.南京: 南京大學出版社, 1993.

[14] 陳恒安.貴州軍政府樞密院電稿摘述.辛亥革命回憶錄 (第6集).北京: 文史資料出版社, 1963.

[15] 王耿雄.孫中山史事詳錄.天津: 天津人民出版社, 1986.

[16] 王耿雄.孫中山史事詳錄.天津: 天津人民出版社, 1986.

[17] 蘇全有.孫中山與建都設置問題.天府新論2004—2—96.

[18] 翟國璋.南京臨時政府的政治制度.銀川: 寧夏人民出版社, 1993.

先生選定南京紫金山爲自己的埋葬地, 與明太祖朱元璋有一定的關係[9]等。

南京是國民政府之首都, 不少資料確載中山先生親口表示願葬在南京, "因南京爲臨時政府成立之地, 所以不可忘辛亥革命也"[10]。實際上, 孫中山先生的建都思想是有變化的。

早在1887年, 中山先生在《與宮崎寅藏等筆談》中, 對建都之地就有過明確的意見: "建都, 僕常持一都四京之説, 武漢 (都)、西京 (重慶)、東京 (江寧)、廣州 (南京)、順天 (北京)。"[11]

1902年, 在與章太炎的談話中, 中山先生專門論述了建都問題。他以太平天國洪秀全建都南京作爲歷史教訓, 提出 "金陵則猶不可宅", 而主張建都武昌: "夫武昌揚靈於大江, 東趨寶山, 四日而極, 足以轉輸矣。外鑒諸鄰國, 柏林無海; 江户則曰海堧而, 内海雖鹹, 亦猶大江也, 是故其守在赤閑天草, 而日本橋特以爲津濟。江沔之在上游, 其通達等事矣, 何必傅海? 夫北望襄樊以鎮撫河洛, 鐵道既布, 而行理及於長城, 其斥候至窮朔者, 金陵之絀, 武昌之贏也。"[12]直至1919年, 中山先生制定《建國方略》, 仍認爲武漢是 "中國本部鐵路系統之中心, 而中國最重要之商業中心也"。可見, 孫中山先生一直對武漢特別重視[13]。

1911年10月10日, 武昌起義爆發後, 各省響應, 迫切需要組織臨時政府, 首要之務確定都城。因武昌恰爲首義之地, 處中原要衝, 是多數省份的意見, 又合中山先生主張。因此, 以武昌爲臨時政府所在, 順理成章。唯貴州軍政府意見相左: "中央政府所在地亦須慮及, 就目前形勢而論, 總以廣東爲宜。立不拔之基於南海, 北向以定"[14], 主張以廣州爲都, 應者寥寥。

各省代表匯集武昌後, 確定在臨時政府成立前由湖北都督代行中央政府之權, 即武昌爲事實上的中央政府所在。但漢陽失守, 武昌吃緊, 代表們不得不移至漢口開會, 湖北形勢嚴峻。幸而江浙聯軍於12月2日攻下南京; 12月4日, 各省代表及時決議: 臨時政府設於南京, 各省代表至南京開臨時大總統選舉會。形勢緊迫, 使得南京成爲中華民國的第一個首都。當孫中山先生歸國時, 首都已定, 遂於1912年1月1日在南京就任臨時大總統。

1912年2月13日, 中山先生 "咨臨時參議院辭臨時大總統職", 同時, "咨臨時參議院推薦袁世凱爲臨時大總統"。2月14日下午, 中山先生率各部總長赴臨時參議院辭職, "并推薦袁世凱繼任。參議院接受, 并決定次日開選舉會, 選舉臨時大總統及決議在新總統未莅任前, 孫總統暫不解職, 并曾以此通電各省……"[15], 正式以自己的自願卸任求得共和政體的確立。4月1日臨時參議院開會, 接受中山先生報告解職日期的咨文。4月3日下午2點, 臨時參議院爲孫中山先生舉行了隆重的解職典禮[16]。

在當時特定的政治形勢背景下, 首都問題是南北爭論的一個焦點, 而遷都之爭爲原則性的大問題之一。有研究者認爲, "孫中山在民國後之所以主張遷都武昌或南京, 是基於反對袁世凱定都北京的考慮[17]"。

中山先生力主首都仍在南京, 袁世凱南下就職, 目的是把袁調離北京, 置他於南方革命力量的監督之下。袁世凱當然不肯, 堅持遷都北京, 其圖謀寡頭專制之心昭然若揭。遺憾的是, 内外反對力量巨大, 中山先生爲顧全大局, 不得已而讓步, 同意袁就職於北京, 中華民國遷都北京[18]。

正是由於南京作爲國民政府首都的特殊意義, 使得中山先生雖然在南京僅4個多月, 然對南京看法劇變而情有獨鐘, 對鐘山更是一往情深。他在《建國方略》中云: "南京爲中國古都, 在北京之前, 而其位置乃在一美善之區, 其地有高山, 有深水, 有平原, 此三種天工, 鐘毓一處, 在世界中之大都市, 誠難覓此佳境也。南京將來之發達, 未可限量也。"

我們推測, 中山先生之厚愛南京, 可能另有一層深意: 舊有 "南京多短命王朝" 之説, 實際上這不是南京本身的 "宿命", 却恰恰説明舊政權中没有什麽人有足够的德才可適應這個得天獨厚的 "金陵王霸氣象", 而共和爲全新政體, 正可超越歷代, 與南京之雄偉氣勢相得益彰。

綜合上述, 在孫中山先生的革命生涯中, 南京確實具有非常獨特的地位。而南京本就是我國南北交會處的著名古都, 自公元3世紀以來, 東吳、東晉、宋、齊、梁、陳、南唐、明、中華民國等九代建都於此 (如算上太平天國, 則爲十朝古都), 留下了豐富的歷史文化遺迹。

天時、地利、人和的綜合作用, 使得孫中山先生與南京結下了永恒之緣。

三、建設中山陵

(一) 成立葬事籌備處

孫中山先生逝世當天, 中國國民黨立即在北京成立了128人組成的 "孫中山先生北京治喪處", 分秘書、事務及招待三股。治喪處當天通電全國, 規定國民黨員一律佩戴黑紗, 停止宴會、娛樂七天。與此同時, 中國國民黨中央執行委員會亦通電全國, "哀此奉聞"。

臨時執政的段祺瑞發出恤令, "所有飾終典禮由内務部詳加擬議, 務極優隆, 用符崇德報功之至意。此令"[19]。

非常國會於1925年3月14日上午11點, 在參議院開會, 決議爲中山先生舉行國葬。

1925年4月4日, "治喪處以前派林森前往南京紫金山勘察葬地, 業已回京報告一切, 因即推代表詣執政府接洽"[20]。北京臨時政府秘書廳致電江蘇省, 關於孫中山先生擬葬紫金山事項, 明言: "奉執政諭, 中山先生現經決定國葬, 其葬地擬在南京紫金山, 應請飭所屬妥爲照料, 將來靈梓奉移, 尤須責成地方官沿途保護……[21]。"

國内外其他政黨、革命團體對中山先生的逝世, 都表示震驚、哀痛。譬如, 3月15日, 中國共產黨中央執行委員會致唁電中國國民黨中執會, 并發佈《爲孫中山逝世告中國民衆書》, 在表示哀悼的同時, 號召全國民衆繼承中山先生的事業, 努力奮鬥[22]。3月21日, 中共中央機關刊物《向導》還出版了《孫中山特刊》, 以示悼念[23]。蘇聯共產黨中央委員會、第三國際執行委員會等均發表唁電。

1925年4月4日, 國民黨駐京中央執委會全體會議推汪精衛、林煥廷、宋子文、葉楚傖、邵力子、林森、楊滄白、于右任、戴季陶、張靜江、陳去病 (不久去職, 陳果夫補)、孔祥熙等12人, 爲喪事籌備委員。1927年4月27日, 又增補蔣介石、伍朝樞、鄧澤如、古應芬、吳鐵城、陳群、楊杏佛等7名委員。

4月18日, 臨時政府在上海正式成立總理葬事籌備處, 以楊杏佛爲主任幹事, 孫哲生爲家屬代表。第一次籌備會議決議葬事進行程序。

"(一) 決定墓地。(二) 測量墓地。(三) 交涉圈撥墓地。(四) 徵求陵墓圖案。(五) 決定陵墓圖案與建築師。(六) 投標徵求陵墓建築包工。(七) 陵墓建築開工。"

以上各事均於會議後按照原定計劃積極進行。墓地經孫先生遺囑指定在南京紫金山, 復由孫宋夫人、孫哲生君及委員會代表實地察勘, 於四月二十三日 (1925年4月23日) 籌備會議決定在紫金山之中茅山南坡。墓地占山地縱橫各兩華里, 墓道馬路及沿路紀念建築用地約占二千餘畝, 内除墓道南段民地數百畝外, 餘均公地。基地測量、制圖等事, 則由籌備處請江蘇陸軍測量局派員擔任。計共測繪千分之一比例墓地高度圖一種、五千分之一及二萬分之一比例墓地形勢圖兩種。以上均爲徵求圖案之用, 於五月一日開始測量, 五月底繪制成圖。此外, 復由測量局員代爲測繪五千分之一比例墓地詳圖, 爲計劃墓地全部紀念建築之用, 由六月初旬起至九月初旬止, 計測量三

[19] 徐友春、吳志民主編.江蘇文史資料 第26輯 孫中山奉安大典.北京: 華文出版社, 1989.

[20] 徐友春、吳志民主編.江蘇文史資料 第26輯 孫中山奉安大典.北京: 華文出版社, 1989.

[21] 南京市檔案館、中山陵園管理處.中山陵檔案史料選編.南京: 江蘇古籍出版社, 1986.

[22] 徐友春、吳志民主編.江蘇文史資料 第26輯 孫中山奉安大典.北京: 華文出版社, 1989.

[23] 中山紀念館.中山陵史話.南京: 南京出版社, 2004.

月，全圖約十月内可以制成。

　　圈撥墓地事務，由内務部（國民政府，下同）、江蘇省長及籌備處會同進行。内務部除先後派王經佐、汪兆鸞兩僉事南下，接洽圈撥手續，復指定江寧交涉員廖恩燾爲駐寧委員，江蘇鄭省長則委任實業廳長徐蘭墅爲中山先生墓地籌備委員，會同籌備處進行圈地各事。墓地範圍内公地原屬義農會、造林場兩機關，此兩機關均自動表示願以被圈之地供中山先生墓地之用，義農會會長仇來之、孫紹筠贊助尤力。七月十二日，籌備會議正式決定墓地範圍。九月中旬由籌備處函部、省委派廖、徐兩委員呈准江蘇省長批准，并咨内務部備案同時由各方代表至墓地會同勘視範圍，并竪立界石。至墓道經過之民地，將於十月内由籌備處給價收買。"[24]

　　1929年6月1日奉安大典後，"總理葬事籌備委員會"撤銷，成立"總理陵園管理委員會"，負責中山陵園的管理、規劃、擴建等，并進行第三部工程。

（二）徵求陵墓建築圖案

　　1925年5月2日，孫中山先生葬事籌備處籌備會議決議徵求陵墓建築圖案、建築格式、材料及金額等。圖案徵求條例，由家屬代表孫科（哲生）及主持建築的常務委員宋子文的代表赫門負責起草，經5月13日的籌備會議通過後，向國内外公開徵集。

　　1925年5月15日，葬事籌備處公佈了陵墓懸獎徵求圖案條例。

《孫中山先生陵墓建築懸獎徵求圖案條例》[25]

　　1. 此次懸獎徵求之目的物爲中華民國開國大總統孫中山先生之陵墓與祭堂之圖案，建築地址在南京紫金山内之中茅山南坡。

　　2. 祭堂圖案須採用中國古式而含有特殊與紀念之性質者，或根據中國建築精神特創新格亦可。容放石椁之大理石墓即在祭堂之内。

　　3. 墓之建築在中國古式雖無前例，惟苟採用西式，不可與祭堂建築太相懸殊。墓室須有可防制盜竊之銅門，門上并設機關鎖，俾祭堂中舉辦祭禮之時可以開放墓門，瞻仰石椁。

　　4. 祭堂建在紫金山之中茅山南坡上，約在水平綫上一百七十五米（注：原文如此）突高坡上，應有廣大之高原，俾祭堂四周可有充分之面積，遇焚火時不致危及堂屋，並須在堂前有可立五萬人之空地，備舉行祭禮之用。墓地四周皆圍以森林，堂背山立，山前林地約十餘方里，東以靈谷寺爲界，西以明孝陵爲界，南達鐘湯路，將來擬築一大路，由鐘湯路直達墓地。祭堂須面南，登臨之徑擬用石臺階或石級，向南直達山脚，此徑將爲連貫墓道大路與堂墓高原之通道。

　　5. 石臺階或石級之建築，由應徵之設計者自定，惟其起點在山邊，不宜高過110米突高度綫。祭堂之建築由設計者自定，惟計劃須包括祭堂與石臺階或石級等登臨之徑，此兩部應視爲一體。祭堂雖擬採用中國式，維爲永久計，一切建築均用堅固石料與鋼筋三合土，不可用磚木之類。

　　6. 應徵者如爲建築師，其所繳圖案應包括下列各圖：

　　1) 平面全圖，包括進處登臨之徑及祭堂（比例尺由設計者自定）；

　　2) 祭堂平面圖，比例尺一英寸等於八英尺；

　　3) 祭堂前面高度圖，比例尺同上；

[24] 孫中山先生葬事籌備委員會編. 孫中山先生陵墓圖案. 民智書局, 1925.

[25] 總理陵園管理委員會編. 總理陵園管理委員會報告·工程. 南京：京華印書館, 1931.

4) 祭堂側面高度圖，比例尺一英寸等於十六英尺；

5) 祭堂切面圖，比例尺同上；

6) 透視圖。

7. 應徵者如爲美術家，所繳圖案可用彩色畫或黑白畫，唯至小不得過二英尺乘三英尺，俾採用後建築師可以根據之繪制實際建築應用之一切詳圖。此項補制建築圖案工作，不在懸獎徵求圖案範圍之內。

8. 應徵獎金額由葬事籌備委員會議定如下：

美術家應徵僅繳表現其觀念之繪畫、未附有建築詳圖者，其獎額爲：

頭獎，一千元；

二獎，七百五十元；

三獎，五百元；

建築師應徵繳有建築圖案及一切詳圖可供實際建築之用者，其獎額爲：

頭獎，二千五百元；

二獎，一千五百元；

三獎，一千元。

9. 應徵圖案之評判與決定得獎人名，由孫中山先生葬事籌備委員會博採委員會所延聘建築師與美術家之意見執行之，應徵得獎人名將在登載徵求圖案廣告之各報發表，委員會之評判爲最後決定，無論何方不得變更或否認。

10. 委員會保留在此次徵求圖案範圍之外任何圖案已繳而未得獎者，用特別合同之購買權。已得獎者之三種圖案，在獎金交付之後，其所有權及施用權均歸委員會，唯委員會對於一切圖案無論得獎與否，在實際建築時採用與否，有絕對自由，不受任何方面之限制。

11. 得獎之應徵者，其圖案採用後，是否請其擔任監工，由委員會自由決定。

12. 對於應徵之建築師尚有一事須注意者，即關於祭堂陵墓工程包括登臨之徑及墓地與行徑之土工，其建築費總額定爲三十萬元，建築師於設計時分配工程宜注意此點。建築估價遠非徵求圖案條例所規定，如建築師能并以其設計之估價見告，尤所歡迎。

13. 應徵者報名以後，繳納保證金十元，即由報名處發給墓地攝影十二幅，紫金山高度地圖兩幅，備設計參考之用。

14. 此項徵求圖案期限，從登報之日起至八月三十一日止。一切應徵圖案須注明應徵者之暗號，另以信封藏應徵者之姓名、通訊址與暗號，於上述期限之內一併交到委員會。委員會評判結果之發表，至遲不得過八月三十一日後四個星期之外。

15. 未得獎之應徵圖案，於評判結果發表以後兩個月内，均由委員會寄還原應徵人，并附還前繳之保證金，唯委員會對於所收到之應徵圖案，倘有意外損失或毀壞，不負賠償之責。

孫中山先生葬事籌備委員會謹訂

民國十四年五月十五日

[26]孫中山先生葬事籌備委員會編.孫中山先生陵墓圖案.民智書局,1925.

附一 《孫中山先生陵墓圖案評判規則》[26]

1. 評判委員會以葬事籌備委員及家屬代表爲當然委員,另由籌備委員會聘請專家四人爲評判顧問。

2. 評判顧問爲名譽職,由籌備處送車馬費一百元。

3. 應徵圖案在九月十五日以前繳到者,統陳列於四川路三十六號大洲建築公司三樓,由九月十六日起至九月二十日止,五日内每日上午十時至十二時、下午二時至四時,由籌備處敦請評判顧問至陳列室閱覽評判。

4. 圖案獎金額及徵求圖案條件參看"徵求圖案條例"。評判顧問用之評判要點由籌備處臨時供給。

5. 評判顧問應於二十二日以前,將各人單獨選定之最佳圖案三種暗號及次序函告籌備處,並附意見。

6. 籌備處於接到各評判顧問之評判結果後,召集評判委員會,根據上項評判結果,決定圖案應徵者之得獎名單,並登報宣佈。

附二 《孫中山先生陵墓圖案評判要點》

1. 徵求目的爲陵墓與祭堂,應徵圖案必須解決此問題(參看"徵求圖案條例")。

2. 圖案性質注重基地及其環境與建築之目的。

3. 全局之佈置,如墓道及墓之四周。

4. 實際方面,如經費限制之類。

5. 葬事籌備委員會及孫先生家屬之意:此項陵墓建築計劃應簡樸莊嚴而堅固,不取奢侈華貴。

[27]孫中山先生陵墓圖案選定.申報.1925.

[28]孫中山先生葬事籌備委員會編.孫中山先生陵墓圖案.民智書局,1925.

1925年9月15日,圖案徵求截止,"海内外中西專家之應徵者四十餘人"[27],共"收到應徵圖案約四十餘種"[28]。

[29]孫中山先生葬事籌備委員會編.孫中山先生陵墓圖案.民智書局,1925.

(三)評比陵墓建築圖案

有關陵墓建築圖案的評比經過,"孫中山葬事籌備處"曾有全面的說明:

《孫中山先生葬事籌備及陵墓圖案徵求經過》[29]

徵求期限預定三個半月,由五月十五日起至八月三十一日止,嗣因海外應徵者要求展期,改至九月十五日截止。收到應徵之圖案約四十餘種,陳列於上海大洲公司三樓,由十六日至二十日爲評判時期,除家屬孫宋夫人、孫哲生君及葬事籌備委員等親到評閱外,復由委員合聘請中國畫家王一亭、南洋大學校長凌鴻勛、德建築師樸士、雕刻家李金髮爲評判顧問。各顧問之評判意見書,均於二十日上午以前交到委員會。

是日下午二時,委員會在大洲公司三樓召集孫先生家屬及葬事籌備委員聯席會議,列席者爲孫宋夫人、孫哲生君及夫人、孔庸之、林煥庭、葉楚傖、陳佩忍、楊杏佛諸君等,根據徵求條例及評判顧問意見書詳加討論,決定得獎名單如下:

頭獎:呂彥直。二獎:范文照。三獎:楊錫宗。

名譽獎:1.孚開洋行乃君(Cyrill Nebuskad)。2. 趙深。3.開爾思(Francis Kales)。4. 恩那與佛雷(C. Y. Anney and W. Frey)。5. 戈登士達(W. Livin. Goldenstaedt)。6. 士達打樣建築公司(Zdanwitch and Goldenstaedt)。7. 士達打樣建築公司(Zdanwitch and Goldenstaedt)。

此外，應徵者之計劃，各具匠心，俱爲慘淡經營之作，由籌備會議議決，各贈以中山先生之遺像、遺書以示感謝之意。同時，由到會者議決，以所有應徵圖案在大洲公司樓上，公開展覽五日，由九月二十二日至二十六日每日下午二時至六時爲展覽時期，并在上海各報登載廣告。統計展覽期內每日來觀者平均約在一千人左右，中西各報均有評論，謂爲中國空前之建築圖案比賽成績。

九月二十七日下午四時，葬事籌備處復在北成都路廣仁里張宅召集孫先生家屬及籌備委員聯席會議，討論採用何種圖案及建築師與監工、包工等問題，到者爲張靜江、孫哲生、孔庸之、林子超、林煥庭、鄒海濱、葉楚傖、楊杏佛諸君等，孫宋夫人因病未到。開會時並將第一、第二獎之圖案與説明書及估價表陳列比較，經長時期之討論，衆以第一獎呂彦直君之圖案簡樸堅雅，且完全根據中國古代建築精神，因一致決定採用作爲中山先生陵墓圖案，并請呂君爲建築師，主持計劃建築詳圖及監工事務。至建築工程，則決定俟詳圖與工程條例制成後，在上海公開投標，徵求包工。將來陵墓建築開工時，并決定請廣州政府派一建築專家代表監工。此外，復通過墓道馬路工程合同及南京事務所預算。馬路工程，於十月三日興工，預計兩月內可以告成。此項馬路專爲建築時轉運材料及交通之用，將來永久之路，尚須於墓工告成後重築。至陵墓工程，則決定於十二月間公開投標，至遲明年一月動工，期以一年完成。

以上爲葬事籌備處成立以來六個月內之籌備經過，至陵墓工程進行情況，當於開工後另出報告。

孫中山先生葬事籌備處報告　（民國）十四年十月十日

由上文可見，"孫中山葬事籌備處"曾聘請王一亭、凌鴻勛、樸士、李金髮作爲評判顧問，他們分別出具了書面的評判意見。

四位評判顧問得獎意見列表

顧問	一等獎	二等獎	三等獎	備注
王一亭	（1）墓在祭堂後合於中國觀念。 （2）建築樸實堅固。 （3）形勢及氣魄極似中山先生之氣概及精神	計劃極好，惜乎墓在祭堂之中，不甚尊重	完全爲中國古式，唯與中山先生融合中西之精神似不合，且墓之位置亦在祭堂之中	一等獎爲呂彦直
樸士	似根據中國宋代格式而參加己意，與評判要點第一項之觀念最合，對其他各項，亦極能合格，故定爲首獎	唯念故大總統孫公常以融合中西文化爲心，鄙意此種精誠之表現，似應爲陵墓建築之特殊性質，故鄙人推薦范君之圖案爲第二獎，且爲實際採用之圖案。此圖案所以未被薦爲第一獎者，由於其墓室位置之觀念錯誤，此點在採用時應加以改正。此項改正極易實現，但將墓室降於地面之下即可。關於條例中其他各項，均極相合。此建築簡單、莊嚴而堅固，爲根據於中國建築而同時參加西方建築文化之極佳觀念。全部佈置（路徑）尤善	第三獎擬贈Liberty，唯鄙人對於決定此獎之信仰，殊不若對於以前兩獎之深。Liberty可稱爲純粹中國式樣，唯絕無創造觀念，但同時鄙人以爲，以下所推薦之名譽獎，應排列在Liberty之後	一等獎爲呂彦直

凌鴻勛	此案全體結構簡樸渾厚,最適合於陵墓之性質及地勢之情形,且全部平面作鐘形,尤有木鐸警世之想。祭堂與停柩處佈置極佳,光線尚足,祭堂外觀形式甚美。正面略嫌促狹,祭堂內部地位亦似略小(深約三十餘呎,寬約七十餘呎,內有碑,有祭桌及柱四條,餘地恐不多),將來建築時尚須注意減少房屋尖細之處,以資耐久,此案建築費較廉	此案陵墓部分建築宏壯,美術方面殊覺滿意,且結實簡樸,足以耐久,陵墓形式,尤極相稱。由墓門以上甬道一帶布置亦佳,大理石建築,顏色渾樸,價值較昂。此案最大缺點,為室內四壁盡立,光綫不足,上雖有塔窗可以透光,但地位太高且狹,不能達到下層。若能略加修改,增加室內光綫,則此案殊有研究之價值。至於石像及停柩處地位,似尚須略加修改	此案全部結構甚佳,遠觀當甚宏壯,且全用中式意義,尤覺有致,唯陵寢房屋似較平削,用料及顏色似宜改變,方至太像古代陵寢。又石橋一部分,亦宜改平,庶可通車,停柩處水平亦宜降低。此式對於採用上尚須研究,唯獎金似可給予	一 等 獎為呂彥直
李金髮	此圖結構精美雄靜,一望令人生淒然景仰之念,所有設置,均適合所徵求諸條件,廟中多色玻璃,及幾綫陽光透入,尤有西洋Gotteique式之餘風,及神秘之暗示,唯覺窗上紅色過多,宜多用深藍及金紫,瓦面若改青藍或灰色,尤合全之諧和。中央墳位,亦宜稍為下降	建築上之組織,古雅純正,唯較少奪眼之處,以全部形勢而論,似太平坦,唯從上下望建築全部,適成一大鐘形,尤為有趣之結構	全部工整莊嚴、華麗調和,唯此種工作不宜於墳墓,恐需費亦遠過三十萬元	二 等 獎為呂彥直

資料源:孫中山先生葬事籌備委員會編.孫中山先生陵墓圖案.民智書局,1925.

[30]南京市檔案館、中山陵園管理處.中山陵檔案史料選編.南京:江蘇古籍出版社,1986.

[31]南京市檔案館、中山陵園管理處.中山陵檔案史料選編.南京:江蘇古籍出版社,1986年,第67頁;孫中山陵墓圖案及建築師正式選定.廣州民國日報.1925-10-8(5).

[32]張得水.新石器時代典型巫師墓葬剖析.中原文物1998.

[33]張得水.祭壇與文明.中原文物1997.

[34]王曉.裴李崗文化葬俗淺議.中原文物1996.

[35]北京大學歷史系考古教研室.元君廟仰韶墓地.北京:文物出版社,1983.

據此,四個評判顧問之中,王一亭、樸士、凌鴻勛三人共同評定呂彥直為一等獎,僅李金髮評為二等獎,評判顧問意見較為一致。

1925年9月20日,"孫中山葬先生事籌備處"在上海大洲公司三樓,召集孫中山先生家屬及葬事籌備委員聯席會議,會上一致決定呂彥直的方案為一等獎[30],范文照、楊錫宗分獲二、三等獎,另有七名榮譽獎(圖14~23)。

1925年9月27日,葬事籌備處第十二次會議決定,陵墓實施"採用第一獎圖案"、"得首獎之呂彥直君為建築師"[31]。

四、中山陵的設計意匠

無庸贅述,要深入探討呂彥直先生南京中山陵的建築設計意匠,必須首先系統回顧我國古代陵墓建築的歷史,明晰其因果、傳承。

(一)中國古代墓葬建築概述

自古以來,墓葬建築就是中國禮制建築中一個不可分割的組成部分。遼寧牛梁河女神廟、祭壇、積石塚和金字塔式的大型建築,就是彼此互為因果、互有聯繫的整體[32]。良渚文化大型墓葬本身與祭壇共存[33]。信仰靈魂世界的社會,對死者的葬儀,都是按照當時的社會存在和人們的物質生活條件進行的。由此,從這種意義上說,"葬俗是一部活生生的歷史參考書"[34],而"信仰靈魂世界的埋葬制度,是現實社會制度的寫照和曲折的反映"[35]。

人類將死者的尸體或尸體的殘餘部分按一定方式放置在特定的場所,稱為"葬";用於放置尸體或其殘餘

圖14.呂彥直陵墓建築圖案

圖15.范文照陵墓建築圖案

圖16.楊錫宗陵墓建築圖案

圖17.榮譽獎孚開洋行方案

圖18.榮譽獎趙深方案

圖20.榮譽獎恩那與佛雷方案

圖19.榮譽獎開爾思方案

圖22.榮譽獎士達打樣公司方案之一

圖21.榮譽獎戈登士達方案

圖23.榮譽獎士達打樣公司方案之二

[36] 王仲殊.中國古代墓葬制度.中國大百科全書·考古卷.北京:中國大百科全書出版社,1986.

的固定設施,稱之爲"墓",兩者一般合稱"墓葬"[36]。墓葬中,等級最高者屬於帝王,通稱陵墓建築。

我國古代陵墓建築的演化,遵循着一般事物的普遍發展規律,即發生、發展、高潮及衰落的歷史進程。就建築學角度,概括而言,我國古代陵墓建築的總體發展、演變進程,就是墓室的布置、構造方式、空間形象等,由抽象而具象地模擬地面帝王居住建築——宮室(殿)建築,發展、演化的歷程。

王仲殊先生認爲,北京周口店山頂洞人埋葬的發現,説明舊石器時代晚期已按照一定的方式埋葬死者。新石器時代,墓葬已有一定的制度,一般是長方形或方形的豎穴土坑墓;氏族公共墓地中,數以百計的墓坑排列有序。

易曰:"古之葬者,厚衣之以薪,葬之中野,不封不樹,喪期無數。後世聖人,易之以棺椁。"[37]西漢劉向認爲：“棺槨之作，自黃帝始”[38]，也就是説棺槨約略起源於我國原始社會。這已經爲考古發掘所證明，如新石器時代早期，已有了瓮棺葬[39]。木棺、木槨在龍山文化、大汶口文化、馬家窑文化和齊家文化中多有發現[40]。石棺、石槨則主要存在於仰韶文化、龍山文化、馬家窑文化等新石器時代的一些墓葬中[41]。

夏、商、周三代基本流行豎穴木槨墓（但古籍記載中有商周之際蜀侯的石棺槨葬制：“周失綱紀，蜀先稱王，有蜀侯蠶叢，其目縱，始稱王，死，做石棺石槨，國人從之，故俗以石棺槨爲縱目人家”[42]）。商代墓葬中存在着較嚴格的階級、等級差別，統治階層的陵墓規模宏大。譬如，侯家莊最大的一座“亞字形”墓，墓室面積約330m²，加上墓道，總面積達1 800餘m²，深達15m以上。

河南安陽的商王陵墓平面可分“亞字形”或“中字形”，此爲墓葬等級制度使然，天子（或諸侯王）用四出墓道，規模最大、等級最高，諸侯祇能用兩出等[43]，且各等級墓葬規模相差很大。而這種等級制的產生，來源於天子的統治四方——四出墓道，是我國古代“擇中立國”、“擇中立宮”[44]的觀念在地下的表現，諸侯祇能用兩出墓道（“中字形”墓），卿、大夫用一出墓道（“甲字形”墓），庶人無墓道，受到我國古代“天圓地方”宇宙觀的深刻影響[45]。

值得注意的是，在安陽小屯婦好墓、大司空村的兩座長方形墓的墓坑上，都發現有夯築成的房基及礎石。可見，商代王陵與一般的貴族墓，有些在地面上建有房屋，它們可能是供祭祀所用，類於後世的“享堂”。且此時期東方的一個方國，墓葬地面建築遺迹“也分爲三種不同的類型。一種如M4，除墓室上有主體建築外，南、北墓道上各有一座廊道。第二種如M205，墓室上有主體建築，南墓道上有廊道。第三種如M207，祇墓室上有建築，没有廊道。三種不同類型的墓上建築，反映了死者地位的不同。M4規格最高，死者無疑是統治階級中的重要成員。M205低於M4，其死者地位一般説要低於M4的死者。M207規格最低，其死者的地位明顯的要低於前二者”[46]。可見，墓道上建築的多少，成爲社會地位的表示，它們與墓道的多少代表着不同的等級，性質相同。

春秋戰國時期崇尚高臺建築，作爲禮制建築之一的陵墓建築相應也流行夯築的高大墳丘——方上。相關古典文獻有關這方面的記載較多，如“爲京丘，若山陵”[47]。高注：“合土築之，以爲京觀，故謂之京丘。”公元前335年，即趙蕭侯“十五年，起壽陵”[48]。“秦惠文、武、昭、莊襄五王，皆大作丘壟，多其瘞藏”[49]。“世之爲丘壟也，其高大若山，其樹之若林；其設闕庭，爲宫室，造賓阼也，若都邑”[50]，墳丘形狀衆多。

研究表明，我國“古代墳丘最早出現於春秋晚期，戰國時期已流行，到漢代基本定型”，它由“墓上祭祀性建築發展而來。自最早的地面享堂，經高臺享堂、階臺式墳丘等形式，最後演變爲形如覆斗的四棱臺形墳丘”[51]。如河北平山中山國王陵墓、河南輝縣固圍村魏國墓地等，並且墓室的地面上建築“享堂”，繼承商代以來舊制。

秦始皇陵“壘土爲山”，爲我國古代夯築墳丘陵墓之最。陵園平面長方形，有內外兩重陵垣。墳丘在陵園南部，方形平面。陵園北部設寢殿，開帝陵陵側設寢之先例。“陵上封土數重的形制，在古代亦許體現喪葬中的等級制度。秦始皇陵自是采用最高形制的”[52]，成爲千古之絶唱。

西漢初期傳統墓葬制度發生顯著變化，橫穴岩洞墓逐漸興起，可謂劃時代變革。一是“因山爲陵”葬制的諸侯王陵墓較多（見列表）；二是采用磚、石、磚石混合等材料的墓葬，模仿現實生活中建築越來越普遍、越來越具象。漢代墓葬中出現欄杆、直櫺窗、燈龕、臺桌等，石質或磚制，使得墓室儼然是地下的“住宅”。

除西漢文帝霸陵“因山爲藏”外，漢承秦制，其餘諸帝陵均采用覆斗式的方形墳丘，豎穴土坑木槨、“黃腸題湊”形制，位置在陵園正中央。陵園平面方形，四周築陵垣，每面正中闢“司馬門”，采用闕門形制，陵垣外設“寢便殿”。漢文帝陽陵門闕爲三出闕，“司馬門”外司馬道寬達105m左右、直達陽陵邑[53]，極其壯觀。以漢惠帝

[37]十三經注疏·周易正義·系辭傳下.北京：中華書局，1980.

[38]《漢書·劉向傳》，語在《漢書·楚元王傳》中.漢書·楚元王傳.北京：中華書局，1962.

[39]許宏.略論我國史前時期的瓮棺葬.考古1989年第4期，第331頁.有學者研究認爲：“這種葬式表現了整個氏族對後代繁衍的極大關注”，王魯昌.論彩陶紋“×”和“Ж”的生殖崇拜內涵.中原文物1994.

[40]中國社會科學院考古研究所山西工作隊.山西襄汾縣陶寺遺址發掘簡報.考古1980年第1期；昌濰地區文管組等.山東諸城呈子遺址發掘報告.考古學報1980年第3期；山東省文物管理處、濟南市博物館.大汶口——新石器時代墓葬發掘報告.北京：文物出版社，1974年；甘肅省博物館.甘肅景泰張家臺新石器時代的墓葬.考古1976.

[41]吉林大學歷史系考古研究室.元君廟墓地反映的社會組織初探（油印本），1979年；山東省博物館等.一九七五年東海峪遺址的發掘.考古1976年第6期；甘肅省博物館.甘肅景泰張家臺新石器時代的墓葬.考古1976年第3期；甘肅省博物館等.蘭州花寨子“半山類型”墓葬.考古學報1980.

[42]（晋）常璩撰.華陽國志·蜀志.二十五別史（10）.濟南：齊魯書社2000.

[43]楊錫璋.安陽殷墟西北岡大墓的分期及有關問題.中原文物1981.

[44]“擇國之中而立宫”，（戰國）呂不韋.呂氏春秋·審分覽第五·慎勢.北京：華夏出版社，2001年，第268頁；（東

漢）班固《白虎通義》曰：
"王者必居土中"。

[45] 周學鷹.四出羨
道與"天圓地方"說.同濟
大學學報（社科版）2001.

[46] 胡秉華.滕州
前掌大商代墓葬地面建
築淺析.考古1994.

[47]（戰國）呂不
韋.呂氏春秋·孟秋紀第
七·禁塞篇.北京：華夏出
版社，2001.

[48] 史記·趙世
家.（百衲本）二十五史.杭
州：浙江古籍出版社，
1998年.

[49] 漢書·劉向
傳.北京：中華書局，1962.

[50]（戰國）呂不
韋.呂氏春秋·孟冬紀第
十·安死篇.北京：華夏出
版社，2001.

[51] 張立東.初論
中國古代墳丘的起源.中
原文物1994年第4期，第
52頁.作者文中注2進一
步論述："長江下游地區
西周時期的土墩墓，是在
平地放置棺槨和隨葬品，
然後用土堆成饅頭形土
墩。紅山文化中的積石塚
，塚內數十人列棺而葬。
二者均與中原地區的墳
丘不是一個系統，自應另
當別論。近年，有的學者
主張商代已有墳丘，見 高
去尋.殷代已有墓冢說.考
古人類學刊第41期；胡方
平.試論中國古代墳丘的
起源.考古與文物1993年.

[52] 甌燕.始皇陵
封土上建築之探討.考古
1991年.

[53] 最近以來，考
古工作者持續對漢陽陵
東司馬道進行鑽探，初步
探明：東司馬道寬達105
米左右，中間18米御道，
兩側有濠溝，濠溝外10米
左右便道……以上數據
爲漢陽陵考古陳列館館
長王保平先生提供。

圖24.陝西西安西漢景帝陽陵平面圖（陝西省考古研究所）

圖25.陝西西安西漢景帝陽陵外景

在長陵建原廟爲始，西漢諸陵都在陵園附近建廟。漢代帝后合葬，同塋異穴。（圖24~25）

東漢光武帝原陵承西漢舊制，陵垣四周每面正中闢"司馬門"，有寢殿。從明帝顯節陵始，陵園四周不築陵垣而改用"行馬"，築石殿以供祭享，有寢殿、園寺吏舍等，陵園附近不再建廟。豎穴土坑、"黃腸石"形制。因此，純用木材的"黃腸題湊"之制在西漢初就開始走下坡路了，到東漢使用較少，魏晉時期不用，其根本原因有幾個方面：一是墓葬技術發展，先進技術墓葬的逐步採用，磚、石、磚石混合墓葬等，模擬地面居住建築程度越來越高；二是木材較少，可用之材越來越少，西漢時諸侯王陵採用題湊伐木，一郡已不敷所需；三是題湊墓葬本身防盜、防腐的性能較差等，主客觀原因的綜合作用。

西漢早、中期採用"因山爲陵"葬制的諸侯王陵墓統計表

序號	陵墓名稱	死亡時間	數據源	有關古籍
1	楚元王劉交陵	漢文帝元年（公元前179年）	周學鷹.徐州漢墓建築.北京：中國建築工業出版社，2001	《史記·楚元王世家》、《漢書·楚元王傳》
2	永城梁孝王墓（保安山一號墓）	景帝中元六年（公元前144年）	河南省文物考古研究所.永城西漢梁國王陵與寢園.鄭州：中州古籍出版社，1996	《史記·梁孝王世家》、《漢書·文三王傳》、《曹操別傳》

3	廣州南越王一主趙佗墓	建元四年 （公元前137年）	墓葬未被發現	晋王範《交廣春秋》曰："佗之葬也，因山爲墳，……"
	廣州南越王二主趙眜墓	約元朔末、元狩初 （公元前122年）	廣州市文物管理委員會等.西漢南越王墓.北京：文物出版社，1991	《史記·南越列傳》、《漢書·南越列傳》
4	滿城漢墓一號墓	元鼎四年 （公元前113年）	中國社會科學院考古研究所等.滿城漢墓發掘報告.北京：文物出版社，1980	《漢書·諸侯王表》、《漢書·地理志下》、《漢書·中山靖王勝傳》等
	滿城漢墓二號墓	未知，但研究表明"二號墓稍晚於一號墓"	中國社會科學院考古研究所等.滿城漢墓發掘報告.北京：文物出版社，1980	
5	山東曲阜魯王墓	無法確定墓主。但據《漢書·景十三王傳》孝景三年始封的魯恭王，……二十八年薨（公元前129年），故該墓時間當不會太早	山東省博物館.曲阜九龍山漢墓發掘簡報.文物1972(5),39	《漢書·諸侯王表》、《漢書·景十三王傳》
6	山東曲阜九龍山三號漢墓	魯孝王劉慶忌	同上	宣帝甘露三年
7	山東曲阜九龍山四號漢墓	魯王或王后	同上	西漢中期
8	山東曲阜九龍山五號漢墓	魯王或王后	同上	西漢中期
9	江蘇徐州市獅子山西漢墓的發掘與收獲	楚王	考古1998(8),1	西漢早期
10	江蘇銅山龜山楚王、王后陵墓	楚襄王劉注及其夫人	考古學報1985(1)、(3)	武帝元鼎二年
11	山東臨淄齊王墓	齊王劉襄	考古學報1985(2)	文帝時期
12	江蘇徐州北洞山楚王墓	楚王	徐州博物館等.徐州北洞山西漢墓發掘簡報.文物1988(2),2	文帝時期
13	山東省巨野	昌邑哀王劉髆武帝天漢四年—武帝後元二年（公元前97年—公元前87年）	山東省荷澤地區漢墓發掘小組.巨野紅山西漢墓.考古學報1983(4)471	《史記·漢興以來諸侯王年表》、《漢書·諸侯王表》、《漢書·外戚傳》
14	山東長清雙乳山	濟北王劉寬武帝天漢四年—武帝後元二年（公元前97年—公元前87年）	山東大學考古系、山東省文物局、長清縣文化局.山東長清縣雙乳山一號漢墓發掘簡報.考古1997(3),1；任相宏.雙乳山一號漢墓墓主考略.考古1997(3),10	《漢書·濟北王傳》
15	徐州南洞山西漢楚王王后陵墓	西漢某代楚王及其夫人		西漢中、晚期

　　魏晋南北朝，堪稱亂世。社會經濟、文化受到嚴重摧殘，厚葬之風有所收斂，帝陵規模較小。如北魏帝陵墓室僅前後兩室（一般貴族墓爲單室）；文明太后馮氏方山永固陵前設石殿，承東漢陵制。南朝帝陵分布在江蘇南京、丹陽，陵前設神道，兩側立石獸、石柱和石碑等，墓室皆單室，模印磚畫。各地在墓室中設置棺床，并有門

窗、欄杆、燈臺等設施，模擬地面建築。北魏以降，黃河流域有些墓在墓道頂部開設天井，多者達三、四個，直通地面，模擬現實生活中的院落。天井愈多，愈顯庭院深深、院落重重，等級越高，此種葬俗一直延續至唐代（如懿德太子、章懷太子、永泰公主墓等）。

圖26.唐乾陵外景及平面圖

隋唐帝陵少數"積土爲陵"，多采用"因山爲陵"葬制[54]，乾陵可爲代表。乾陵築內外兩重陵垣，方形平面，每面闢一門，門外置石獅、石馬、石人等。正門內有獻殿、下宮、畫像祠堂等建築。門外長而寬闊的神道兩側石象生對峙，雄健有力，極其壯觀，充分顯示了大唐的強盛國力。唐陵地下玄宮均未經發掘，推測主軸綫上爲前、中、後室，兩側耳室。其他的皇親貴戚墓葬，均採用斜坡墓道，頂開天井，兩壁設龕，天井、壁龕的多寡與墓主官品爵位相符。（圖26）

五代分裂，十國紛爭。四川成都前蜀王建永陵、江蘇南京南唐二陵，地下玄宮均分前、中、後室，各室兩側設壁龕或耳室。因襲唐陵而來。

北宋帝陵選址受堪輿術影響深刻。諸陵形制相同，帝后陵同塋異穴，壘土爲墳，墳丘前有獻殿。方形陵垣，四面闢神門，門前置石獅，南門外設雙重土闕，分別稱鵲臺、乳臺，其間爲神道，兩側依次列置石象生。南宋偏安江南，帝陵權殯，稱爲"攢宮"，大體沿襲北宋陵制，然形制簡陋，無陵垣、乳臺、石象生。獻殿之後爲玄宮。中原與北方的宋遼金墓葬，均模仿居住建築，宋金更出現完全模仿木構建築的磚室墓，北宋初年尚較簡單，至北宋中期發展成熟，模仿木構建築之大木作、小木作、石作等栩栩如生，金代全盤繼承。（圖27）

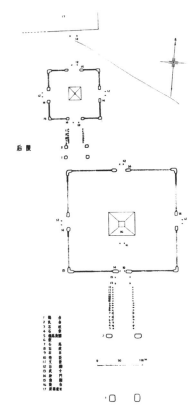

后陵

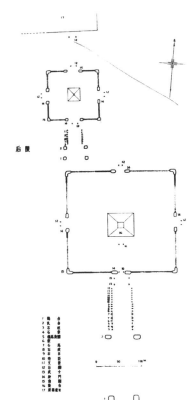

圖27.宋陵平面圖及外景

元代帝王早期實行天葬、風葬，後亦採用木棺葬。帝后遺體運回"岐五谷"，萬馬踏平，不留痕迹，迄今陵址尚無確證。山西境內的元代仿木構磚室墓漸趨簡化，五代、北宋以來的仿木構磚室墓已近尾聲。南方元墓多沿南宋舊制，爲簡單的長方形磚室墓。

明代帝陵，最早者爲安徽鳳陽皇陵，承北宋帝陵格局，基本沿習漢唐舊制。泗州明祖陵年代稍晚，形

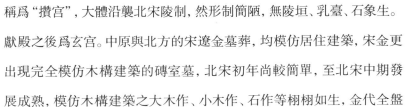

[54] 徐蘋芳.中國秦漢魏晋南北朝時代的陵園和塋域.考古1981年第6期，第524頁。唐朝時期，"至貞觀十年（636年）營建昭陵時，依山爲陵始成定制"，孫新科.試論唐代皇室埋葬制度問題.中原文物1995（4），47.

制與孝陵相近。明太祖朱元璋孝陵,創明清陵制先河,其最大特色是將明代宮殿建築格局,引入陵墓總體布局之中,如內、外金水河的引入。明孝陵創新之處較多,方城明樓、啞巴院、圓形寶城等皆然。寶城下的玄宮分前殿、中殿、後殿,左右兩側又各有配殿,帝后的棺椁放置在後殿的棺床之上,均模仿地面宮殿而來。

明成祖朱棣遷都北京,13個皇帝在昌平形成十三陵區。13座陵墓共享一條神道,陵區入口處最南端,是嘉靖十九年(1540年)建的石質五間六柱十一樓牌樓,面闊約29m、高約14m,是我國現存最大的一座。與其北大紅門相對,入門不遠是"長陵神功聖德碑"碑亭,碑亭越北爲陵區神道,長達7km餘,神道兩側依次立石望柱及獅、獬豸、駱駝、象、麒麟、馬、武將、文臣等石象生。

十三陵各陵多南向,也有東、西向,規模不一,但形制相同。中軸在綫(如長陵)依次是金水橋、陵門、棱恩門、棱恩殿(相當於唐宋陵前的獻殿)、石五供、

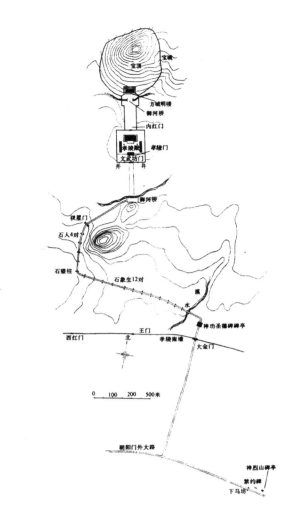

圖28.南京明孝陵平面圖(中國建築史編寫組)

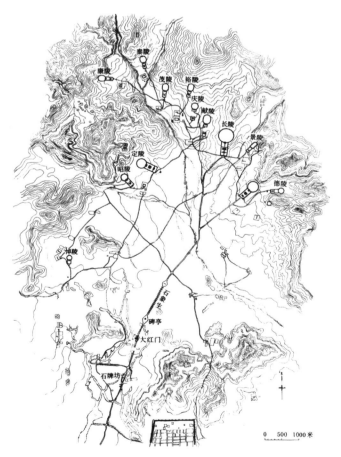

圖29.北京明十三陵平面圖(劉敦楨.中國古代建築史)

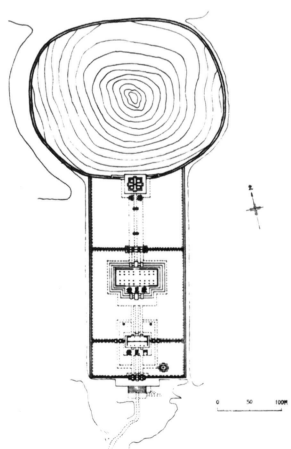

圖30.北京明長陵平面圖(劉敦楨.中國古代建築史)

方城明樓（樓上樹石碑，上刻皇帝謚號）、啞巴院、寶城（即圓形墳丘，周圍砌磚墻，位置不在陵域的中部而居全陵軸綫最後）。整個陵墓建築地下、地上渾然一體，空間序列豐富，具有極高的藝術成就。

清代帝陵基本沿襲明代佈局、形式，唯帝、后分別建陵，與明代帝后合葬不同；且清代隔代埋葬河北遵化東陵和易縣西陵[55]。（圖28～30）

綜上所述，我國古代墓葬建築的總體發展進程，就是墓室的佈置形式、構造方式、空間形象等，由抽象而具象地模擬地面居住建築；整個墓葬建築模擬地面建築群體；由單一地下建築向地下、地面建築結合；自豎穴式墓室橫穴式墓室的發展、演化歷程。

（二）中山陵意匠探析

爲更好地說明呂彥直先生的設計思想，我們首先應了解呂彥直先生本人及總理陵管會等對中山陵的設計說明。

1. 中山陵墓建築圖案說明

呂彥直《中山陵墓建築圖案說明》[56]

（一九二五年九月）

墓地全部之佈置，本圖案之題標，爲祭堂與墓堂之聯合及堂前臺階、石級及空地、門道等之佈置。今在中茅山指定之坡地，以高度綫約四三五呎（即百四十米左右）爲起點，自此而上，達高度綫五九四呎（即百七十米左右）爲陵墓之本部。其範圍略成一大鐘形，廣五百呎，袤八百呎。陵門闢三洞，前爲廣場及華表（按陵門及華表因建築費不敷，此時不能建造，惟在圖案上似屬需要，日後增建可也），車輿至此止步。自此向南，即築通鐘湯路之大道（此道以自八十呎至百呎爲宜）。入陵門即達廣原，此即條例中所需容五萬人伫立之空地。此原依山坡約作十分之一斜面，其中百呎寬處鋪石爲道。自陵門至石級之底，約四百五十呎，凡分五段，每段各作階級若幹步，石道兩旁坡地，則爲草場。臺階、石級凡三層，寬約百呎，自下而上，首層級數十八，二層三十，最上四十二，共高四十五呎，以達祭堂之平臺。在階級頂端與臺平處，可置石座，上立中山立像，此像之高當在十八呎左右爲合度。祭堂平臺闊約百呎，長四百八十呎。臺之兩端立石柱各一，臺之中即祭堂，其圖案大略如次。

祭堂　祭堂長九十呎、闊七十六呎，自堂基至脊頂高八十六呎。前面作廊廡，石柱凡四，成三楹。堂之四角各如堡壘。堂門凡三，拱形，其門用銅鑄之。堂頂覆檐，上層用飛昂搏風之制。檐下鋪作之橋拱，因用石制而與木制略異其形式。中國宮室屋頂向用煉瓦，唯瓦屋之頂，若非長事修葺則易滋生蔓草，且瓦片尤易拆毀，故此祭堂之頂，最善莫如用銅。銅制之頂在本國建築史上已有所見，較之煉瓦堅久多矣。

堂之內，兩旁有柱各二，中部之頂特高，約五十二呎，作穹隆式。其上施以砌磁，作青天白日之飾，而堂之地面則鋪紅色煉磚，以符滿地紅之象徵。堂之四壁用大理石作壁板，上刻中山先生遺囑及建國大綱等文。堂之四角各設小室，以備庋藏紀念品等之用。堂之後壁即墓門所在，門前立石碑，刻"孫中山先生之墓"之文。

墓室　墓室之門作雙重，自祭堂入門升級而達機關門，以入於墓室。室作圓形，穹隆頂亦飾以青天白日之砌磁。安置石梆之處較周圍爲低，繞以石柵以供瞻仰。此墓室乃依山開掘而成，故外部祇露圓頂，內與祭堂相連。

構造及費用　祭堂等之計劃因建築費之限制，其面積及尺度已爲至少適合之度（設萬不得已，祭堂之面積尚可縮小十分之一，而不失其形式）。所需開掘之山地及擁壁之建築，亦係最少之量，墓室之依山開掘，即以此故，且尤謹敕。祭堂之構造，爲此圖案中費用最大之標。其墻壁之面，必需用石，固不待言，至墻身則用最佳之磚即可，

[55]劉敦楨.中國古代建築史.北京:中國建築工業出版社,1984.

[56]呂彥直.孫中山先生陵墓建築圖案說明書.申報.1925-9-23.

内壁用大理石及人造石，屋頂之人架，以鋼凝三合土爲之。屋面最佳用銅，已如前言，按之琉璃煉瓦，其價當非甚遠。門窗之屬更宜用銅，此外如通風防濕等制，亦皆依科學的方法而設施之。

圖案畫目次：

一、全部平面圖。一吋等於五十呎附全部正面立視圖。

二、祭堂平面圖。一吋等於八呎。

三、祭堂正面立視圖。一吋等於八呎。

四、祭堂例面立視圖，祭堂縱截剖面圖，祭堂橫截剖面圖。一吋等於十六呎。附全部縱截剖面圖。一吋等於五十呎。

五、透視圖。"陵墓形勢一覽圖"。

六、透視圖。祭堂側視（油畫）

總理陵管會《關於陵墓建築圖案説明》[57]

（1931年10月）

總理陵墓位於南京中山門外紫金山南麓，左鄰明孝陵，右毗靈谷寺，氣象雄偉，采用呂彥直建築師所繪圖案，融匯中國古代與西方建築之精神，莊嚴簡樸，別創新格，墓地全局適成一警鐘形，寓意深遠。茲分述如下。

一、墓室　形如覆釜，直徑五十四尺，高三十三尺，外部以香港石鋪面，中部爲鋼骨凝土，分兩層建築。自室內觀之，圓頂作穹窿狀，飾以砌磁之黨徽，四壁爲妃色人造石，鋪地則爲大理石。室之中央即爲大理石壙，直徑十三尺，圍以石欄，高二尺九寸，壙中央設長方形之墓穴，爲總理靈櫬奉安之所。墓穴上覆以總理大理石卧像一座。室中之通風、采光及隔潮等裝置，均極周備。墓室之門凡二重，內設機關，門上刻"孫中山先生之墓"七字。外門二扇，係銅制。門外以黑大理石砌成外框，上有橫楣，刻總理手書"浩氣長存"額。平臺西側有側門，可通墓後，其狀爲半圓，分高下二重：第一重今爲水門汀步道，闊十五尺；第二重由東隅石階上，爲草地，闊七十五尺，內外植廣玉蘭及法國冬青各一匝，中間散植梅樹。環墓後圍墻高八尺。

二、祭堂　墓門外爲祭堂，長九十尺，廣七十四尺，自堂基至脊頂高八十六尺。堂之外部全用香港石砌成。頂爲琉璃瓦，檐下各築石斗栱飛檐二層。堂門凡三，門圈拱形，用香港石砌成，上刻花紋。各門設鏤花空格之紫銅門二扇，門楣上分刻民族、民權、民生之陽篆。民生門上嵌總理等手書"天地正氣"直額。堂四隅各建堡壘式之方屋，備庋藏紀念物品及謁祭人員休息之用。堂中間供總理石像，像前供花圈等事。堂中左右前後有直徑二尺六寸之青島黑石柱十二根，四隱八現，各以大理石盤承之。堂頂作斗形，其上施以雕刻鑲花砌磁，莊嚴古樸，極形美觀。鋪地全用大理，四壁之上半部純用人造石粉飾，下半部均用黑色大理石爲護壁，東西兩邊分刻總理手書之《建國大綱》全文，後壁中央刻孫夫人跋文，左刻蔣中正及胡漢民所書之《總理遺訓》、《總理遺囑》，右刻譚延闓所書之《總理告誡黨員演説詞》。左右護壁之上有紫銅窗各八，休息室有窗各一，以通光綫。

三、平臺　祭堂外爲大平臺，闊百尺，長四百五十尺，分左右兩方。北部及左右均爲花崗石擁壁，前爲石欄。臺之周圍鋪草，寬四十五尺，草地內周爲蘇石步道，左右平臺各鋪草皮，左右勻植雪松各四株。擁壁下勻植龍柏四十餘株。臺之兩端并築立華表二座，用福州石建成，高三十八尺，直徑下部六尺，上部三尺，柱身刻古式花紋。

[57]（民國）總理陵園管理委員會編.總理陵園管理委員會報告（上）.南京：南京出版社，2008.

四、石階　自平臺下至碑亭有石階八段，連以平臺一座，石級數十級，均採用蘇州花崗石，最上三段石階旁均置石欄，中部并建築圍欄，欄中地位用以設置盆景或紀念品。全部石階兩旁築成斜坡，坡鋪大草坪，東西各約十五畝。坡之上部分植檜柏四行、楓樹一行、石楠三行、楓樹一行、海棠三行。坡之四周建築大圍墻，沿圍墻内種植白皮松三匹，計三百三十六株。

五、碑亭　在墓門之内、石階之下，形式與祭堂相仿佛，高五十六尺九寸，闊四十尺，全部石建。頂用琉璃瓦，中立黨碑，高連座二十七尺，闊連座十六尺，福建石製，上刻"中華民國十八年六月一日中國國民黨葬總理孫先生於此"。

六、陵門　陵門在碑亭之外，高四十九尺六寸、闊八十尺、深二十六尺六寸，爲三拱形門，全部以石建，頂用琉璃瓦。陵門外左右有串環之擁壁，與陵墓之圍墻相連，壁下擬環植龍柏及廣玉蘭。門前有廣場，左右植松，場之兩旁各建衛士室一所，以備守衛士兵之駐所。

七、甬道　自陵門石級而下則爲甬道，長一千四百五十尺、闊一百三十尺，分闢三道：中道闊四十尺，爲鋼骨水泥路。路外草地各闊三十尺，植檜、柏各二行，計二百六十八株。左右二道寬十五尺，係石子路，上澆柏油，路外植銀杏一行，共計六十八株。墓道之南端另建三門大石牌樓一座，高三十六尺、寬五十七尺，均採福州石。中門之橫楣鑴總理手書"博愛"兩字，再下則爲大廣場，以備停放車馬之用。大廣場之東接靈谷寺路，西接陵園大路，直趨中山門。此爲陵墓建築之大概也。

評判結果發佈的報告中，認爲"呂彥直建築師所繪圖案，融匯中國古代與西方建築之精神，莊嚴簡樸，別創新格"，是創新的中西融合之作。

評判顧問凌鴻勛先生的評判意見，可謂卓見："……竊以爲孫中山先生之陵墓，係吾中華民族文化之表現，世界觀瞻所係，將來垂之永久，爲近代文化史上之一大建築物，似宜採用純粹的中華美術，方足以發揚吾民族之精神。應採取國粹之美術，施以最新建築之原理，鞏固宏壯，兼而有之。足以表現孫先生篤實純粹厚之國性，亦足以留東方建築史上一紀念也。就工程方面而言，陵墓建築首宜經久不磨，方與該項建築之性質相吻合。蓋陵墓建築常暴露於風雨之侵蝕，苟建築過於精細，或着色過於浮淺，皆不足以經久，若常需修理翻新，實非宏大之陵墓建築所宜。且建築費既經規定爲三十萬元，則建築自不能過於巨麗，致爲經濟所不許，應徵者每於此層忽略，而徒爲宏巨之建築，殊可惜也。陵墓之建築與陵墓之周圍至有關係，平地陵墓之氣概與背山陵墓之氣概不同，則以平地陵墓四周所矚，背山陵墓則正面及斜面觀瞻較爲重要，過高建築殊不適宜，此亦爲評判是所宜注意者……。"[58]

此意見意境極其深遠！80年後的今天，重讀此段文字，似可將呂彥直的設計概括爲："在財力適度的範圍内，以先進的技術和理念求得文化精神的充分展現"，此實應爲當今紀念建築所借鑒。

2. 中山陵的設計意匠

由前文對我國古代墓葬建築的發展介紹，可較爲清晰地看出，呂彥直先生所設計的中山陵總體設計構思，即採用我國傳統陵墓建築的"因山爲陵"葬制，以取得恢宏、雄壯的整體效果；又採用明清帝陵的建築布局，兼而有之，與我國古代陵墓建築之間存在着深刻的淵源關係。

[58] 孫中山先生葬事籌備委員會編. 孫中山先生陵墓圖案.民智書局, 1925.

中山陵與明清帝陵形制比較表

内容	中山陵	明清帝陵	備注
陵區入口	三間四柱柱出頭三樓石牌樓（通稱博愛坊）	五間六柱柱石出頭十一樓石牌樓	最大者爲明十三陵神道起始處牌樓
神道	392級臺階, 分三段	共享一條神道, 兩側石象生	
陵門	三開間, 單檐歇山頂	三開間, 單檐歇山頂	
碑亭	重檐歇山頂, 方亭	重檐歇山頂, 方城明樓	
祭祀主殿	祭堂	棱恩殿	棱恩殿與墓室玄宮不在一起
墓室	因山開鑿的圓形穹隆頂建築	因山開鑿的石砌建築, 周垣圓形封土丘	中山陵祭堂與墓室聯係在一起

對比可見, 除中山陵祭堂與墓室結合一體, 而明清帝陵棱恩殿與墓室玄宮分別建築以外, 其餘布局幾乎完全相同。呂彦直本人亦曾經表示, "初意擬法國拿破侖墓式, 繼思不合, 故純用中國式" [59]。呂彦直 "純用中國式", 所指應爲平面布局、單體外部造型等。因此, 呂彦直的中山陵設計, 無論平面布局、單體造型均受我國古代陵墓建築的深刻影響, 存在着内在的淵源關係。

與此同時, 中山陵設計又結合西方建築形制、材料、技術。例如佈局上, 中山陵祭堂與墓室結合在一起, 西方墓葬建築多採用此種模式; 明清帝陵棱恩殿與墓室玄宮是分別建造, 但前祭堂後墓室的次序兩者相同; 墓室採用可以觀瞻的下沉式墓池。材料而言, 祭堂、墓室採用鋼筋混凝土結構等。

值得重視的是, 明太祖朱元璋的孝陵, 就在孫中山先生之陵西側。在構思設計方案當中, 呂彦直曾由滬至寧親自實地勘察地形。明孝陵所開創的陵寢形制取得了很高的建築技藝成就, 爲明清兩代帝王所共同遵守, 中山陵與明孝陵之間具有一定的内在關係, 應是設計師重點考慮的問題。呂彦直 "以中爲主, 中西合璧" 的設計, 不僅切合方案招標要求, 也是對規劃設計諸多問題的最優解答。

有關陵園總體平面圖形, 規劃設計成鐘形, 呂彦直已明確説明 "其範圍略成一大鐘形"。雖然, 呂彦直事後曾對記者説: "此不過相度形勢, 偶然相合, 初意并非必求如此也。" [60] "初意并非必求如此", 但最終完成的設計方案就是如此, 且客觀效果頗佳。(圖31)

由此, 評判顧問李金髮認爲, "適成一大鐘形, 尤爲有趣的結構" [61]; 凌鴻勛更確實指出, "且全部平面作鐘形, 尤有木鐸警世之想" [62]。

1926年1月12日, 孫科在國民黨第二次全國代表大會報告總理葬事籌備經過, 明確提到 "陵墓形勢鳥瞰若木鐸形, 中外人士之評判者, 咸推此圖爲第一" [63]。

1929年6月1日舉行奉安大典時, 葬事籌委會向中外人士贈送的《總理奉安實錄》中, 明確記載 "墓地全局, 適成一警鐘形, 寓意深遠" [64]等。

這一 "偶然相合" 恰恰表達出中山先生遺囑中 "余致力國民革命凡四十年, 其目的在求中國之自由平等。積

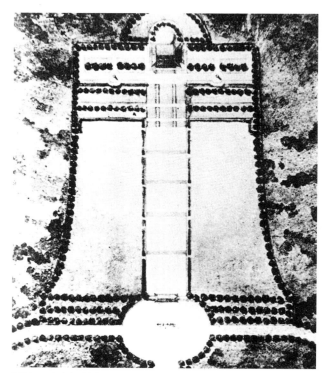

图31.呂彦直設計中山陵中軸綫平面圖

[59]呂彦直君之談話.申報.1925-9-23.

[60]唐越石.孫墓圖案展覽會訪問記.申報.1925-9-23.

[61] 孫中山先生葬事籌備委員會編. 孫中山先生陵墓圖案.民智書局, 1925.

[62] 孫中山先生葬事籌備委員會編. 孫中山先生陵墓圖案.民智書局, 1925.

[63] 徐有春、吳志明主編.孫中山奉安大典.北京: 華文出版社, 1989.

[64] 總理奉安專刊編纂委員會編.總理奉安實録.1931.

[65]賴德霖.閱讀呂彥直.讀書.2004(8),81.

四十年之經驗,深知欲達此目的,必須喚起民衆,及聯合世界上以平等待我之民族共同奮鬥"的願望,因而得到各界的特殊青睞[65],而成爲共識。

廣州中山紀念堂

一、廣州中山紀念堂簡介

（一）廣州地理形勝

歷史文化名城廣州最早的歷史,可廣溯至四、五千年前的新石器時代[66]。

[66]楊萬秀、鐘卓安.廣州簡史.廣州:廣州人民出版社,1996.

廣州古稱番禺,又名羊城、穗城、仙城、楚庭等。廣州古城位"番山之隅",或番、禺二山之上。平時可免受洪水淹没,而又比鄰來自白雲山的甘溪,淡水豐沛。西北有石門之險,東有瘦狗嶺之峻,越秀北峙,珠江南環,"歷史上一直保持着三山、二湖、六脈、八濠的自然特徵"[67],地理形勝佳絶。

[67]李卓彬.城市文化與廣州城市發展.香港:天馬圖書有限公司,2001.

廣州市郊總地勢是從東北向西南傾斜,故廣州市附近的河流,也依這個方向多流向西南,如流溪河、沙河、甘溪、硫花水等皆然。因得甘溪水較易,番禺古城首先誕生在番山半島上,以後逐漸擴展到坡山半島[68]。

[68]徐俊鳴、郭培忠、徐曉梅.廣州史話.上海:上海人民出版社,1984.

廣州地勢自北向南分三級地形:北部低山丘陵區、中部臺地區、南部平原區。東北部是呈北東——西南方向的低山丘陵帶。除個別山峰海拔超過500m(帽峰山海拔534.9m)外,一般均在300~400m及以下。白雲山是市內最高峰,主峰摩星嶺海拔372.3m;越秀山爲其餘脈,最高處76m(中山紀念碑基址高72.3m)[69]。這些山丘大都森林密佈,景色宜人,是人們"登高游白雲"的勝地,又是廣州城區的天然屏障。

[69]廣州市越秀區地地方志編纂委員會.廣州市越秀區志.廣州:廣東人民出版社,2000.

中部臺地主要散佈在低山丘陵地的邊緣或錯落於平原之上。把高度相同的臺地面連接起來,又可分爲海拔40~50m、10~20m二級臺地。海拔40~50m的臺地大多由花崗石組成,如石牌臺地。在其南面自西向東展延的瘦狗嶺、雞籠崗和孖髻嶺等,構成石牌臺地的南緣,山嶺鬱鬱葱葱、挺秀奇險,是登高望遠的佳處。海拔10~20m臺地分佈較廣泛,多爲紅色岩系組成,人們往往以它們的顏色、形狀命名,如河南的"赤崗",東山的"龜崗"等。

南部珠江平原,受河、海共同作用淤積而成,海拔5m以下,地勢低平,易受洪水,海潮可達,水網稠密,洲渚羅布,是沿珠江兩岸分布的衝積平原,爲珠江三角洲一部,北起羅衝圍、西村、天河和文衝,南至白鵝洞、石榴崗和長洲,西起大坦沙、花地河,東至南灣、黃埔新港,東西長36km、南北寬2~6km,面積約164km²,包括廣州市區和東西大部地區。平原上河流密布,北有澳口涌、泗馬涌、荔灣涌、東濠、沙河、車陂涌、文衝河,西有花地河,南有海珠涌、赤崗涌等,另有流花湖(古南湖)、荔灣湖、東山湖等,平原地域開闊、交通便捷,利於廣州的發展[70]。

[70]李卓彬.城市文化與廣州城市發展.香港:天馬圖書有限公司,2001.

廣州實爲三江航道,與由伶仃洋經虎門而來、折向越秀山下的深水灣輻轄之地,成爲河港兼海港的城市[71]。

[71]徐俊鳴、郭培忠、徐曉梅.廣州史話.上海:上海人民出版社,1984.

（二）中山紀念堂主體及附屬紀念建築

中山紀念堂位於廣州越秀山南麓,原址爲清撫標箭道(清代稱巡撫直轄的綠營兵爲撫標),後改爲督練公所,辛亥革命後爲督軍衙署。

1921~1922年(民國十至十一年)期間,孫中山先生任非常大總統時,在此設立總統府。民國十一年六月間,被陳炯明叛軍炸毀。中山先生逝世後,社會各界於此籌建紀念堂。

1929年1月,中山紀念堂奠基;主體建築竣工於1931年10月,命名爲中山紀念堂。其主要建築基本沿中軸綫

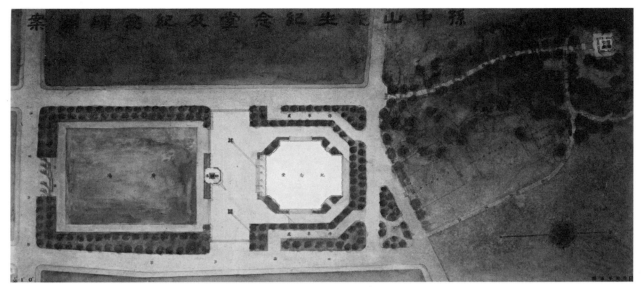

圖32.呂彥直設計廣州中山紀念堂總平面方案圖

圖33.中山紀念堂門亭

排列,依次爲門亭、孫中山銅像、紀念堂、紀念碑。中軸綫兩側分別有華表、孫中山紀念堂歷史陳列館、管理用房等附屬建築,整體氛圍莊嚴肅穆。

中山紀念堂占地3 836m²,八角形平面南北縱深71m、東西寬約65m,總建築面積6 595.14m²;室內看臺分池座、樓座,共4 729個座位。紀念堂內首層地面至圓頂天花高22.5m;堂內首層地面至八角形穹頂最高點47m,堂體±0.000至紀念堂寶頂最高點57m。

中山紀念堂主體建築採用鋼屋架與鋼筋混凝土梁柱,是一座混合結構的宮殿式建築。堂頂爲玻璃鑲嵌的圓形大弔頂,跨度近50m的鋼結構屋頂,爲近代中國公共建築之最,規模宏大。

中山紀念堂上部單檐八角攢尖頂;下部在正東、南、西、北四方向四出抱厦,重檐歇山頂。紀念堂藍色琉璃瓦頂、紅柱、黃墙,堂內外建築細部裝飾着的彩繪圖案,雀替等,具有濃鬱的傳統風格,色彩瑰麗堂皇。

紀念堂前是面積達5萬m²的草坪廣場,青草如茵,堂西北側是孫中山紀念堂歷史陳列館,東北側有紀念堂管理處,堂前正中是孫中山先生銅像,四周建有紅色鐵花圍墻。

圖34.中山紀念堂之紀念銅像

1949年後,中山紀念堂是廣東省、廣州市人民政府舉行各種重要會議,社會各界舉辦各種大型文藝匯演的重要場所。2001年6月25日成爲第五批全國重點文物保護單位。

圖35.中山紀念堂華表

中山紀念碑位於紀念堂後越秀公園內的越秀山頂,通過498級石梯(俗稱百歲梯)與其南的中山紀念堂聯成一體,成爲紀念孫中山先生的一組建築群。原址爲觀音廟,民國十八年拆廟建碑,以紀念孫中山先生。碑身平面正方形,花崗石砌造;

[72]廣州市越秀區
地地方志編纂委員會.廣
州市越秀區志.廣州: 廣
東人民出版社, 2000.

圖36.越秀山頂之中山紀念碑

圖37.越秀山麓之中山紀念堂

曲綫形内收, 高37m, 尖頂。碑身正面攜刻孫中山先生遺囑全文。碑身内部有13層梯級回旋而上, 直至頂端平臺, 平臺上透窗可眺望羊城景色[72]。(圖32~37)

二、中山紀念堂建設緣起

爲紀念孫中山先生, 廣州人民和海外僑胞積極籌募資金興建。1924年11月, 孫中山先生北上前, 委任胡漢民留守廣州, 代行大元帥職務。

此時, 國民黨中央黨部設在廣州, 廣東革命政府是國民黨的大本營和根據地。孫中山先生逝世後, 廣東根據地做了大量追悼工作, 以資紀念。

《廣州民國日報》動議籌款、建設紀念堂資料列表

序號	動議者	内容	出處
1	(中國國民黨)中央黨部募捐部	擬募集五十萬元, 建築一規模宏大之孫中山紀念堂及圖書館, 以紀念元勳	募建孫中山紀念堂開會紀.廣州民國日報.1925-3-31(3)
2	(民國)廣東省署	西瓜園前商團操場, 擬闢孫中山紀念堂及圖書館。此項建築費, 昨經中央執行委員會決定爲五十萬, 由各商團分別設法籌集	省署籌集紀念堂費.廣州民國日報.1925-4-1(3)
3	(民國)廣東省署	省署對於籌集建築孫大元帥紀念堂圖書館專款, 業經積極進行, 兹將現已決定之籌款方法録下	省署籌集紀念堂專款辦法.廣州民國日報.1925-4-2(3)
4	哀典籌備會	議決: 以偉大之建築, 作永久之紀念 (最初地點選在西瓜園, 今人民中路同樂路口南側原電話局所在, 此爲建築中山紀念堂和孫中山圖書館的最初動議)	哀典籌備會議決: 於西瓜園建孫中山紀念堂、圖書館.廣州民國日報.1925-4-12
5	胡漢民	并由哀典籌備會議決, 四月十二日周月之日, 在東郊開全體追悼大會, 募捐五十萬, 於西瓜園建紀念堂圖書館。另籌巨款, 在粤秀山建公園, 以偉大之建築, 作永久之紀念	胡漢民勉勵海内外同志.廣州民國日報.1925年4月14日第6版
6	(中國國民黨)中央黨部決議	地址在總統府: 孫大元帥紀念堂地點, 前本定於西瓜園之舊商團總所。嗣因多數人意見, 以舊商團總所地點既不適宜, 且與孫大元帥又無歷史上之關系, 主張改建於舊總統府。現經中央黨部議決照行, 即以總統府爲孫大元帥紀念堂地址……	孫先生紀念堂地點之決定.廣州民國日報.1925-4-25(3)

與此同時, 廣州社會及海内外各界, 紛紛動議籌款并建設紀念堂、圖書館、紀念亭[73]、紀念碑等, 以永久紀念孫中山先生。

《廣州民國日報》關於紀念碑資料列表

序號	動議者	内容	出處
1	中國國民黨第二次全國代表大會	會議決定在廣州粵秀山建接受總理遺囑紀念碑	第二次全國代表大會經過概略.廣州民國日報.1926年1月28日、29日、30日第3版
2	中國國民黨第二次全國代表大會	奠基禮……此次大會主席團建議, 建立本黨接受總理遺囑紀念碑, 經大會代表一致通過, 復交此事與主席團承辦, 主席團認爲, 這個碑建在此, 實最合宜, 此地前爲觀音座所在……	全國代表大會之第二日.廣州民國日報.1926年1月6日第11版

由上可見, 建造總理遺囑紀念碑的動議、奠基, 均早於中山紀念堂。

三、建設中山紀念堂

(一) 成立籌備處

1926年6月, 國民黨元老鄧澤如向國民黨中央黨部提議, 請派專員籌辦中山紀念堂、紀念碑建築事宜。(國民黨,下同) 中央黨部及時採納, 派出鄧澤如、張人杰、譚延闓、宋子文、孫科、陳樹人、金曾澄等7人, 作爲中央黨部特派的籌備委員, 成立 "孫中山先生廣州紀念堂籌備委員會"[74]。

據廣州市檔案館藏文件《孫中山先生廣州紀念堂籌備委員會姓名録》: "(一)民國十五年六月, 中央黨部待派者: 鄧澤如、張人杰、譚延闓、宋子文、孫科、陳樹人、金曾澄; (二)民國十六年五月, 中央黨部加派者: 李濟深、古應芬、林雲陔、黃隆生(兼司庫); (三)民國十七年二月, 政治分會加派者: 吳鐵城、楊西岩; (四)民國十七年九月政治分會加派者: 財政廳長(馮祝萬)、建設廳長(馬超俊)、陳少白。"[75]

上述不同時期的籌備委員會, 分別擔當、完成了不同階段的籌備工作。譬如, 1926年6月的 "籌備委員會", 主要負責並完成廣州紀念堂圖案的懸賞徵求、評判工作, 並申請國民政府的財政撥款[76]。

1927年5月後, 國民政府定都南京, 傾力建造中山陵, 中山紀念堂的建設實際歸於廣東省政府, 但中山紀念堂籌委會的各項工作漸入正軌。

(二) 徵求中山紀念堂、紀念碑建築圖案

1926年1月6日, 《廣州民國日報》刊登了《國民政府懸賞徵求中國國民黨總理孫先生紀念碑圖案》:

(一)第二次全國代表大會已於一月五日舉行奠基禮。

(二)奠基石在粵秀山顛舊觀音廟觀音寶座面南。

(三)碑刻孫中山總理遺囑及第二次全國代表大會接受遺囑議決案。由譚組安先生書丹。

(四)碑須高峻而堅固耐久。

(五)碑頂豎大電燈作黨旗青天白日形式, 夜間發光照耀遠近。

根據以上五者繪就圖案於碑式及高度, 暨歷史的美術的意味均須顧到。

頭獎五百元, 二獎三百元, 三獎二百元。

[73] 林森: "……經開會議決, 即請政府指撥觀音山公園爲孫總理紀念公園, 以觀音山廟址建紀念亭, 亭處立孫總理銅像, 築亭其間, 垂諸永久。……"。觀音山改爲中山公園之省令.廣州民國日報.1925-4-1(3)。

[74] 中山紀念堂紀念碑開幕典禮盛況、林雲陔報告建築紀念堂碑經過.廣州民國日報.1931-10-12(2)。

[75] 孫中山先生廣州紀念堂籌備委員會姓名録、孫中山先生廣州紀念堂籌備委員會抄件清册.廣州市檔案館館藏檔案, 全宗號: 4-01; 目録號: 7; 案卷號: 46-3, 第114頁。轉引自 盧潔峰.廣州中山紀念堂鈎沉.廣州: 廣東人民出版社, 2003.

[76] 盧潔峰.廣州中山紀念堂鈎沉.廣州: 廣東人民出版社, 2003.

[77] 國民政府懸賞徵求中國國民黨總理孫先生紀念碑圖案.廣州民國日報.1926-1-6（7）.

[78] 總理紀念碑圖案之獲選者.廣州民國日報.1926-2-9（1）.

[79] 盧潔峰.廣州中山紀念堂鈎沉.廣州：廣東人民出版社，2003.

製圖者須將姓名住址列明，限本月杪交卷至國民政府秘書處。頭二三獎在報上發表，餘卷概不發還[77]。

此通告見報後，應徵、評判工作僅月餘即告成。1926年2月9日《總理紀念碑圖案之獲選者》消息刊出："總理紀念碑圖案之獲選者：首名楊錫宗，得獎五百元。（本報專訪）國民政府前日(注：2月7日)邀請美術家在府評判總理紀念碑圖案，已志昨報。茲續聞是日評判結果，獲選者第一名楊錫宗，二名陳均沛，三名葉永俊。首名得獎金五百元。國民政府秘書處將來即登報揭曉雲。"[78]

誠如盧潔峰所言，這是國民政府前一次單獨徵集"總理紀念碑"的評獎經過，并不是後來懸賞徵集中山紀念堂紀念碑建築圖案的評獎結果[79]。

實際上，1926年2月23日廣州中山紀念堂紀念碑的懸賞徵集方案，才始見報：

"（一）此次懸獎徵求之圖案，係預備建築中華民國國民黨總理孫個山先生紀念堂及紀念碑之用。建築地址在廣東省廣州市粵秀山。紀念碑在山頂，紀念堂在山腳。即舊總統府地址。

（二）紀念堂及紀念碑圖案不拘採用何種形式，總以莊嚴固麗而能暗合孫總理生平偉大建設之意味者爲佳。

（三）堂與紀念碑兩大建築物之間，須有精神上之聯絡，使互相表現其美觀。

（四）此圖案須預留一孫總理銅像座位，至於位置所在，由設計者自定之。

（五）紀念堂爲民衆聚會及演講之用，座位以能容五千人爲最低限度。計劃時須注意堂內聲浪之傳達及視綫之適合，以臻美善。

（六）紀念碑刻孫總理遺囑及第二次代表大會接受總理遺囑議決案。

（七）紀念堂紀念碑銅像及各項佈置，全部建築總額定爲廣東通用毫銀一百萬元，約合大洋八十萬元。設計時分配工程應加注意。

（八）應徵設計者及所繳圖案，應包括下列各圖件：一、平面全圖，包括紀念堂紀念碑銅像及周圍布置（比例尺由設計者自定）；二、紀念堂平面圖（一英寸等於八英尺）；三、紀念堂前面高度圖（比例尺同上）；四、紀念堂側面高度團（比例尺同上）；五、紀念堂切面圖（比例尺同上）；六、紀念碑平面圖（比例尺同上）；七、紀念碑高度圖（比例尺同上）；八、紀念堂透視圖；九、全部遠視圖；十、説明書須解釋圖內特點及重要材料。

（九）應徵獎金額由紀念堂委員會議定如下：頭獎廣東毫銀三千元；二獎廣東毫銀二千元；三獎廣東毫銀一千元。

（十）評判應徵圖案與決定得獎名次，由孫總理紀念堂委員會各委員多數意見決定之，無論何方不得變更或否認。應徵得獎人名在登載徵求圖案各報發表。

（十一）此次應徵圖案除保留取録給獎者外，其餘未得獎者，委員會於必要時得用特別合同購買之。得獎之圖案在獎金發給以後，其所有權及施用權均歸委員會，與原人完全無涉。以後委員會對於一切圖案，無論得獎與未得獎者，在實際建築時採用與否，有絶對自主權，不受何方面之限制。

（十二）得獎者之圖案採用後，是否請其監工，由委員會自由決定。

（十三）應徵者報名後繳納保證金十元，即由報名處發給粵秀山附近攝影圖二幅、地盤及界至圖一幅、廣州市市區形勢圖一幅，以備設計參考之用。

（十四）此項應徵圖案期限自登報之日起至六月十五日止。一切應徵圖案須注明應徵者之暗號。另將應徵者之姓名通訊地址與暗號用信套粘封，於上述期限內一併交到委員會。委員評判之結果，在截收圖案後四星期内發表。

（十五）未得獎之應徵圖案，於評判結果發表後兩個月内均由委員會寄還原應徵人，并附還前繳之保證金。唯委員會對於所收到之應徵圖案尚有意外損失或毀壞，概不負責。"[80]

1926年3月5日，《廣州民國日報》又增加 "附記：報名在廣州國民政府秘書處。上海、北京另設有報名處所。建築孫總理紀念堂委員會設在廣州國民政府秘書處内"。

懸賞徵求建築設計方案公佈後，中外專業人士積極響應，截稿日延期至8月下旬，共收到應徵設計方案26件。

（三）評比中山紀念堂紀念碑建築圖案

1926年8月26日，擇期評判建築設計方案：

"（本報專訪）孫中山紀念堂籌備委員會，昨開會議決，中山先生紀念堂及紀念碑，圖案評判規則共九條，定期本月二十六日起至三十日止，將各種圖案陳列於國民政府大客廳内，由評判員分別評判，并敦請中國舊派畫家温其球、姚禮修，新派畫家高劍父、高奇蜂，西洋畫家馮鋼伯、陳丘山，建築家林逸民、陳耀祖等八人爲評判員，屆時擔任評判云。"[81]

8月27日，評判規則見報：

"（中央社）中山先生紀念堂及紀念碑圖案，現統陳列於國民政府大客廳内。兹將其評判規則録後。

（一）紀念堂圖案之評判由籌備委員會敦請下列人員爲評判員擔任評判：一、舊派中國美術家二人；二、新派中國美術家二人；三、西洋派美術家二人；四、建築或土木工程師二人。

（二）入選圖案之最終判決，由籌備委員會執行之。

（三）入選圖案應評定有獎圖案三名，名譽獎三名。

（四）評判員爲名譽職。

（五）應徵圖案統陳列於國民政府大客廳，由八月二十六日起，至八月三十日止，每日上午八時至十二時，下午二時至五時。由評判員至陳列室閱覽評判。

（六）評定後，由九月三日至九月九日爲公開展覽時期。市民得到陳列室自由觀覽，但須領有本會所發之閱覽券。

（七）圖案獎金及徵求圖案條件，參看《徵求圖案條例》。評判員用之爲評判要點，由籌備委員會臨時供給。

（八）評判員應於八月三十一日以前，將各人單獨選定之最佳圖案三種暗號及次序函告籌委會，並附意見。

（九）籌備會於接到各評判員之評判結果後，召集各委員開會，根據上項評判結果，決定應徵者之得獎名次，登報宣佈之"。[82]

1926年9月1日，國民政府設晚宴 "鑒定中山紀念堂圖案：今日下午五時，國民政府内大花廳設宴聚合。屆時列席者，除國民政府各委員外，有中央黨部各部長，省政府各廳長。吳稚暉、鈕永建各先生等。聞此次宴會爲集合政府各委員及各名流，以鑒定中山紀念堂圖案之採用。蓋紀念堂爲紀念先總理之建築所，非採集衆意不足以昭慎重"[83]。

9月2日，評判結果揭曉：

"昨日評判：首獎者爲呂彦直。總理紀念堂圖案之結果：（本報專訪）昨日下午五時，籌建中山先生紀念堂委員會，在國民政府後座洋花廳開會評判總理紀念堂圖案。是日列席評判者，有張主席、譚主席、孫哲生、鄧澤如、

[80]懸賞徵求建築孫中山先生紀念堂及紀念碑圖案.廣州民國日報1926-2-23（2）.

[81]中山先生紀念堂圖案定期評判.廣州民國日報1926-8-26.

[82]中山先生紀念堂圖案評判規則.廣州民國日報1926-8-27.

[83]今晚國民政府之宴會鑒定中山紀念堂圖案.廣州民國日報1926-9-1（3）.

[84] 總理紀念堂圖案之結果.廣州民國日報1926-9-2(3).

彭澤民、陳樹人等,及美術家高劍父、高奇峰、姚禮修,工程家林選民等十餘人。另軍政要人赴會者有李濟深、徐季龍、丁惟汾、馬文車及省政府各廳長、各行政委員會委員共二十餘人。五時半開評判大會,張靜江主席、各評判委員,經二小時間互相評判。結果,第一名爲十二號之呂彥直,第二名爲第六號之楊錫宗,第三名爲第二十八號之范文照。名譽獎第一名爲十八號之劉福泰、第二名爲第五號之陳均佩,第三名爲十九號之張光圻。聞第一名之呂彥直,前次總理陵墓圖案亦獲首獎,第三名之范文照,總理陵墓圖案獲二獎,楊錫宗則獲三獎。今次紀念堂圖案,獲獎者亦不出此三人云。"[84]

1926年9月21日、24日兩天,《廣州民國日報》正式登載公告:

"日前,本會爲籌建孫中山先生廣州紀念堂及紀念碑,曾登報徵求圖案。迭承海內外建築名家惠投佳構,美不勝收。兹經本會聘定美術建築專家先行發抒評判意見,并於9月1日由本會各委員開評判會議,詳加審核。特將結果公佈如下:

第一獎　呂彥直君　　名譽第一獎　劉福泰君

第二獎　楊錫宗君　　名譽第三獎　陳君沛君

第三獎　范文照君　　名譽第三獎　張光圻君

孫中山先生廣州紀念堂籌備委員會披露。"[85]

[85] 孫中山先生廣州紀念堂徵求圖案揭曉.廣州民國日報1926-9-21。

[86] 總理紀念堂紀念碑奠基典禮.廣州民國日報1929-1-16(3).

評判專家一致以呂彥直的設計爲首獎,"呂君圖案,純中國建築式,能保存中國的美術最爲特色"[86]。籌備委員會旋即議定,聘呂彥直任中山紀念堂紀念碑建築師。設計工作由呂彥直主持,參加者有李錦沛、裘燮鈞、葛寵夫、莊永昌、卓文揚等,李鏗負責鋼結構設計。

中山紀念堂於1928年3月22日開工,1929年1月15日奠基,1931年10月落成。中山紀念堂的建設歷經磨難:施工中呂彥直不幸去世(李錦沛等人繼續完成設計);經費捉襟見肘;抗日戰爭中又遭敵機多次轟炸等。

1953年、1963年、1975年,國家先後三次撥巨資進行維修,由著名建築師林克明主持。林先生自1929年起,即在紀念堂建委會任顧問工程師,負責審核設計和監理工程[87]。

[87] 林克明、駱鈺華.廣州中山紀念堂,見廣州市越秀區政協編.越秀山風采.廣州:花城出版社,1987.

四、中山紀念堂的設計意匠

中山紀念堂是在大體量公共建築中,採用我國傳統宮殿建築形式的大膽嘗試。它不僅是中國近代跨度最大的會堂建築,也是迄今爲止海內外所有中山紀念建築中之體量最大者,"這是中國建築師處理大空間建築、創造新型建築的杰作"[88]。

[88] 鄒德儂.中國現代建築史.天津:天津科學技術出版社,2001.

中山紀念堂八角形平面,出抱廈。抱廈又稱抱屋、龜頭屋,就是在殿、堂出入口正中前方附加的似"門廳"式凸出於正殿堂外的建築,山面向前,類似於雨搭、外坡屋或帶廊等。抱廈在我國唐宋時期古建築中採用較多,河北正定隆興寺摩尼殿是我國遺留古建築的最早實例,四出抱廈,正南抱廈三開間、山面向前。

[89] 周學鷹、馬曉.中國江南水鄉建築文化.武漢:湖北教育出版社,2006.

紀念堂下部東、南、西、北正中所出七開間朱紅色柱廊,本爲四出抱廈之制,然南、北兩面屋頂均正面朝前,又似傳統的勾連搭做法[89],是爲擴大建築物進深,將二座或二座以上的屋架直接聯係在一起的構造形式。紀念堂下部屋頂如此變化,還使得立面主次分明,位於中軸在綫南、北立面爲主,東、西兩面居次。

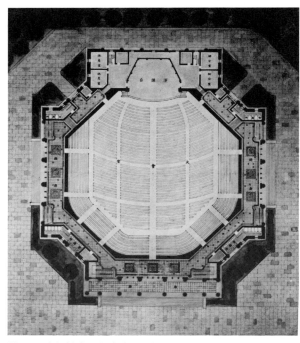

圖38.呂彥設計中山紀念堂平面圖

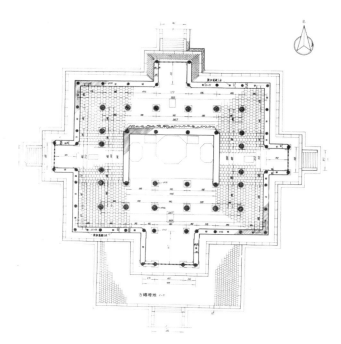

圖39.河北正定隆興寺摩尼殿平面圖

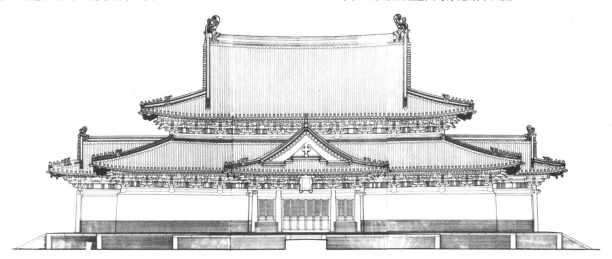

圖40.河北正定隆興寺摩尼殿立面圖

0 100 200 300 400 500 600 700 800 900 1000 厘米

圖41.代縣邊靖樓

圖42.唐宋界畫一例

　　紀念堂立面上部單檐攢尖頂,下部抱厦重檐歇山頂,上下一起構成類似"重檐三滴水"屋頂效果。這種屋頂形式在傳統大體量建築中採用普遍,如西安城樓、北京前門箭樓、代縣邊靖樓等,以壯觀瞻。實際上,類似這樣屋頂形式多樣、平面凹凸曲折的古代木構樓閣建築,唐至元代界畫、壁畫中常見,并非空穴來風。因此,紀念堂的平、立面設計,應是多種手法的綜合運用。

　　按圖案徵求條例,中山紀念堂供"民衆聚會及演講之用,座位以能容五千人爲最低限度,計劃時須注意堂內聲浪之傳達及視綫之適合"。因此,如此大的室內面積、空間容量的公共建築,採用我國傳統木構形式,是根本無法滿足功能要求的,根本原因在於木構建築必不可少的木柱,會阻擋視綫。

　　譬如,頤和園中的廓如亭,坐落在十七孔橋東橋頭南側,面積約300m^2,重檐攢尖頂,爲我國現存古亭類建築中之最大者。因平面八角,也稱"八方亭"。其形體舒展而穩重,氣勢雄渾。但廓如亭構架由40根木柱支撑,內外三圈柱網而導致視綫不暢。(圖38~43)

圖43.廓如亭與十七孔橋

　　衆所周知,採用混凝土、鋼筋混凝土、鋼結構的西方古代、近現代建築中,創造巨大跨度空間的建築不乏實例。因此，中山紀念堂必須採用新結構形式，其主體結構梁柱、樓板等均爲鋼筋混凝土，30m跨距的鋼結構屋架（鋼梁採用德國工字鋼），四角墻壁以厚50cm的鋼筋混凝土剪力墻，承受全部八角攢尖的屋頂重量，結構選型精當。

雖然，採用新材料、新科技，然紀念堂建築外部形象、室內細部裝修等，卻處處盡可能模擬傳統木構建築手法，大木作、小木作、石作等皆然，比例和諧、手法洗練，取得了優良的視覺效果。

中山陵、中山紀念堂的設計手法評析

南京中山陵、廣州中山紀念堂都是規模較大的建築群體，兩者均取我國傳統建築造型，採用現代科技、材料，又均出自呂彥直一人之手，其規劃設計手法具有某些相通之處。

一、開合有序的群體空間

中山陵占地約8萬m²，位於南京東郊紫金山南麓，背依鐘山主峰、坡度平緩，植被良好、視野開闊，是理想的修陵之地。

前已述及，墓葬建築在我國歷史悠久，發展至明清，陵墓建築技藝已非常成熟，群體空間序列處理，單體建築功能、體量、高度、色彩、材料與禮制要求、風水文化等相得益彰。

秦漢以降，我國傳統陵墓神道寬度逐漸變窄。然相對而言，唐宋時的神道寬度相對仍然不小，如唐代乾陵神道既寬又長，加以山體環境的渲染，氣派雄壯。發展至明清神道寬度較小，但長度較長，強調縱向空間序列，氣勢稍遜。中山陵神道雖長度有限，然寬達40m，全部條石砌築，完全中軸對稱的建築、均衡的格局，壯觀恢宏。

因此，呂彥直在中山陵總體布局、空間尺度上，吸取了我國古代陵墓建築的特點而又有所創新，因地制宜地采用了沿中軸綫次序展開、均衡對稱的平面。在中軸綫，博愛坊、神道、陵門、碑亭、祭堂和墓室，形成一系列收放結合、大小不一、連續漸進的空間場所，創造出一個個引人注目的中心，形成蕭穆、崇敬、奮發的空間序列。在蒼松翠柏、藍天、大地的映襯下，長達數百米的平緩石階、平臺等的逐步渲染，充分顯現出莊嚴宏大的氣魄，令人蕭然起敬，并油然而生踏着孫中山先生的足迹——"和平、奮鬥、救中國"的豪情！

同樣，在考慮中山紀念堂、紀念碑的整體布局時，呂彥直也是從地理環境、建築空間次序入手，將前廣場（現東風中路一部）、門亭、內廣場、總理銅像、紀念堂、百步梯、紀念碑等幾乎安排於中軸在綫，華表、附樓等安排在軸綫兩側，構成均衡、對稱的建築組群，形成多變的空間次序。

爲此，呂彥直向籌備委員會建議，規劃設計用地需向西擴展，將原先選定的紀念堂址向西移動，不僅可以取得必不可少的大片綠化用地，同時使得紀念堂與紀念碑位置基本位於一中軸綫之上，使得紀念堂與紀念碑之間取得內在的聯係，真正形成"前堂後碑"的有機空間效果。

這一遠見卓識爲籌備委員會所接受，"按四月變更之新圖，將中綫移至偏西二十餘丈"[90]。

二、中體西用的建築單體

有研究者認爲，中山陵與中山紀念堂是"第一次古典復興時期"的"中國固有形式"之建築。中山陵是繼承中國古典建築的力作，是傳統復興的建築設計，是初創我國現代建築的開山之作[91]。

[90]德宣路住户代表呈爲建築中山紀念堂請免收割粵秀街坊巷民業.廣州市檔案館館藏檔案.全宗號：4-01；目錄號：7；案卷號：46-2；第7頁.轉引自 盧潔峰.廣州中山紀念堂鈎沉.廣州：廣東人民出版社，2003.

[91]鄒德儂.中國現代建築史.天津：天津科學技術出版社，2001.

圖44.博愛坊局部

圖45.清栗毓美牌樓抱鼓石局部

中山陵各單體建築，在繼承傳統形式的同時，均有所提煉、創新，風格清新、簡潔。

牌樓（博愛坊），三個屋頂檐下排列方椽、無飛椽，更無斗栱之類。石質梁枋雖然表面刻出旋子彩畫紋樣，雀替、立柱及其兩側的抱鼓石鼓面、須彌座束腰等相應部位的圖案，均一致（傳統建築中往往圖案不一，有變化）、簡化，且刻紋較淺、不着色彩，純净肅穆。（圖44,45）

值得提出的是，曾有過把牌樓改成五開間的動議、決議。1929年4月3日，第六十六次葬事籌備會議提出，"牌樓改五門，由建築師另擬圖樣，務以簡樸宏偉爲主。中門題字用總理親書'博愛'二字" [92]。

1929年5月1日，第六十七次會議"核准第三部工程牌樓圖樣案。決議：圖樣請孫哲生先生審查後再定" [93]。

[92] 南京市檔案館、中山陵園管理處編.中山陵檔案史料選編.南京：江蘇古籍出版社，1986.

[93] 南京市檔案館、中山陵園管理處編.中山陵檔案史料選編.南京：江蘇古籍出版社，1986.

[94] 南京市檔案館、中山陵園管理處編.中山陵檔案史料選編.南京：江蘇古籍出版社，1986.又，摩非，今通譯爲墨菲.

[95] 南京市檔案館、中山陵園管理處編.中山陵檔案史料選編.南京：江蘇古籍出版社，1986.

1929年5月11日，第六十八次會議，"核准牌模式樣案。決議：照摩非所擬圖樣通過" [94]。

幸運的是，1929年6月18日，第六十九次會議，"彦記函請甬道前石牌樓仍用呂建築師生前手繪之三門式樣圖樣案。決議：仍用呂建築師生前手定之式樣" [95]，採用三開間牌樓。就實際建成後的體量、空間尺度效果而言，採用三開間無疑是明智之舉！因爲，五開間的牌樓體量比較於中軸在綫的其他單體建築、牌樓所在的廣場、山體而言，顯然過大。

圖46.陵門局部脊飾

陵門，屋脊端部脊飾、垂脊吞口、戧脊走獸等，均抽象、簡化。檐下排列方椽、無飛椽，斗栱採用簡單的斗口跳形式。石質梁枋表面刻出"一整二破"等旋子彩畫紋樣，與立柱柱頭紋樣一樣，較爲簡潔。平板枋與額枋出頭成霸王拳。墙面下部須彌座無蓮瓣，束腰陡板無雕飾，無間柱，角柱雕刻簡陋。三個壺門僅雕出火焰尖，門券石無任何雕飾。格子門及其上障日板（即走馬板、門頭板），全部采用"三交六椀"格子形式，古銅色。

碑亭，整體做法與陵門相似。唯碑亭爲重檐歇山頂，上、下檐局部做法有异。碑亭上檐屋頂做法與陵門一致，下檐屋頂檐口無方椽，僅迭澀出檐，處理手法至爲簡潔。這與傳統樓閣、重檐建築上檐較下檐做法復雜（上

圖47.陵門梁枋表面"一整二破"等旋子彩畫紋樣及陵門"三交六椀"格子

圖48.碑亭屋頂

圖49.碑亭壼門

圖50.祭堂屋頂局部

檐斗栱出跳比下檐多一、兩跳,構造繁復,往往首先吸引人的視綫),不謀而合。壼門不僅雕出火焰尖,門券石還雕飾綬帶紋樣,將參觀者的視綫一下子集中到碑亭的上部、中央,并隱約可見石碑上的鎦金大字,進一步强化崇敬之情。

祭堂,爲整個中山陵最重要的建築,其重檐歇山頂比碑亭自然要復雜。上檐屋頂檐下除採用兩層斗口跳外，其上又加兩層菱角牙子，成迭澀狀出檐（圖51）。據此，上檐檐口抬高，效果高聳（中山陵自山腳逐漸抬升至山坡，拜謁者從下往上仰望，祭堂上層屋頂需要高出，避免被阻擋）。祭堂下檐做法與碑亭的上檐做法相同。因此，祭堂與碑亭兩者之間的屋頂等級差別顯著。四角堡壘式的厚重石塊牆壁（正面實牆，側面開窗），較好地烘托出立面造型的莊重感。正面三個壺門門券石均刻出綏帶、做出火焰尖飾。正中壺門更顯高大，平板枋下一道額枋，雀替下有丁頭栱；兩側壺門較小，平板枋下大額枋、小額枋各一道，其下雀替、丁頭栱。梁枋、立柱柱頭均淺刻彩繪。祭堂與兩側對峙的香爐、華表，體量大小、距離遠近協調，取得了很好的空間效果。側立面做法相對簡

圖51. 祭堂正面局部及梁枋、立柱柱頭淺刻彩繪

圖52. 祭堂側立面檐下局部

圖53. 祭堂室內平棊天花

圖54. 祭堂、香爐、華表空間效果

單,如變壺門爲腰窗,銅質格子,采"三交六椀"形式;歇山山面雕出懸魚(與惹草圖案一致)、綬帶等。祭堂室內細部做法比室外略顯復雜,利於近觀,弔頂採用簡化的平棊天花;梁枋,柱頭,柱頭科、平身科上做出的正心瓜栱,廂栱,伸出螞蚱頭等,均遍施彩畫,然圖案簡潔、色彩較純净(取青天白日滿地紅等色),莊重、素雅,很好地滿足祭祀要求。

墓室,與祭堂通過短廊前後聯係在一起。圓形平面,一圈石欄杆圍繞墓池,石砌半球形穹隆頂,外部造型簡化到極致。室內穹隆頂周邊滿地紅色簇擁着國民黨黨徽,滿地紅色中鑲嵌着八個採光天窗(間接採光,避免直射,光綫柔和)。造型集中,色彩純正,光綫暗淡,空間氛圍極爲肅穆。

綜上所述,中山陵在運用我國傳統建築語彙時,結合新材料、新技術,對大木作、小木作、磚石作、彩畫作均進行了精煉、概括,如斗栱、檐口、脊飾、須彌座、格子門,梁枋、柱頭彩畫,平棊天花彩繪等皆然。

中山陵在單體建築造型、空間尺度處理上也匠心獨具、多有創新。譬如,祭堂四角堡壘式造型房屋,用於儲藏紀念物品、提供休息之用,同時塑造出堅實、莊重、穩健、大氣的立面(其造型與明清陵墓方城明樓,應具有某種關聯),與我國傳統重檐屋頂造型相得益彰。

再如,與傳統牌樓立柱用料相比,博愛坊的石柱用料本已不小;然博愛坊石柱兩側添加的小附柱,不僅豐富立面,愈加粗壯的立柱也使得博愛坊的造型更顯莊重。

與此同時,中山陵各單體建築均爲花崗岩本色、藍

圖59. 方城明樓

圖55. 墓室穹隆頂外部

圖56. 墓室穹隆頂内部

圖57. 墓室墓池

圖58. 墓室與祭堂通過短廊前後聯係在一起

色琉璃瓦頂(藍色琉璃瓦、淺白色石材,隱喻着國民黨黨旗青天白日的色彩)、古銅色門窗;其陳設,如香爐基座、花池等,或是花崗岩,或爲模仿花崗岩顏色的水刷石。檐下斗栱、梁枋、立柱柱頭、壺門門券石、須彌基座等傳統建築遍施彩畫之處,也僅淺雕出簡化的傳統紋樣,未着一色(僅祭堂下檐大額枋的枋心處,鎦金

"民主、民生、民權"），整個建築群外部色彩素雅、統一。由此，中山陵各單體建築的細部處理，適合陵墓建築的功能要求并加以烘托，輔以蒼松翠柏，創造出肅穆、莊嚴的氣氛。

需要指出的是，中山陵建築群除中軸綫及兩側的主體建築外，還包括相關衆多的附屬建築，其中不少為建築大師擔綱，精品衆多。

例如，光華亭是我國建築史學科開拓者之一的劉敦楨先生設計，石質仿木，手法洗練、繁簡自如、比例精當、色彩純净。尤其是平棊天花、藻井與梁枋石質構件之間渾如天成，表現出設計者對我國傳統建築技藝的高超駕馭力。因本書篇幅所限不能一一述及，（可參見本書前言）。（圖46~60）

圖60.光華亭外觀

與中山陵不同，廣州中山紀念堂紀念碑主要是為緬懷孫中山先生和群衆大型集會而設計，氣氛相對輕鬆，紀念堂部分比紀念碑更加減弱，各單體建築設計、細部處理必然要適合此功能需要。

門亭，三開間，中間一間高大，單檐歇山頂；兩側較低，單檐廡殿頂（局部），藍色琉璃瓦。三個鋼筋混凝土屋頂檐口做出方椽、飛子，大角梁、子角梁，三踩（彩）栱、桁檁等，竭力模擬木構建築，均遍施彩繪。就石作而言，正面三個壺門門券石（背面僅明間門券石有雕飾，以區別等級）、須彌座，都有雕飾，淺白色。土黃色磚砌墻體，淺白色石質須彌基座。整個門亭建築，不僅將傳統碑亭一開間設計成三開間，其色彩相對中山陵陵門、碑亭也要豐富得多。

紀念堂，上部八角攢尖頂檐口做出方椽、飛子，大角梁、子角梁，但簡化的斗口跳、桁檁等與中山陵做法類似，唯均遍施彩繪。下部重檐卷棚歇山頂，上、下檐均做出方椽、飛子，大角梁、子角梁，三踩（彩）栱、桁檁等及門亭做法相同；但增加梁枋（平板枋、大額枋、雀替、丁頭栱）、立柱、柱礎等，所有構件滿佈彩繪。檐下平棊天花與紀念堂室內相同，施彩畫。堂內欄杆、包鼓石，弔頂井口垂蓮弔柱等，均完全模仿木構古建築。藍色琉璃瓦頂，土黃色磚砌墻身，大紅立柱，紅色格子門窗，淺白色須彌基座，青綠彩畫等，飛檐翹角、雕梁畫棟，富麗又不失端莊。

圖61.紀念堂屋檐

紀念碑，下為方形基座、上為曲綫形收分的碑體。其上部碑體造型確為我國古代建築所無，唯基座多採用傳統元素。壺門做出火焰尖，門券石淺刻綬帶、渦卷雕飾；大紅板門，表面裝飾六方木格。基座頂部平臺邊的欄杆欄板，圖案由傳統圖案變形而來。每根望柱下部古代殿基的螭首變為"羊首"（與"羊城"契合）。滴珠板為裝飾回紋的石板。整個紀念碑通體淺色（總理遺囑

圖62.祭堂室內梁枋彩畫、弔頂井口垂蓮弔柱

圖64.紀念碑局部

圖63.紀念堂室內欄杆、抱鼓石

鎦金），唯門扇紅色，肅穆中不失端莊，又與山下的紀念堂之間取得一定的聯係。

　　因此，中山紀念堂紀念碑盡管是採用鋼筋混凝土、鋼結構的現代建築，但細部做法、色彩等均盡可能模仿我國傳統建築。當然，中山紀念堂紀念碑建築群各單體建築造型有所因循、更有所創新。尤其是紀念堂，體量巨大，但其整體尺度、細部比例與造型等均很優秀。

　　比較起中山陵的各單體建築來，中山紀念堂細部多、仿古程度高、色彩豐富，少了些肅穆，增添些華麗，反映出設計者對不同類型建築設計的精確理解與把握。（圖61～64）

中山陵、中山紀念堂的設計啟示

　　我國近現代建築史經幾代專家、學者的努力，碩果累累。本書僅就我們作爲建築學人對中山陵、中山紀念堂紀念碑設計的體認，粗略談一些心得，願作引玉之磚。

一、我國古典建築之轉型

　　衆所周知，我國傳統建築材料以土（包括燒土而成的磚）、木爲大宗，也有石、磚石、金屬等材料（相對較少）。歷代以降，“土木”一詞成爲我國古代建築的代名詞。究其原因，主要在於土（磚）、木材料易得、加工簡便、價廉物美，及土木材料的文化寓意，合於中國人的金木水火土五行思想等，土木建築具有衆多優异性能，遍佈中華大地。

　　盡管如此，土木建築也有着明顯的缺陷，受制於土、木材料性能，傳統建築一是屢遭潮朽蟲蛀、害怕水火，修繕頻繁；二是木構框架，立柱密佈，空間有限；三是砍伐林木，破壞生態等，故相對而言，傳統建築堅固性差、使用空間小。

雖然，我國古代典籍記載有，并經考古發掘證實，曾建造過巨大體量的建築，如秦阿房宮（《史記·秦始皇本紀》"東西五百步，南北五十丈，上可以坐萬人，下可以建五丈旗"），漢建章宮（《漢書·郊祀志》"前殿度高未央。其東則鳳闕，高二十餘丈；其西則商中，數十里虎圈。其北治大池，漸臺高二十餘丈，名曰太液……。立神明臺、井幹樓，高五十丈"），北魏永寧寺塔，唐麟德殿、東都明堂等，局限於木材長度的限制，其梁枋跨度是有限的，大空間内立柱必不可少，且數量衆多，不利於人數衆多的大型集會之用。甚至可以説，公共建築作爲一種建築類型在我國建築史上，其單體種類、尺度規模均有限（如戲園子、飯莊酒肆、茶館、會館公所、橋梁等）。

不僅大型公共建築如此，一般住宅、衙署建築等亦然。其單體建築開間、進深均較小，鮮見梁枋跨度超過10m以上（長度過10m、胸徑符合承重需要的大材難得）。因此，我國傳統建築採用多開間、多進深連續梁跨排列（抬梁、穿斗、井幹、密肋平頂等四大結構體系皆然），且單層建築占據絶大多數。以院落方式（縱向進深曰"進"、横向排列曰"路"）將單體建築圍合而成建築群體，以建築群體形成村落、市鎮、城市。

綜上所述，我國傳統建築可籠統稱爲"土木"建築文化。近現代以來，這一土木建築體系，遭受到越來越大的困境，那就是使用材料、結構形式、類型、層數等發生了根本性變化。

我國傳統建築與現代建築粗略比照表

内容	傳統	現代	備注
使用材料	土、木（石、磚石、金屬等）	磚、水泥、鋼材、玻璃（石、木）、塑料、塑鋼等	現代建材可謂層出不窮
結構形式	抬梁、穿斗、井幹、密肋平頂	磚混、鋼筋混凝土（框架、框剪、框筒、筒中筒、剪力墙）、鋼結構、空間網架、膜結構等	特種結構類型較多
類型	居住、行政及其附屬設施、禮制（祭祀）、宗教、商業與手工業、教育、文化、娱樂、園林與風景、市政、標志、防御等	按使用功能，通常可分： 1、生産性建築 　工業建築：也可叫廠房類建築，如生産車間、輔助車間、動力用房、倉儲建築等 　農業建築：温室、畜禽飼養場、糧食與飼料加工站、農機修理站等 2、非生産性建築：主要爲民用建築，按照使用功能分爲居住建築、公共建築 　居住建築：住宅、公寓、別墅、宿舍 　公共建築： 　　行政辦公：機關、企事業單位的辦公樓 　　文教：學校、圖書館、文化宫等 　　托教：托兒所，幼兒園等 　　科研：研究所、科學實驗樓等 　　醫療：醫院、門診部、療養院等 　　商業：商店、商場、購物中心等 　　觀覽：電影院、劇院、購物中心等 　　體育：體育館、體育場、健身房、游泳池等 　　旅館：旅館、賓館、招待所等 　　交通：航空港、水路客運站、火車站、汽車站、地鐵站等 　　通訊廣播：電信樓、廣播電視臺、郵電局等 　　園林：公園、動物園、植物園、亭臺樓榭等 　　紀念：紀念堂、紀念碑、陵園等 　　其他：監獄、派出所、消防站等	傳統建築類型的劃分僅就使用功能而言，其材料、造型、結構體系無大區別。現代建築劃分種類較多，其造型、結構體系往往區别較大

層數	絕大多數單層建築	單層、多層、高層、超高層等	現代建築中，單層建築很少採用

古希臘、古羅馬以降，西方建築以磚、石材料爲主，尤其是石材，當然也有土、木、金屬及原始的混凝土（如古羅馬時期的鬥獸場、萬神廟等，已採用火山灰爲材料的原始混凝土）等。鬥獸場、教堂、劇場、公共浴室、市政廳等大型公共建築，是西方現代公共建築的原形；古羅馬時期的多層公寓樓，也是現代住宅建築的早期藍本等。甚至公元1世紀初，古羅馬時期馬可·維特魯威（Marcus Vitruvius Pollio）的《建築十書》，已成爲當時培養建築師的教科書，與現代學院派建築師培養目標相距不大，其建築體系同樣早熟。客觀而言，現代西方建築與其傳統建築之間是有序的發展。（圖65）

圖65.古羅馬萬神廟外觀、室內

磚石材料堅久耐用，不怕水火蟲害、日曬雨淋，故不必經常維修；磚石材料優於承重，利於建造樓房；同時，磚石、混凝土拱券可創造尺度巨大的空間（如古羅馬萬神廟跨度達到43.3m，內無一柱，一直是現代結構出現之前世界上跨度最大的建築）。

因此，西方建築可約略稱爲“磚石”建築文化。工業革命以來，西方現代科技發展日新月异，新材料、新技術被迅速應用到建築科學之中。如混凝土、鋼筋混凝土、鋼結構、玻璃等，取代磚石材料。但是，相對於中國土木建築體系面對使用材料、建築類型遭遇的根本變化而言，其建築類型、造型等并沒有太多顛覆性的變化，其對傳統建築的傳承可謂自然、漸進，比我國建築學科基礎完備。

綜上所述，我國傳統建築與西方傳統建築之間存在着巨大的差異，分屬兩個迥然不同的體系。以“土木”建築文化爲絕對主流的中國古代建築，比西方“磚石”建築爲主的傳統，存在着材料、結構體系、造型藝術、類型上的巨大差異。“土木”建築體系在邁向現代化的過程中，承載着更多、更大的歷史包袱，遭遇到全新的課題。

二、尋找中華建築文化精髓

呂彥直奪得中山陵建築設計頭獎後，聲譽鵲起。“著名建築師呂彥直自繪畫總理孫中山先生陵墓圖案獲居首獎以後，呂氏之名，幾遍全國。嗣後復應廣州北平各建設廳之聘，繪畫種種革命紀念建築，表現我中華民族之精神，留人們深刻紀念的印象……” [96]。

可痛惜者，呂彥直積勞成疾、英年早逝。但中山陵建築之形象早已深入人心、有口皆碑。1929年6月11日，國民政府褒恤呂彥直，“總理葬事籌備處建築師呂彥直，學識優長，勇於任事。此次籌建總理陵墓計劃圖圖樣，昕夕勤勞，適屆工程甫竣之時，遂爾病逝，追念勞勚，惋惜殊深，應予褒揚，並給營葬費二千元，以示優遇，此令” [97]。由此，呂彥直先生成爲近代中國歷史上唯一受到政府通令褒獎的建築師[98]。

[96]呂彥直復活（天天）.申報.1929-6-16.

[97]國府褒恤呂彥直.申報.1929-6-29.

[98]籍德霖.閱讀呂彥直. 讀書，2004（8），75.

[99]南京市檔案館、中山陵園管理處編.中山陵檔案史料選編.南京:江蘇古籍出版社,1986.

[100]南京市檔案館、中山陵園管理處編.中山陵檔案史料選編.南京:江蘇古籍出版社,1986.

[101]南京市政協文史資料委員會編.中山陵園史錄.南京:南京出版社,1989.

不僅如此,當局還爲呂彦直塑像立碑以誌永久。早在1929年4月3日,喪事籌備處第六十六次會議就決定,"呂君榮典,准在祭堂奠基室内刻碑志記"[99]。1929年5月1日,戴季陶提議,"本會建築師呂彦直先生,計劃建築總理陵墓卓著勞績,爲紀念其功績,並獎勵專門人才起見,擬請國府給予隆重表揚案。決議:如擬通過"[100]。1930年5月28日,總理陵園管理委員會第十七次委員會決議在祭堂西南角奠基室内爲呂彦直建紀念碑,地位、大小與奠基石同。捷克雕刻家高琪雕刻,上部爲呂彦直半身遺像,下部刻于右任所書碑文:"總理陵墓建築師呂彦直監理陵工積勞病故,總理陵園管理委員會於十九年五月二十八日議決,立石紀念"[101]。抗戰中石碑下落不明。

由於孫中山先生的偉大歷史功勛,因而中山陵、中山紀念堂紀念碑,尤其是中山陵在我國現代建築史上具有重要意義。設計師呂彦直先生在我國現代建築史上也具有特殊地位,不少專家、學者對中山陵、中山紀念堂紀念碑建築、呂彦直本人等均有過深入、細致的研究。其中,有關中山陵的研究資料衆多,關於呂彦直相對較少。

有關呂彦直先生論著舉要

序號	論著者	論著名稱	資料出處
1	劉叙杰	巍巍中山陵	《光明日報》1981年10月31日特約稿,後選入全日制初級中學課本《語文》第三册,人民教育出版社,1987年;全國義務教育課程標準實驗教科書《語文》七年級(下册),江蘇教育出版社,2002年(2003年修訂);《新標準小學語文讀本叢書》,浙江少年兒童出版社,2005
2	張天新	成敗在於立意——中山陵等紀念建築論評	新建築1988(2),20
3	方舟、章益	中山陵的設計者呂彦直	中國現代名人珍聞軼事.北京:中國華僑出版公司,1989
4	鐘鴻英	南京中山陵不是失敗之作——與"立意篇"作者商権	新建築1989(2),79
5	劉凡	呂彦直及中山陵建造經過	汪坦.第三次中國近代建築史研究討論會論文集.北京:中國建築工業出版社,1991
6	陳濟民等	呂彦直設計中山墓	金陵掌故.南京:南京出版社,1991
7	馬志强	才華横溢呂彦直設計中山陵	中華智慧寶庫之一 智慧的英杰.北京:中國國際廣播出版社,1993
8	劉遠景	中山陵建陵史實與呂彦直	華中建築1994(2),63~65
9	廣東省文史研究館	中山紀念堂的設計者——呂彦直	嶺嶠拾遺.上海:上海書店出版社,1994
10	廣州市文史研究館	建築師呂彦直與中山紀念堂	羊城擷采.上海:上海書店出版社,1994
11	宋禄剛等	南京中山陵設計者——呂彦直	中國歷代發明者.北京:中國人事出版社,1996
12	鄭曉笛	呂彦直——南京中山陵與廣州中山紀念堂	建築史論文集(第14輯).北京:清華大學出版社,2001年
13	趙政民	中山陵建陵内幕	文史月刊2001(2),17~22
14	徐立忠	中山陵	炎黄春秋2002(4),35
15	陸其國	《中山陵檔案》過眼録	上海檔案2003(5),19~21
16	闞良河	浩氣盈山川——讀中山陵檔案	檔案與建設2003(10),44~46
17	賴德霖	閱讀呂彦直	讀書2004(8),75~81
18	鄢增華	呂彦直設計監造中山陵	炎黄春秋2006(9),58~60
19	德文	淺議呂彦直與墨菲就當年南京政府中心選址和構思之辯	北京規劃建設,2008(4),106~108

20	顔曉燁	中山陵的建設	裝飾2008（2），43
21	顔曉燁	呂彥直	裝飾2008（7），68
22	盧潔峰	廣州中山紀念堂鈎沉	廣東人民出版社，2003
23	盧潔峰	呂彥直與黃檀甫——廣州中山紀念堂秘聞	花城出版社，2007

我們擬就目前所掌握的部分數據（圖紙，文字，見下表），結合其經歷，對呂彥直先生的設計思想進行初步探究。

呂彥直設計作品列表

序號	名稱	目前圖紙資料館藏機構	備注
1	上海銀行公會	上海市城建檔案館	
2	中山陵	南京市城建檔案館	
3	中山紀念堂紀念碑	廣州市檔案館	廣州中山紀念堂館藏部分復印圖紙
4	廖仲愷墓	南京市城建檔案館	廖墓呂彥直原圖未見，該館現藏劉福泰建築師1935年7月的硫酸紙圖、藍絹圖紙

呂彥直文字圖稿列表

序號	名稱	資料出處	備注
1	孫中山先生陵墓建築圖案說明書	申報.1925年9月23日	
2	Memorials to Dr. Sun Yat-sen in Nanking and Conton（南京與廣州之孫中山先生紀念物）	The China Weekly Review, Oct.1 0, 1928	英文
3	規劃首都都市區圖案大綱草案	國民政府首都建設委員會編印.首都建設（第一期）.1929年10月	
4	規劃首都都市兩區圖案	良友（第四十期），1929年	
5	光宇我兄大鑒	1928年6月5日	手稿
6	黃檀甫代表呂彥直在中山陵奠基典禮上的致辭[102]	1925年4月12日	手稿，黃檀甫書

客觀來說，呂彥直的設計思想受到美國著名建築師墨菲的深刻影響。墨菲設計的長沙雅禮大學教堂、教學樓及金陵女子大學的部分建築，美國建築師司南設計的南京金陵大學北大樓等在我國近現代建築史上具有重要意義，尤其是墨菲成熟的設計手法及對中國古典宮殿建築獨到的理解，把我國近代傳統復興式（中國固有式）建築提高到較高水平，又經官方的提倡，對我國各地近代建築的發展產生了深遠影響。

毋庸諱言，西方建築文化對中山陵設計影響巨大。譬如，有學者認爲，呂彥直的留法、留美經歷對理解中山陵、中山紀念堂的設計非常重要。首先，他的設計與法國、美國若干著名建築造型上直接關聯；其次，其作品深受學院派，也即19世紀後期、20世紀前期歐美建築界流行的以法國巴黎美術學院爲代表的古典主義藝術思想和訓練方式的影響。例如，廣州中山紀念碑凹曲綫形立面輪廓帶有巴黎埃菲爾鐵塔的特點；中山陵墓室的圓形墓壙設計則參照巴黎恩瓦立德教堂(Dome des nvalides, l679～1691)中的拿破侖墓以及紐約格蘭特墓(Grant' S Tomb, l897)，而祭堂的空間又受到華盛頓林肯紀念堂的影響。呂彥直《南京與廣州之孫中山先生紀念物》一文："墳墓之外表與中國普通墳墓同。唯内部頗形精致。自外面之欄杆，可直望石棺，與紐約格蘭特墳墓及巴黎拿破侖墓同樣……孫氏銅像，安放祭堂内，與華盛頓林肯祭堂相似。"另外，中山陵祭堂和中山紀念堂兩棟建築外觀受到美國兩棟著名的新古典建築，華盛頓的泛美聯盟大厦(Pan American Union)和紐約哥倫比亞大學的婁

[102]黃建德藏黃檀甫手稿（未刊稿）.此係黃檀甫先生書寫手稿，應表現呂彥直、黃檀甫二人共同的思想.

[103]賴德霖.閱讀呂彥直. 讀書, 2004(8), 78~80.

[104]德文.淺議呂彥直與墨菲就當年南京政府中心選址和構思之辯.北京規劃建設, 2008(4), 108.

[105]黃建德藏呂彥直手稿(未刊稿)

[106]德文.淺議呂彥直與墨菲就當年南京政府中心選址和構思之辯.北京規劃建設, 2008(4), 107.

[107]夏光宇, 上海青浦人, 早年入北京大學攻讀建築學, 畢業後曾任交通部技正、路政司科長、廣三鐵路管理局局長等, 見 (民國)總理陵園管理委員會編.總理陵園管理委員會報告(上)·導讀.南京: 南京出版社, 2008年, 第7頁.1927年4月27日, 葬事籌委會第四十五次會議決議:"聘請夏光宇君爲籌備處主任幹事"(南京市檔案館、中山陵園管理處編.中山陵檔案史料選編.南京: 江蘇古籍出版社, 1986年, 第102頁);1927年5月2日, 第四十六次會議議決:"由主任幹事夏光宇君與林常務委員, 切實向呂建築師暨姚新記磋商整頓辦法"(南京市檔案館、中山陵園管理處編.中山陵檔案史料選編.南京: 江蘇古籍出版社, 1986年, 第103頁)。此後, 夏光宇一直任此職參與相關會議;後改任總務處處長。

氏圖書館(Low Library) 的影響。如繼續追問中山陵和中山紀念堂的古典主義原型, 還可以看到法國古典主義名作——路易十五皇帝小特里阿儂別墅(Petit Trianon, l762~1768)所代表的左右三段式的立面構圖, 以及意大利維晉寨圓廳別墅(Villa Rotanda, 16世紀中葉)所代表的"希臘十字"平面建築的影響。呂彥直顯然採用了一種"翻譯"手法: 將西方的柱式變爲中式立柱, 將西式直坡屋頂改成中式琉璃瓦曲綫屋頂, 將西式山花和柱式門廊改成中國式重檐立柱門廊, 又將鼓座之上西式穹隆頂改成中式八角攢尖頂。概括言之, 他將西方古典建築語匯用中國古代建築構件替代, 仍舊按西方"語法"體系——構圖原理組合, 此種"翻譯"手法是20世紀50年代我國建築界類似設計實踐的先聲[103]。

但我們更應看到, "20世紀20~30年代海外學成歸來的呂彥直等愛國知識分子面對的是一個貧弱的國家。他們雖然受到的是西方建築教育, 但對於中、西建築文化的精髓領悟深刻, 故不遺餘力地在大型公共建築的設計理念上維護中國建築傳統, 并力圖打破外國建築師壟斷國內主要建築設計的局面" [104]。

何況, 呂彥直的國學修養深厚, 其對我國傳統文化了然於心, 對明清建築文化有着更深刻的理解。如黃檀甫代表呂彥直在中山陵墓奠基典禮上的致辭: "我國今天所存之明孝陵, 及北方明十三陵、清東陵等, 皆在建築上具最貴之價值。" [105]

再如, 1929年7月, 李錦沛、黃檀甫二人接受上海《字林西報》(NORTH—CHINA DAILY NEWS) 的採訪, 介紹呂彥直南京市政府中心選址思想時, 明言 "呂彥認爲中國近代建築師應循明代建築天才之足迹, 這些古代天才們設計和建造了中國諸多無與倫比的建築物……" [106]。

結合本書已有的具體設計構思分析, 認爲中山陵、中山紀念堂建築平面布局、外部造形、使用色彩等, 誠然是我國傳統建築文化的現代化詮釋。因此, 客觀評價應是呂彥直在自己的設計中融合東、西方建築文化精髓, 創造出中西合璧的偉大建築。

幸運的是, 黃檀甫先生之子黃建德先生向筆者提供了三份珍貴的手稿, 一是呂彥直寫給時任總理葬事籌備委員會駐寧辦事處主任幹事夏光宇先生[107]的一封信(全文詳見附錄);一是黃檀甫手寫的代表呂彥直出席中山陵奠基典禮上的講話(可作爲他們共同的心聲, 全文詳見附錄);另一是呂彥直《建設首都市區計劃大綱草案》(全文詳見附錄)。這兩份未刊稿、一份手稿與其他呂彥直發表的文章一起, 對我們理解呂彥直的設計思想至關重要。綜合呂彥直先生的相關文稿, 著者將其建築思想初步歸納以下三個方面。

第一、現代建築設計

(1) 公共建築, 爲吾民建設精神之主要的表示, 必當採取中國特有之建築式, 加以詳密之研究, 以藝術思想設圖案, 用科學原理行構造, 然後中國之建築, 乃可作進步之發展!

(2) 而在國府區域以內, 尤須注意於建築上之和諧純一, 及其紀念性質, 形式與精神, 相輔而爲用;形式爲精神之表現, 而精神亦由形式而振生;有發揚蹈厲之精神, 必須有雄偉莊嚴之形式;有燦爛綺麗之形式, 而後有尚武進取之精神。故國府建築之圖案, 實民國建設上關係 至大之一端, 亦吾人對於世界文化上所應有之貢獻也。

(3) 凡有一價值之建築, 猶之一人必有其特殊之品格;而其品格之高尚與否, 則視其圖案之合宜與否。

(4) 民治國家之真精神, 在集個人之努力, 求供大多數之享受。故公衆之建設, 務宜宏偉而壯麗;私人之起居, 宜尚簡約。

第二、傳統建築遺產

(1) 我國今日所存之明孝陵及北方明十三陵、清東陵等, 皆在建築上具最貴之價值。

（2）一國家、一民族之興衰，觀之於其建築之發達與否，乃最確實之標準。蓋建築關於民生之密切，無不表示其文化之程度也。故中華民族而興隆，則中華之建築必日以昌盛。吾人因此而發生第二種感想與希望。夫建築者，在足以表示吾民族之文化矣。

（3）中國之建築式，亦世界中建築式之一也。凡建築式之形成，必根據於其構造之原則。中國宮室之構造制度，僅具一種之原理，其變化則屬於比例及裝飾。然因於其體式之單純，佈置之均整，常具一種莊嚴之氣韻，在世界建築中占一特殊之地位。西人之觀光北平宮殿者，常嘆爲奇偉之至，蓋有以也。故中國之建築式爲重要之國粹，有保存發展之必要。

第三、建築文化教育

（1）由中央特設一建築研究院之類，羅致建築專才，從事精密之探討。冀成立一中國之建築派，以備應用於國家的紀念建築物。此事體之重要，關係吾民族文化之價值，深願當局有所注意焉。

（2）故今希望社會對此建築學，無再視其無足輕重，當設法提倡教育本國人才，興立有價值之建築物。……

上述文字，多有真知灼見，爲我們尋找中華建築文化的精髓開闢了一個行之有效的途徑。當然，呂彥直先生的一些規劃設計思想，尤其是規劃首都（南京）計劃中，存在着不少可商榷之處※。但瑕不掩瑜，這正需要建築學科後來者，在前人的基礎上奮力前行。

三、探索我國現代建築之路

中西文化交流由來已久，中西建築文化交流亦然。據戴裔煊先生研究，1557年葡萄牙人開始在澳門，用磚瓦木石建造永久性的房屋并修築炮臺，出現高樓大厦[108]。由此，澳門是在中國領土上出現的最早外國租借地，西式建築隨之而入，出現了新式房屋、街道和洋行[109]等。當然，此時的中國文化對西方也產生激蕩，如我國造園藝術對歐洲的影響，18世紀的英、法等西方國家自然風景園興起，掀起"中國熱"等。

有識者論曰："在建築領域裏，由於雙方歷史文化等方面的巨大差异，中國建築中的主流文化始終沒有對西方產生巨大的影響。最典型的變化是：西方在18世紀出現了'洛可可'藝術和自由佈局的'自然風致園'、'英中式園林'；與此同時，中國也接納了西方建築，以圓明園西洋樓的創作而達到了頂峰。"[110]客觀而論，我國傳統建築文化確實對西方日常生活中的建築類型影響甚小。著者認爲，其主要原因可能還在於使用材料的不同，因爲使用的材料深刻影響着構造思維[111]。

呂彥直對我國傳統建築遺產的歷史文化價值是充分肯定的。但呂彥直也認識到："宮殿之輝煌，不過帝主表示尊嚴，恣其優游之用，且靡費國幣，而森嚴謹密，徒使一人之享受，宜爲民衆所漠視。至於寺宇之建築，則常因自然環境之優美，往往極其莊嚴玄妙之現，但考其建築之原理，則與宮殿之體制，略無殊异"也就是，一般而言，因多種原因（如使用材料、結構體系等），我國傳統建築各種類型之間的結構體系區別，確實不是太大。

鑒於此，呂彥直先生提出："公共建築，爲吾民建設精神之主要的表示，必當採取中國特有之建築式，加以詳密之研究，以藝術思想設圖案，用科學原理行構造，然後中國之建築，乃可作進步之發展。"也就是在深入探究我國獨有建築文化的基礎上，將我國傳統建築與現代思想、藝術、科技、材料等相結合，探尋我國現代建築之路。這一遠見卓識，迄今仍具有現實的指導意義。

一直以來，幾代建築學人不懈地探求我國現代建築之路。20世紀20年代以來，以歸國留學生爲主體的我國

※ 譬如：1、（民國）中央政府區，或即稱國府區，位於明故宮遺址。地段既極適合，而其間殘迹殆盡，尤便於從新設施（按：明故宮地上、地下遺存衆多，歷史文化價值巨大，現爲全國重點文物保護單位。）；2、外國專家，弟意以爲宜限於施行時專門技術需要上聘用之。關於主觀的設計工作，無聘用之必要（按：呂彥直自己的文字"華盛頓京城之擘畫，成於獨立戰爭之後，出於法人朗仿之手"。）；3、"京市區先就城中南北兩部改造之，而東南兩面，則拆除其城垣，以擴成爲最新之市區。夫城垣爲封建時代之遺物，限制都市之發展，在今日已無存在之價值"。"規劃此區，首在拆卸東南兩面之城垣，鏟平其高地，而填没城内外之濠渠，以便鋪設道路"（按：南京明代城垣是全國重點文物保護單位。）；4、秦淮河爲城内惟一水道，而穢濁不堪，宜將兩岸房屋拆收，鋪植草木成濱河之空地，以供閭市居民游息之所。至其橋梁，則須改建而以美觀爲目的（按：秦淮河兩岸歷史文化遺存衆多，爲老南京之根本）等．

[108] 戴裔煊.關於葡人居澳門的年代問題.澳門史與中西交通研究.廣州：廣東高等教育出版社，1998.

[109] 李曉丹.17—18世紀中西建築文化交流.天津：天津大學博士學位論文，2004.

[110] 李曉丹.17—18世紀中西建築文化交流.天津：天津大學博士學位論文，2004.

[111] 馬曉.中國古代木樓閣.北京：中華書局，2007.

[112]鄒德儂.中國現代建築史.天津:天津科學技術出版社,2001.

[113]鄭曉笛.呂彥直——南京中山陵與廣州中山紀念堂.建築史論文集(第14輯).北京:清華大學出版社,2001.

[114]林克明.廣州中山紀念堂.建築學報1982(3),41.

第一代建築師群體逐漸登上歷史舞臺,表現出很高的學術素養、嫻熟的設計技能和強烈的愛國情操。他們或投身建築設計實踐,或從事建築教育,成爲奠定我國現代建築、開闢我國現代建築設計的中堅[112]。呂彥直先生可謂其中之佼佼者,他有着深厚的中西文化修養,更有踏實認真的態度、一絲不苟的精神,由此"呂彥直才成爲中國建築史上具有轉折意義的重要建築師"[113]。

誠如著名建築家林克明先生所言,肯定中山紀念堂的民族建築風格,不等於主張今天的建築要照搬當時的建築手法,風格是有時代性的。正如歷史上的優秀風格不一定適用於今天一樣,今天的優秀風格也未必適用於將來。建築創作與其他方面一樣,我們必須把不斷創造新風格與發揚民族特點、民族傳統結合起來,既有"發揚"、又有"創新",如此才有强大的生命力。因此,祇有把握時代精神,深入研究本民族的優秀傳統手法,才能創造適合我國國情的建築新風格[114]。

值得注意的是,呂彥直、黃檀甫兩位先生協作中標、承擔南京中山陵、廣州中山紀念堂紀念碑設計時,年僅爲三十歲左右,他們所表現出的年輕人非凡的創造力、吃苦耐勞、勇於任事、敢於任事、能够任事的踏實精神,令人驚嘆! 這是極其值得我國一代代青年人認真反思,努力學習的。尤其在當今我國一代代獨生子女逐漸成長、承擔建設社會之責任的社會現實面前,更顯其實際意義。

當時的建築師積極參與生產第一綫,將民族形式與近代科技相結合,進行了很有見地的探索,取得了歷經時間洗禮的巨大成就。由此可見,理論研究不能脱離生活實踐,無論建築理論、建築歷史皆然。優秀的建築無疑應積極表現時代精神,建築師更要把握、謳歌時代精神。這就需要我們建築師具有高度的責任心、操守有信仰的性靈等,如此方能取得跨越時空的成果,形成我們自己的、令人信服的中國現代建築理論與流派,這是對今天建築學人的重要啓示。

當前,我國改革開放已30周年,積累了一定的經濟能力;普通民衆在解決基本居住條件後,對建築文化也有着更高的追求;我國近百年來的現代建築探索也已積澱了較好的學術基礎等,以此爲契機,我們應當也必須進一步深入研究、探索具有中國特色的現代建築之路。

建築師呂彥直

孫中山先生與世長辭,紀念他的兩大建築——南京中山陵、廣州中山紀念堂紀念碑,分別爲我國政府首次、第二次面向全世界公開徵集設計方案的頭獎作品,且均出自同一位中國建築學人之手而名動一時,堪稱絶響!

這位建築設計巨匠就是我國近代著名建築師呂彥直先生。

一、呂彥直簡歷

呂彥直(1894~1929),字仲宜,又字古愚。

1894年7月28日,出生於天津。父親呂增祥,係清朝官吏,李鴻章之幕僚,曾任駐日使館參贊,回國後任知州,於1903年辭世。

1904年,二姐呂靜宜隨其夫嚴伯玉(啓蒙思想家嚴復先生長子)赴法國巴黎就任大清國駐法參贊,呂彥直亦隨往,并在法國接受啓蒙教育。

1908年,嚴伯玉卸任携眷歸國,呂彥直遂返回天津。經嚴伯玉介紹,入北京五城學堂,師從著名學者林紓先生讀書[115]。

1911年,清華學堂初設(1912年更名清華學校),經考試就學於清華學堂留美預備部。

1913年,公費赴美,入康奈爾大學[116],先攻電氣專業,後轉入建築系學習。

1918年,康奈爾大學建築系畢業,獲建築學學士學位。隨後入紐約墨菲[117](Henry K.Murphy)建築師事務所工作。其間,協助墨菲在中國的項目,參與設計金陵女子文理學院(現南京寧海路122號,南京師範大學)、燕京大學(現北京大學)等。曾跟隨墨菲考察北京故宮建築群(畢業於清華學堂的呂彥直,對北京等地的古建築應當早有游歷),測繪、整理了大量的我國古建築圖案。客觀而言,這段協助墨菲建築師的工作、考察經歷,對呂彥直影響甚大,爲其日後創作打下了深厚的基礎。

1921年初,游歷歐洲後歸國,入墨菲事務所上海分所,繼續金陵女子文理學院的設計工作。

1922年3月,因故辭職,轉而供職於過養默、黃錫麟開設的東南建築公司[118]。

東南公司合同期滿後,呂彥直與摯友黃檀甫[119]一起離職,合辦"真裕公司",承接建築設計、修繕設計及房屋租賃等業務。

1925年9月20日,奪得我國第一次舉辦的國際設計競賽——中山陵設計頭獎,名動中外。兩日後(22日),呂彥直與黃檀甫在"真裕公司"名下創立"彥記建築事務所"。有研究者認爲,這是第一家中國人自己成立的事務所[120]。

1925年11月3日,呂彥直以"彥記建築事務所"名義與"總理葬事籌備委員會"簽訂中山陵設計合同,擔任中山陵建築師,立即投入到緊張的繪圖工作之中。

1926年2月23日,《廣州民國日報》刊載《懸賞徵求建築孫中山先生紀念堂及紀念碑圖案》,呂彥直廢寢忘食、抱病應徵,再次奪魁。以兩個年輕人剛剛注冊的建築師事務所,承攬設計、監理一個國家同時期最重要的、對後世影響巨大的兩項工程,可謂空前絶後。

1927年10月,呂彥直與張光圻、莊俊、巫振英、范文照等創立中國建築師學會(初名上海建築師學會),莊俊任會長,呂彥直、范文照任副會長。

1927年11月27日,參與大學院藝術委員會工作;1928年5月,任大學院藝術教育委員會委員[121]。因長期超負荷工作、過度勞累,加以做事一絲不苟、認真踏實,才華橫溢的呂彥直積勞成疾。

1928年初,被確診爲腸癌。

1929年3月18日凌晨逝世,年僅35歲。天妒英才,巨星早隕。

二、關於呂彥直先生身世

關於呂彥直先生的身世,在其生前身後流傳多種説法:山東東平人[122],安徽滁縣(今滁州)人[123]、江蘇江寧人。這其中,籍貫爲安徽滁縣之説,近來漸爲多數研究者所採納;更有學者盧潔峰女士以其親赴山東調查所聞,斷然否認彥家與山東的關係;而持籍貫江寧説者,除以1929年3月21日《申報》、《上海民國日報》、《廣州民國日報》、《新聞報》等發佈的關於呂彥直病逝"通稿"爲依據外,似乎還可找到另一根據:呂彥直先生自己曾説"南京爲弟之桑梓"。

《申報》:"名工程師呂彥直逝世。曾得設計紫金山陵墓圖樣首獎。工程師呂彥直,於前年設計紫金山

[115]林紓(1852~1924年),中國近代著名文學家、翻譯家。原名群玉、秉輝,字琴南,號畏廬、畏廬居士,别署冷紅生。晚稱蠡叟、六橋補柳翁、踐卓翁、長安賣畫翁、春覺齋主人等,福建閩縣(今福州)人。光緒八年(1882年)舉人,官教諭。工詩古文辭、擅畫,以意譯外國名家小説見稱於時。初譯法國小仲馬小説《茶花女》爲《巴黎茶花女遺事》(1899年),影響巨大,爲我國翻譯西洋小説之始,共翻譯英、法、美、比、俄、挪威、瑞士、希臘、日本和西班牙等十幾個國家小説達180餘部。人稱"近代翻譯之祖"、"譯界之王"。陳傳席.評現代大家與名家·林紓.國畫家.2008(2),6.

[116]有人誤稱呂彥直畢業於上海交通大學。見 徐友春、吳志明.孫中山奉安大殿.北京:華文出版社,1989.

[117]墨菲(Henry Killem Murphy,1877—1954),美國建築師。1899年畢業於美國耶魯大學,獲學士學位。1908年開辦建築事務所,在美國内以設計殖民地式建築而著稱。1914年初次訪問中國,主持清華大學校園規劃和建築設計。在此期間,考察了大量中國建築。尤其是參觀紫禁城後,認爲這是"世界上最美麗的建築",故對以其爲代表的中國官式建築造型藝術進行了深入的研究,造詣精湛。他曾總結出中國官式建築的五個基本特徵:反曲屋頂(curving roof);布局的有序(order liness of arrangement);構造的真率(frankness of construction);華麗的彩飾(lavish use of

gorgeous color）；建築各構件間的完美比例（the perfect, propotioning, one to another, of its architectural elements）。外國建築師中, 他是設計中國古典復興式建築最著名者, 其貢獻在於把中國古典復興式建築推向定形。參見: 賴德霖."科學性"與"民族性"——近代中國的建築價值觀（上）.建築師.第62期. 北京: 中國建築工業出版社, 1995.

[118]盧潔峰.呂彥直與黃檀甫——廣州中山紀念堂秘聞.廣州: 花城出版社, 2007.

[119]黃檀甫（1898—1969）, 名黃傳國, 號檀甫; 祖籍廣東臺山。1920年畢業於英國利茲大學毛紡。先後雇於香港金興製造廠工程師, 1921年轉聘於東南公司任 "紡織部主任"。稍後與呂彥直合作, 創立 "真裕公司"、"呂記建築事務所" 等。他與呂彥直先生珠聯璧合、互爲臂膀, 是學識精湛、善於組織、交誼廣泛的人才, 更是呂彥直設計、監理南京中山陵、廣州中山紀念堂及紀念碑的全權代表。呂彥直逝世後, 爲收藏、保護呂彥直所有圖紙、書籍、照片等數據殫精竭慮、歷經磨難而矢志不渝, 直至 "文革" 期間含冤而逝。目前, 我們能夠得到的有關呂彥直先生的重要資料, 幾乎均歸功於黃檀甫先生, 他是呂彥直先生一生的摯友.

[120]鄒德儂.中國現代建築史.天津: 天津科學技術出版社, 2001; 周惠南.打樣間.

[121]賴德霖.閱讀呂彥直.讀書.2004（8）, 77~78.

總理陵墓圖案, 獲得首獎。忽於本月十八日患腸癌逝世, 年僅三十六歲。呂彥直字古愚, 江寧人, 而生於天津……。" [124]

呂彥直1928年6月5日致夏光宇函中寫道: "定都南京爲總理最力之主張。在弟私衷以爲此鐘靈毓秀之邦, 實爲一國之首府, 而實際上南京爲弟之桑梓, 故其期望首都之實現尤有情感之作用……。" [125]

一個人的成就與其籍貫本非攸關宏旨, 但爲將來的縱深研究着想, 考證一個人的確切籍貫, 也是有必要的。爲此, 本文在寫作中有幸得到了呂彥直先生的侄外孫女薛曉育女士的幫助, 可以確認:

1、呂家近幾代一直明白無誤自認是安徽省滁縣人, 呂彥直先生之胞兄呂彥深先生留有文件可資證明;

2、呂家籍貫與江寧沒有關係, 呂彥深、呂彥直的父親呂增祥原籍本不是安徽省滁縣, 爲應試科舉, 借滁縣籍赴考, 故從那時起, 呂家籍貫及正式爲安徽省滁縣人氏。

爲此, 薛曉育女士向本文作者之一的殷力欣出示其外祖父呂彥深先生（即呂彥直先生胞兄）1914年出任駐巴拿馬總領事館主事時的文件一幀, 上明確記載: "總領事館主事呂彥深, 現年二十四歲, 安徽滁縣人。三代: 曾祖如松（歿）、祖鳳翔（歿）、父增祥（歿）……" 至於 "借籍赴考" 之前的呂家出自何省份, 薛曉育女士表示: 遠祖確係山東人氏, 但不一定是東平人——因年代久遠, 已無家譜之類的確切記載。至此, 我們可以明確說: 呂彥直, 出生於天津, 籍貫安徽滁縣, 遠祖來自山東。（圖66）

至於呂彥直先生之自謂 "南京爲弟之桑梓", 則可確認: 此處的桑梓, 因呂先生曾在此地學習、生活、工作（在設計中山陵之前, 即曾協助墨菲設計過金陵女子文理學院等作品）, 對南京懷有很深的感情, 故其視南京爲故鄉（桑梓）或第二故鄉, 也是很正常的。此外, 早在明代, 南京、滁州一帶均屬省級建制的南京（南直隸）範圍之內, 直到清初, 江蘇、安徽也同屬江南省。故無論江寧人、滁縣人, 在明代都可以自稱爲南京人, 在清初則可自稱江南人, 猶如今之保定人或張家口人都可以泛稱爲河北人。以中山先生赴明孝陵謁陵爲例, 民國初年許多人也確有在多種領域 "反清復明" 的意識。因此, 如果呂彥直在撰文時以滁縣人爲大行政區劃意義上的南京人, 也無不可, 何況當時的南京確實已恢復了首都地位, 呂彥直正在從事這個民國首都的規劃工作。

綜合上述, 有關呂彥直先生的籍貫, "滁縣籍貫說" 應無疑義。而呂彥直先生視南京爲故鄉或第二故鄉, 則從一個側面反映了呂彥直本人之心理、文化認同, 也說明他殫精竭慮地設計中山陵、規劃南京城市建設, 是帶有很大程度的對南京這個第二故鄉的眷戀和文化歸屬情愫的。

三、合作人黃檀甫的貢獻

我們今天還能夠見到呂彥直先生遺留下的設計圖紙、模型, 中山陵、中山紀念堂的建築施工過程照片等相關資料, 不能不提到黃檀甫先生, 不能不了解黃檀甫先生爲保留下這些數據, 所付出的巨大代價。

黃檀甫（1898~1969）, 名傳國, 字 "檀甫", 以字名世。

1898年3月27日出生, 祖籍廣東臺山小江墟土滘村。

1911年, 黃檀甫隨本家人黃鬱秀到英國利物浦市的一個雜貨鋪當學徒。因緣巧合, 被利茲中學女教師克拉克收爲養子, 入利茲中學讀書。

1917~1921年, 黃檀甫就讀於英國利茲大學毛紡系。

1921年6月底畢業, 旋被香港金興織造廠聘爲工程師。

1921年初，呂彥直在紐約墨菲建築師事務所辭職游歷歐洲，與黃檀甫邂逅於法國巴黎羅浮宮。

1921年秋，黃檀甫辭職香港公司轉道上海，入東南建築公司，任"紡織部主任"。

1923年，黃檀甫與呂彥直合辦真裕公司。

1925年，呂彥直獲得中山陵國際設計競賽首獎後，即與黃檀甫合作，在上海仁記路25號，成立"彥記建築事務所"，作爲真裕公司名下的分支機構。呂彥直主要負責建築設計、施工圖繪制；黃檀甫負責對外聯絡與工程計劃、監理等事務。

1926年初，呂彥直抱病入院[126]，黃檀甫多次全權代表呂彥直處理事務，履行對內、對外職責。

1926年3月12日，中山陵奠基禮，黃檀甫代爲出席，并在典禮大會上發言（見本書附錄）。

1927年10月30日，黃檀甫抵達廣州，與孫中山先生廣州紀念堂籌委會（第七次會議）接洽。

1928年6月20日，黃檀甫以呂彥直建築師全權代表身份，在"廣州紀念堂籌備委員會第十二次會議"上作報告。

1929年1月15日，廣州舉行廣州中山紀念堂、紀念碑奠基典禮，黃檀甫全權代表呂彥直出席等。

除1928年10月呂彥直特派建築工程師裘燮均，向廣州中山紀念堂籌備委員會報告紀念堂地基事宜外，諸多重大交涉，均是黃檀甫全權代表。

1929年3月18日呂彥直逝世，黃檀甫爲撰寫"建築師呂彥直病逝"的消息，分別在《申報》、《上海民國日報》等登載，并主持了呂先生未竟事業的完成。

1929年4月3日，孫中山喪事籌備委員會舉行第六十六次會議，專門研究中山陵建築師繼任問題，通過了《繼承呂建築師工作案》、《承認此項工程用彥記事務所名義，由彥記建築師李錦沛繼任陵墓建築師》兩議案。同年5月，李錦沛、黃檀甫代表彥記建築事務所驗收中山陵二部工程。

1930年，黃檀甫與李錦沛一起，共同負責南京中山陵第三部工程和廣州中山紀念堂的建築設計、施工監理，奔波在滬—寧—粵三地（建築師李錦沛完成施工方案，結構工程由李鏗、馮寶齡設計）。

1931年10月，廣州中山紀念堂主體工程竣工（同年12月，南京中山陵全部完工後，李錦沛單獨成立建築事務所）。至此，黃檀甫獨立承擔廣州中山紀念堂的配套、收尾工程。

據黃檀甫後人黃建文、黃建德先生回憶，黃檀甫先生曾往在上海虹橋路276號（地處呂彥直曾經長期居住的虹橋療養院附近，抗戰後改爲1590號）購買26畝土地，興建別墅，其主要目的即是妥善保存呂彥直遺留的書籍、照片、手稿、南京中山陵及廣州中山紀念堂、紀念碑圖紙等珍貴資料。

黃檀甫先生曾對妻子黃振球女士說，別墅外形專爲懷念老友呂彥直而設計。據黃檀甫先生哲嗣黃建德先生回憶，別墅中專門闢出大房間，存放資料。圖紙是用1m×1m×1m，或1m×1m×1.5m的大松木箱封裝保存。這些大箱子，4個拼湊在一起，就是一張雙人床，房間中的大木箱一直疊高至屋頂。

1945年夏，爲防日本兵騷擾，黃檀甫又秘密將資料移至後花園的防空洞中，在日軍的狂轟亂炸中得以幸存。

1950年上半年，"上海市軍管會"通知黃宅讓與援華蘇聯軍官，限令黃家72小時之內搬離。黃檀甫反復叮囑妻子："首先必須將中山陵、中山堂紀念碑等建築圖紙、照片和呂彥直的圖書資料等全部搬出，其他東西盡力而爲之"，"搬遷時一定要保管好所有圖書資料"等。黃家搬至安亭路81弄5號，1951年秋又搬到永福路72弄1號。

1951年2月，黃檀甫第一次蒙冤入上海提籃橋監獄（呂、黃二人之真裕公司就此結業），1953年底出獄。

1959年，黃檀甫第二次蒙冤入獄，判刑4年[127]。因捐贈外匯有功，提前2年（1961年）釋放。此間，黃家生活極其窘迫，近400張廣州紀念堂紀念碑資料分次流出，幸被上海檔案館一老館員慧眼識珠（現藏廣州市檔案館）。

[122]顏曉燁.呂彥直.裝飾.2008（7），68.

[123]盧潔峰.廣州中山紀念堂鈎沉.廣州：廣東人民出版社，2003.

[124]著名工程師呂彥逝世.申報1929-3-21.

[125]見本書附錄一.

[126]1926年1月8日，呂彥直曾經出席葬事籌備委員會第20次會議（南京市檔案館、中山陵園管理處編.中山陵檔案史料選編.南京：江蘇古籍出版社，1986年，第78頁.），1926年3月12日，因病未能出席中山陵奠基典禮（直至1927年6月27日，第48次會議才又出席）。故呂彥直因病入院，當在1月8日後.

[127]1978年，黃檀甫家人就黃檀甫案件上訴。1982年，黃家接到《上海市黃埔區人民法院刑事判決書（60）黃刑申字第93號》："特判決如下：一、撤銷本院（60）黃刑字第93號判決；二、對黃檀甫宣告無罪".

1966年夏，"文革"爆發。1966年9月2日，多批"紅衛兵"先後查抄黃宅，圖紙、資料受損嚴重。黃檀甫痛遇巨創，老淚縱橫。

1966年10月6日晚，黃檀甫開煤氣自殺[128]，幸發現及時，送醫院急救脫險。同月，"造反派"繼續查抄黃家，沒收部分圖書資料（現藏上海博物館）。

1969年1月21日，黃檀甫先生在上海永福路72弄1號家中逝世，享年71歲。

1986年，孫中山先生誕辰120周年，黃檀甫後人遵黃氏遺孀黃振球女士之命，把中山陵、中山紀念堂紀念碑施工照片，黃檀甫代表呂彥直在中山陵奠基典禮發言手稿，呂彥直親手雕刻的5塊銅版、2塊鋅版、中山陵設計、建造中呂彥直、黃檀甫使用的德國造測量儀、計算尺、重錘等，無償捐獻（現藏南京博物院）。

綜上所述，黃檀甫與呂彥直先生、李錦沛建築師等團結協作的奉獻精神；他在施工過程中引進先進的現代管理理念；他破家捨命保護呂彥直所有數據所體現的信守承諾的可貴品德；他請上海最好的攝影師跟踪拍攝建造過程的深謀遠慮[129]；他諸事親力親為，一絲不苟的工作作風和高風亮節，均值得我們尊敬、緬懷！（圖67）

值得我們深思的是，在嘔心瀝血、乃至於獻出生命設計南京中山陵、廣州中山紀念堂這兩座獲得頭獎的建築後，呂彥直、黃檀甫身後卻幾乎一直寂寞無聲，可以說迄今也祇有極少數專業工作者對其偶有所聞，這其中的因緣頗為令人不解！

也許是由於政治的因素，或是由於呂彥直先生英年早逝，遺留的文字太少，或是由於後繼乏人……，更多的恐怕應是人為之因。歷史應該給呂彥直先生們應有的地位，建築學界也早應該給呂彥直先生以應有的學術地位，我們更應該隆重紀念自己的、如此杰出的、偉大的建築師！

孫中山先生生前希翼能夠長眠於南京紫金山，國民政府於紫金山修建中山陵，南京又為呂彥直先生所認可之桑梓，諸般巧合，暗含着諸般必然！

[128]黃家人回憶：黃檀甫在枕頭邊放了四件遺物：一包中山陵施工照片；一張呂彥直照片的底片；一張黃檀甫本人照片；一封給家人的"致歉信"。

[129]雖然，中山陵第二部工程合同明確規定："照片 承包人應於每月（或在較短的時間內）在建築師指定之地點，攝取八寸乘十寸照片二紙（背貼竹布，不用硬紙），以示工程之進行，呈交建築師留存。所有每次所攝底片上，依據建築師之指示，注明攝取日期并編號數，如遇工程進行時期內發生爭執時，以之作為證據"（總理陵園管理委員會。總理陵園管理委員會報告（上）。南京：南京出版社，2008年，第193頁。）。但是，自1929年5月中山陵第二部工程驗收後，黃檀甫便特邀當時上海著名的王開照相館的攝影師，把中山陵第三部及廣州紀念堂、紀念碑建造過程，全部拍照記錄，現存近200幅照片，彌足珍貴.

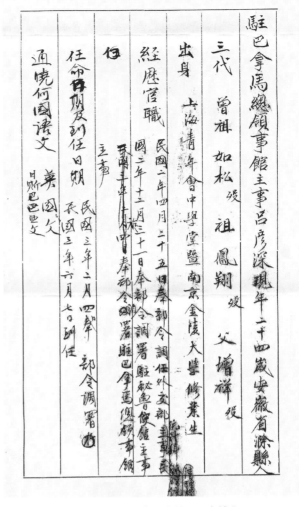

圖66.呂彥直胞兄呂彥深駐巴拿馬使館之人事檔案

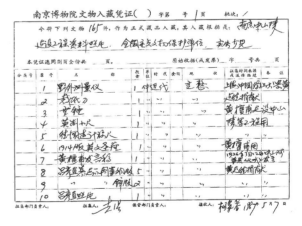

圖67.黃建德先生代父向南京博物院捐贈家藏資料之清單

奉獻的建造者

徜徉在中山陵肅穆、莊嚴的氛圍裏，注目歷盡歲月洗禮、雨雪風霜而無損的各單體建築，贊嘆其設計技巧之餘，也不能不嘆服其精湛的施工技藝。

出於對革命信仰的忠誠、對孫中山先生的崇敬，建造中山陵得到了眾多仁人志士的資助[130]，"華僑捐建紀念石亭，葉遐庵先生捐建默林紀念亭，旅美舊金山華僑捐建音樂臺，廣州市政府捐建紀念亭等"[131]，海内外踴躍捐款。這其中還有一種隱性的資助，不爲人所知、留意，那就是承擔巨額虧本而保質保量堅持營造的具體營建商，姚錫舟創辦的上海姚新記營造廠可謂其代表。

中山陵第一部工程姚新記營造廠承建，包括墓室、祭堂、石階、圍墻及石坡等陵園主體建築。1925年12月，《姚新記營造廠投標之説帖》云："當開賬之始，敝處即抱一名譽觀念、義務、決心，故處處播斥據兩，不肯稍事泛濫。……謹擬將敝處應得之車馬、監工等費及酌提工料漲落之準備金計二萬五千兩如數捐輸，藉以遵照委員會雅命，亦即崇拜偉人之表示也。"[132]他們確實不折不扣地做到了！

工程開始後，連年軍閥混戰，南京政局不穩，周邊時局不寧，工程深受影響，款項支付、材料運輸、人員召集等均非常艱巨，甚至工人安全都難以保障[133]。以石料爲例，吕彥直設計的中山陵以"石料爲第一重要材料，以達堅固、質樸、凝重之神韻"，這些石料都要從産地運來。此項工程中所需石料，或出於香港，或采自青島，最近則爲蘇州所産，而祭堂内墻和鋪地（按吕彥直設計的要求）採用意大利大理石[134]，這些材料幾經裝卸，沿路累被盤剥。運抵南京後，還須運到距紫金山底一百多米高的墓室工地上。直到1927年國民政府定都南京，時局安定下來以後，葬事籌備處由上海遷移至南京國民政府，政府給予材料運輸特予便利，才使得施工得以加快。但到1929年春第一期工程完工時，已經超過合同規定的期限兩年多，姚錫舟承建中山陵，質量要求嚴格，"這項工程是千秋大業，做好了，不但要留給子孫看，還要留給全世界的人看"[135]。雖然，姚錫舟殫精竭慮，最後還是虧銀達十四萬兩之巨，并因此漸停營造生涯[136]。

第二部工程由上海新金記康號營造廠承建，第三部是上海陶馥記營造廠（該廠還承建中山紀念堂）。陶馥記營造廠承建的中山紀念堂，因政局動蕩、經費奇缺，廣東國民政府經費緊張，影響了工程整體進度，至1931年10月10日，中山紀念堂紀念碑工程才基本建成，共歷時3年半，總計建築費用爲1 268 110兩。而大門樓和室内燈光、冷氣設備以及四周道路、綠化工程至1933年5月，才由香港宏益建築公司和廣州吳魁記營造廠先後完成[137]。

新金記、陶馥記與姚新記一樣，都是我國民營企業。與我國第一代建築師成長歷程相似，他們在上世紀20年代的崛起，改變了洋商對中國大型工程的壟斷。而80年的風雨，明證了中山陵等工程優良的建築質量，也驗證出中華民族團結的力量。

在戰亂紛飛的年代，偏於一隅的廣州國民政府，尚在竭力北伐。作爲專心營造孫中山陵墓的中山陵葬事籌備處，不可能調動起全國的力量。因此，中山陵寢營造費用最初主要由廣東一省籌措負擔。1927年定都南京後，伴隨着國内漸趨統一，中山陵建造費用才改由國民政府財政部直接開支。其時，仍然是戰亂甫定，車路擁塞、經費拮據。但在如此困難境遇之下，能夠組織起井然有序的公共工程招標程序，傾力建造這兩座浩大的建築群，相關組織、機構的辦事高效、公開透明、群策群力的工作方法，取得的優良效果，同樣值得肯定。

中山陵與廣州中山紀念堂這兩大歷史性的紀念建築，是在眾多的管理者、科技人員與修建工人的通力協作下取得的重大碩果，傾注了我國人民群眾的智慧與力量，是中華民族的珍貴財産，也是世界人民的寶貴財富。

[130]詳見：（民國）總理陵園管理委員會編.總理陵園管理委員會報告（下册）.南京：南京出版社，2008；（民國）總理奉安專刊編纂委員會編.總理奉安實録（二册）.南京大學歷史系資料室藏，1931.

[131]（國民政府）内政部年鑑編纂委員會編.内政年鑑1936（四·禮俗篇）.商務印書館，1936.

[132]南京市檔案館中山陵園管理處.中山陵檔案史料選編.南京：江蘇古籍出版社，1986.

[133]1927年4月17日，葬事籌備委員會第四十四次會議決議："請蔣總司令出示保護陵工"，南京市檔案館中山陵園管理處.中山陵檔案史料選編.南京：江蘇古籍出版社，1986.

[134]（民國）總理陵園管理委員會.總理陵園管理委員會（上）.南京：南京出版社，2008.

[135]姚昉.建造中山陵的姚錫舟.世紀2006（2），41.

[136]中國科學技術協會編.中國科學技術專家傳略·工程技術編·土木建築卷一.北京：中國科學技術出版社，1994.

[137]中國科學技術協會編.中國科學技術專家傳略·工程技術編·土木建築卷一.北京：中國科學技術出版社，1994.

本書前章《中山紀念建築概説》中曾提到：可以把狹義“中山陵”的概念擴大爲：以呂彥直設計之陵墓主體建築爲中心和主題，地域囊括靈谷寺至紫金山天文臺，時間上溯漢末、下迄當代的廣義“中山陵園”。行文至此，具體涉及中山陵與廣州中山紀念堂兩建築群的設計建造過程，我們再一次聯想到：繼這兩組紀念建築群之後，從抗日戰火中誕生之雲南省富源縣（原“平彝縣”）中山禮堂，到和平年代之臺北國父紀念館……哪一處中山紀念建築不是得到了民衆的擁戴和設計者、建造者的竭誠盡力的呢?！如此，我們在今天自然應當把“中山陵園”視爲一處“大文化遺産”加以整體性保護和研究，也更應當把包括海外遺存在內的每一處中山紀念建築都視爲一項“20世紀大文化遺産”的組成部分加以保護和研究，向世人闡釋其在當代華夏文明中不可替代的文化價值。

結語——為了中國文化精神之復興

一種文明之所以源遠流長，大抵源於其有頑強的自我再生（renaissance）能力，這種能力，又往往表現爲縱向的本民族歷史經驗之自省和橫向的採納他種文明之所長。此二者缺一不可：不以橫向採納爲緯，則失之於固步自封，無疑自弃於世界發展潮流；不以縱向自省爲經，則自掘文化生存根基，無疑自我消亡於他種文明。

維克多·雨果（Victor Hugo）在其偉大的文學作品《悲慘世界》（Les Misérables）中曾筆調沉鬱地向世人發出警示性責問：“（古）印度、巴比倫、波斯、亞述、埃及的文明都先後消失了，爲什麼?……在一個國家和一個民族的這種可怕的絶滅中，自殺的因素應占多大的比例呢?”

南京中山陵、廣州中山紀念堂這兩組紀念建築組群，堅守着本民族建築文化精神永存的信念，勇於自省其於歷史發展潮流中所亟待彌補之不足，博採居當時領先地位之西方建築技術與觀念，可謂以建築象徵着中山先生“歷史洪流，浩浩蕩蕩。順之則昌，逆之則亡”之警世木鐸，可謂是以建築尋求民族文化再生的偉大嘗試。

物轉星移，歷史又完成了一次世紀交替。我們所面臨的問題又有別於孫中山先生草創共和的時代，也有別於呂彥直們的建築時代。但是，我們依然從中山先生奮鬥歷程中，從我國衆多第一代建築師的建築文化探索中，感受着一種永遠力求厠身歷史洪流前列的時代精神特質。

參考文獻：

1.（民國）總理奉安專刊編纂委員會編.總理奉安實錄（二册）.南京大學歷史系資料室藏，1931.
2.（民國）三民公司編譯部纂.孫中山軼事集.上海：三民公司出版部，1926.
3.（民國）內政部年鑒編纂委員會編.內政年鑒1936（四·禮俗篇）.北京：商務印書館，1936.
4.（民國）總理陵園管理委員會編.總理陵園管理委員會報告（上、下二册）.南京：南京出版社，2008.
5.（民國）傅煥光.總理陵園小志.南京：總理陵園管理委員會，1933年.
6.（民國）孫中山先生葬事籌備委員會編.孫中山先生陵墓圖案.民智書局，1925.
7.（民國）總理陵園管理委員會編.總理陵園管理委員會報告.工程.南京：首都京華印書館，1931.
8.（民國）國都設計技術專員辦事處編.首都計劃.南京：南京出版社，2006.
9. 朱偰.南京的名勝古迹.南京：江蘇人民出版社，1955.
10. 南京市檔案館，中山陵園管理處.中山陵檔案史料選編.南京：江蘇古籍出版社，1986.
11. 南京市政協文史資料委員會.中山陵園史錄.南京：南京出版社，1989.
12. 李殿元.共和之夢——孫中山傳.成都：四川人民出版社，1995.
13. 徐友春，吳志民.孫中山奉安大典.北京：華文出版社，1989.
14. 王耿雄.孫中山史事詳錄.天津：天津人民出版社，1996.
15. 陸其國.千年不敗 中山陵紀事.上海：百家出版社，2004.
16. 孫中山紀念館.中山陵史話.南京：南京出版社，2004.
17. 翟國璋.南京臨時政府的政治制度.銀川：寧夏人民出版社，1993.

18. 劉敦楨.中國古代建築史.北京:中國建築工業出版社,1984.

19. 梁思成.梁思成全集.北京:中國建築工業出版社,2001

20. 劉敦楨.劉敦楨全集.北京:中國建築工業出版社,2007.

21. 卜承祖.世紀之交話中山.南京:南京大學出版社,1993.

22. 李卓彬.城市文化與廣州城市發展.香港:天馬圖書有限公司,2001.

23. 徐俊鳴,郭培忠,徐曉梅.廣州史話.上海:上海人民出版社,1984.

24. 廣州市越秀區地方志編纂委員會.廣州市越秀區志.廣州:廣東人民出版社,2000.

25. 盧潔峰.廣州中山紀念堂鈎沉.廣州:廣東人民出版社,2003.

26. 盧潔峰.呂彥直與黃檀甫——廣州中山紀念堂秘聞.廣州:花城出版社,2007.

27 盧海鳴,楊新華.南京民國建築.南京:南京大學出版社,2001.

28. 鄒德儂.中國現代建築史.天津:天津科學技術出版社,2001.

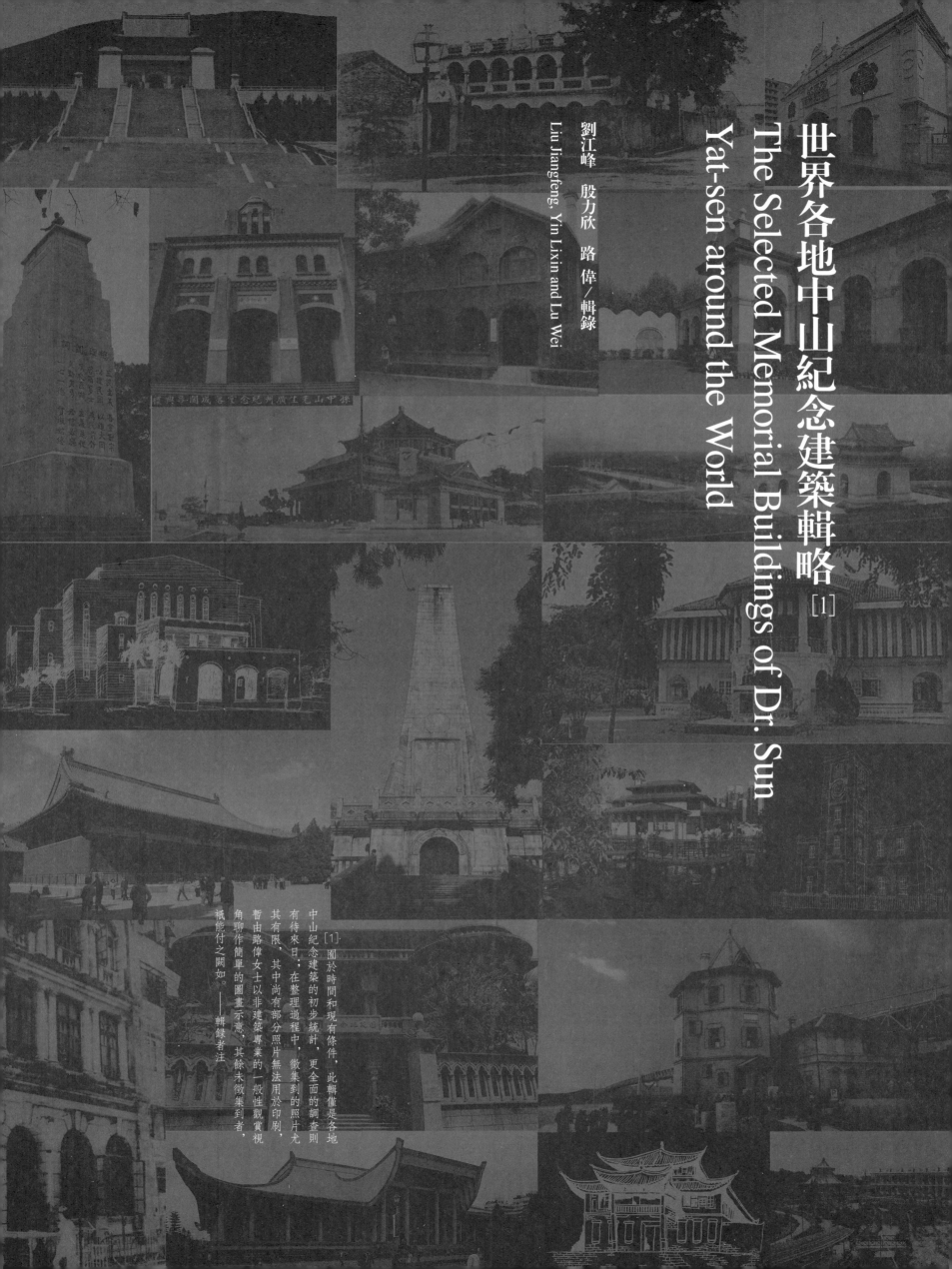

世界各地中山紀念建築輯略 [1]

The Selected Memorial Buildings of Dr. Sun Yat-sen around the World

劉江峰　殷力欣　路偉／輯錄

Liu Jiangfeng, Yin Lixin and Lu Wei

[1] 囿於時間和現有條件，此輯僅是各地中山紀念建築的初步統計，更全面的調查則有待來日；在整理過程中，徵集到的照片尤其有限，其中尚有部分照片無法用於印刷，暫由路偉女士以非建築專業的一般性觀賞視角聊作簡單的圖畫示意，其餘未徵集到者，祇能付之闕如。——輯錄者注

一、中山陵墓、紀念堂館碑亭等

據不完全統計，中國大陸、臺灣、香港、澳門乃至於世界其它各地區所建的中山陵墓和紀念堂、館、碑、亭類紀念建築，在歷史上總數曾達300座以上，至今仍然以中山先生名義留存下來的，至少仍有50座。今舉要如下。

1. 南京中山陵園（略）

2. 廣州中山紀念堂（略）

3. 孫中山先生衣冠塚

孫中山先生衣冠塚在北京香山碧雲寺內。1925年3月12日上午9時30分，孫中山先生在北京與世長辭，19日中山先生的靈櫬停放在中央公園（現中山公園），社會各界隆重公祭後，於4月2日靈櫬移至香山碧雲寺金剛寶座塔石券門內暫厝。南京中山陵落成後，1929年5月22日宋慶齡、孫科等親屬及醫、衛人員在這裏爲中山先生斂服，復大斂於待奉移之銅棺，將更換出的中山先生的衣帽，放回原斂之楠木棺中，封入金剛寶座塔石塔內。6月1日，中山先生的遺體於南京中山陵奉安禮成。爲紀念中山先生遺體暫厝之地，時國民政府在碧雲寺普明妙覺殿立"總理紀念堂"，在金剛寶座塔石券門內石塔立"總理衣冠塚"。1949年後，命名存放孫中山衣帽和原楠木棺的金剛寶座塔石券門石塔爲"孫中山先生衣冠塚"，以供後人瞻仰。

4. 廣東中山市翠亨鎮孫中山故居

廣東中山市翠亨鎮孫中山故居位於南朗鎮翠亨村，坐東向西，占地面積500m²，建築面積340m²，由遠在美國檀香山謀生的孫中山長兄孫眉於1892年出資，孫中山主持建造。該建築爲一幢磚木結構、中西結合的兩層樓房，並設有一道圍墻環繞着庭院。外表仿照西方建築。樓房正面上下層各有七個赭紅色裝飾性的拱門。屋檐正中飾有光環，環下雕繪一隻口銜錢環的飛鷹。樓房內部設計用中國傳統的建築形式，中間是正廳，左右分兩個耳房，四壁磚墻呈磚灰色勾出白色間綫，窗戶在正梁下對開。居屋內前後左右均有門通向街外，左旋右轉，均可回到原來的起步點。正門上挂一副對聯，曰："一樣得所，五桂安居"，據傳是樓宇落成後孫中山親筆撰寫的。庭院右邊設有一口水井，水井的周圍（約32m²）是孫中山誕生時的舊房所在地。1866年11月12日，孫中山誕生於此。故居正廳的擺設是孫中山親自佈置的。1883年，他從檀香山帶兩盞煤油燈回來，放置在橋臺上。

5. 南京孫中山臨時大總統辦公室

南京孫中山臨時大總統辦公室在南京長江路292號院內。此地原係清代兩江總督署衙，有建築群及東西花園等。歷經太平天國和民國期間的多次改造，形成匯集清代總督署、太平天國天王府、民國國民政府、民國總統府等的歷史建築群。建築風格則融清代官府建築、私家園林、西洋折衷主義建築和西方裝飾風建築等多種藝術形式於一體。孫中山臨時大總統辦公室在原清兩江總督端方所建煦園內，原爲西花廳，坐北朝南，面闊七間，中間有個設計精巧的亭形拱式門斗，由大門而入爲穿堂，原爲衣帽室，現陳列着孫中山的坐像。其右側三間，分別爲小會議室兼會客室、大總統辦公室和總統臨時休息室；左側三間爲一個大會議室，內閣會議及高級軍政聯席會議均在此舉行。煦園內還保存着一幢二層中式木結構小樓，爲中山先生當年擔任臨時大總統期間的起居室原址，室內陳設簡樸、整潔，體現了孫中山先生"天下爲公"的思想境界。

此地見證了中山先生就任中華民國臨時大總統，宣誓"傾覆滿洲專制政府，鞏固中華民國，圖謀民生幸福"的歷史時刻，也見證了1912年4月3日，中山先生爲謀求共和國體之確立而主動卸任的義舉。

6. 北京中山堂

北京中山堂位於中山公園內，原爲始建於明永樂十九年的明清兩代社稷壇拜殿，係明清皇帝祭祀或遇風雨休息之所。1925年孫中山先生去世後在此殿停靈，全國各界及北京市民約10萬人來此憑弔。1928年被正式命名爲中山堂。堂內立一座全高3.6m的孫中山身着中山裝漢白玉雕像，爲著名雕塑家程允賢設計制作。像後有黃色屏風，上懸中山先生手迹"天下爲公"四字。

7. 北京碧雲寺孫中山紀念堂

北京碧雲寺孫中山紀念坐堂座落香山碧雲寺內，原爲普明妙覺殿。今堂內正中安放中國國民黨中央委員會暨全國各地中山學校敬獻的中山先生漢白玉全身雕像，左右牆壁鑲嵌大幅漢白玉雕刻孫中山先生手書《致蘇聯遺書》。正廳西北隅陳列着1925年3月30日蘇聯政府贈送的玻璃蓋鋼棺，堂內還陳列有孫中山先生遺墨、遺著。

1925年3月12日上午9時30分，孫中山先生在北京與世長辭。19日中山先生的靈櫬停放在中央公園（現中山公園），社會各界隆重公祭後，於4月2日靈櫬移至香山碧雲寺金剛寶座塔石券門內暫厝。1929年5月，南京中山陵落成。5月22日，宋慶齡及親屬、醫、衛人員，在這裏爲中山先生斂服，復大斂於待奉移之銅棺，將更換出的中山先生的衣帽，放回原斂之楠木棺中，封入金剛寶座塔石塔內。之後，在碧雲寺普明妙覺殿（現紀念堂）設靈堂，舉行莊重的靈櫬奉移典禮。1929年6月1日中山先生的遺體於南京中山陵奉安後，國民政府將普明妙覺殿立爲總理紀念堂，1949年後更名爲"孫中山紀念堂"，匾額由孫夫人宋慶齡題寫。

8. 上海孫中山故居

上海孫中山故居在上海市香山路7號（原莫里哀路29號），歐式花園住宅。1918～1924年孫中山先生與夫人宋慶齡在此居住。此地是中山先生生前最後居住的寓所，著名的《孫文學說》和《實業計劃》在這裏撰寫。室內陳設係1956年宋慶齡按當年原樣佈置，絕大部分是原物。故居中有一幅孫中山就任臨時大總統時拍攝的照片，像框用五色木塊拼成，以紅、黃、藍、白、黑五色象徵着漢、滿、蒙、回、藏五個民族共和。相片的周圍用彩色絲帶圍成一個鐘形，意喻中山先生以革命之鐘聲喚起民衆。在餐廳中懸挂着一幅由孫中山親自繪制的上海地圖。

9. 香港"中山史迹徑"

香港"中山史迹徑"係由香港西區高街延伸到中區德忌笠街的歷史街區，沿街建築風格以中西合璧的殖民風建築爲主。將此街區命名

爲 "中山史迹徑"，是因爲這裏遺存着與中山先生早期革命活動相關的13處建築。

10. 香港孫中山博物館

香港孫中山博物館位於香港中西區衛城道7號。原爲建於1914年的甘棠第，係富商何甘棠家族的府第。該建築屬英皇愛德華時期的古典風格，內部裝修瑰麗堂皇，色彩斑斕的玻璃窗、柚木樓梯及鑲板隨處可見，建築至今保存良好。這裏鄰近孫中山先生在香港的歷史活動場所，附近還有不少文物景點。

香港特區政府於近年以5 300萬港元收購甘棠第，并投資9 100萬港元進行修葺，立爲孫中山博物館，以紀念中山先生在香港從事的革命活動。

11. 臺北國父史迹紀念館（梅屋敷）

臺北國父史迹紀念館位於臺北市中山北路與北平西路交會點，爲始建於1900年的日式木構建築，因庭院內廣植臘梅而得名 "梅屋敷"。孫中山第二次來臺灣時在此下榻，并向翁俊明、楊心如等革命黨人佈置重要工作。1945年抗日戰爭勝利後闢爲 "國父史迹紀念館"。

12. 澳門國父紀念館

澳門國父紀念館位於澳門文第士街1號，爲三層五開間西式建築，孫中山胞兄孫眉於1918年籌資興建，是中山先生早年在澳門從事社會活動的住所，素爲他所喜愛。今庭院內矗立一尊中山先生全身銅像，上鐫刻 "天下爲公" 四字，供人瞻仰。館內陳列有孫中山手迹、照片和他在澳門行醫時的物品。

13. 新加坡孫中山南洋紀念館（略）

14. 日本神户孫中山紀念館（移情閣）

日本神户孫中山紀念館位於日本神户市東舞子町2028-61號，爲六角形三層西式建築。原爲旅日華僑吴錦堂先生私人别墅，門楣"移情閣"三字系桐城才女吴芝瑛所書，孫中山早年曾在此居住。1984年闢爲孫中山紀念館。館内陳設"孫文的生涯"、"孫文在神户"、"孫文的遺墨"、"孫文與中國建設"等四部分展覽。

15. 廣東廣州孫中山大元帥府紀念館

孫中山大元帥府舊址位於廣州市紡織路東沙街18號，因孫中山1917~1925年間兩次在這裏建立大元帥府而得名。大元帥府總占地面積爲8 020m²，由南北兩座主體大樓、東西兩個廣場和正門等組成。兩座主體大樓爲三層券拱的殖民地式建築。廣東省農業機械公司1964年進駐大元帥府舊址後，在保護範圍内修建了三幢居民宿舍樓，其中正門處的六層居民宿舍樓，直接騎壓了大元帥府的原門樓，但殘存的門柱和基石仍清晰可見。西邊兩幢八層宿舍樓則爲大元帥府厨房、衛兵房等所在地。廣州市人民政府2001年起投入1 500萬搬遷六層居民宿舍樓，并復建大元帥府門樓。

孫中山逝世後，這裏曾是國父文化教育館兩廣分館、國父紀念館等。1949年後，先後成爲部隊和省有關部門的辦公用房，1964~1998年成爲廣東省農業機械供應公司辦公、居住用房。1998年10月，大元帥府舊址被移交給廣州市文物管理部門，籌建孫中山大元帥府紀念館，2001年底對社會開放。

16. 美國舊金山國父紀念館

即中山先生早年創辦《少年中國晨報》舊址，爲19世紀末典型的折衷主義建築，面積約5 500m²。《少年中國晨報》停刊後，改建爲舊金山國父紀念館。

17. 廣東廣州孫中山文獻館

1927年，旅居美國、加拿大、墨西哥、古巴等地華僑爲紀念孫中山，集資興建廣州市中山圖書館，1933年10月落成，係宫殿式建築物，緑瓦朱檐，頗爲壯麗。1955年省、市圖書館合併，改名爲廣東省中山圖書館。1986年廣東省中山圖書館遷到文明路新館後，原館遂改稱孫中山文獻館。孫中山文獻館建築面積7 900 m²，有183名工作人員，藏書265萬册，收藏有孫中山各類專著、傳記、研究資料、手迹、照片、録音唱片、辛亥革命資料及紀念品等，以孫中山文獻、廣東地方文獻、南海諸島資料和華僑史料爲其館藏特色。館内設有報告廳、展覽廳、閱覽室等。

18. 臺北中山堂

臺北中山堂原名"臺北公會堂"，係日本占領臺灣期間，於1928年爲紀念日皇裕仁登基，拆除清末布政使司衙門，而在原址興建。工程費時四年，耗資98萬日圓，動用94 500名工程人員，於1936年竣工。其建築本體採用鋼筋混凝土所造，爲四層式鋼骨建築，是當時依現代建築法所建最牢固的結構體，無論其耐震，耐火，耐風，其

性能均極爲優良。

1945年, 臺灣省侵華日軍受降典禮即在此舉行, 由臺灣省行政長官公署長官陳儀代表中國戰區最高統帥接受日方投降代表安藤利吉等人投降, 就此宣告被日本人統治51年的臺灣正式重返祖國懷抱。之後, "公會堂" 正式更名爲 "中山堂"。

19.廣東中山市孫中山紀念堂（略）

20.雲南富源中山禮堂

雲南富源中山禮堂位於富源縣（原 "平彝縣"）城内的中安鎮平街中段的北側, 坐北朝南, 民國三十二年七月(1943年)奠基開工興建, 1945年3月竣工。中山禮堂梁架的木結構技術爲 "抬梁式" 和 "穿斗式" 相結合, 材料是磚、石、木、陶瓦等, 内爲回廊式廳堂, 是兩樓一底的重檐廡殿頂, 高13.3m, 進深35.6m, 占地面積660 m²。

中山禮堂大門之上的門樓上建有觀閱臺, 門樓爲四角攢尖式頂。大門的拱形門楣正中銘刻着孫中山先生半身肖像, 肖像的左邊銘刻着 "忠孝仁愛", 右邊銘刻着 "信譽和平", 八個大字讓人們牢記孫中山先生所提倡的 "博愛" 與 "和平" 精神；大門石墻左邊銘刻着 "盤石千年", 右邊石墻上銘刻着 "同心協力" 和 "中山禮堂奠基紀念"；大門左邊石柱的東面銘刻着 "從容乎疆場之上, 沉潛於仁義之中", 北面銘刻着仿孫中山先生的 "富貴不能淫, 貧賤不能移, 威武不能屈, 此之謂大丈夫" 的題詞；右邊石柱北面也銘刻着仿孫中山先生的 "好學近乎

智,力行近乎仁,知恥近乎勇,則可治天下"的題詞,銘記孫中山先生的教誨;門樓正面窗子牆的右邊銘刻着"高明",左邊銘刻着"光大",四個大字贊美孫中山先生高風亮節,光明磊落的崇高品德和他偉大的一生;禮堂內一樓爲一大廳,北端設有集開會、演講、演出等多功能的臺子,廳中設置300餘個座位;二樓設有回廊,東西兩側設有包厢,三樓爲一大廳。中山禮堂木結構的梁架各銜接處采用中國古建築上的榫、卯技術,所以具有墙倒屋不塌的良好抗震功能,故歷經風雨的侵蝕及雷電和地震等自然灾害至今仍完好矗立。

21. 青海西寧中山紀念碑

1925年3月12日,孫中山先生在北京病逝的消息傳到遥遠的青海省,同樣引起了當地各族人民的緬懷之情。1929年9月各界從原西寧縣小南川等地招募的石匠,在青海省娛民大會場内開始修建中山先生紀念碑,1931年11月12日落成。紀念碑爲八卦塔狀,八面碑身分別銘刻着孫中山先生的生平事略和總理遺訓,並刻有黎丹先生手書"孫中山先生紀念碑"幾個榜書大字。整座碑體還裝飾有采用磚雕工藝制作的松、鶴、鹿等具有强烈的民族特色的吉祥圖案,圖案造型栩栩如生。安裝於碑頂的五個銅球在陽光的照射下熠熠生輝,暗示着孫中山先生一生光照日月的偉績。此紀念碑碑體高達18m,用青海本地產的片麻岩和菜綠石修砌而成。

2005年7月27日,孫中山先生紀念碑移建於西寧市人民公園。經歷過整修重建後的紀念碑在重重綠陰掩隱下巍然屹立。

22、福建福州中山堂

福建福州中山堂原爲清朝貢院至公堂,始建於1827年(清道光七年)。1912年4月20日,孫中山先生南下廣州途中在閩停留,福建省軍政界在至公堂爲他舉辦歡迎會,孫中山先生在此發表重要演講。1932年爲紀念孫中山先生,至公堂改名"中山堂",列爲福州市歷史紀念地、市級文物保護單位。1999年9月福州中山紀念堂劃歸民革福建省委管理,這是全國唯一由民革管理的中山紀念地。2001年6月,民革福建省委嚴格按照《文物保護法》有關精神,對已成爲高度危房的中山紀念堂進行修復,今已竣工,重新開放。

23. 甘肅蘭州大學中山堂

蘭州大學曾被命名爲蘭州中山大學(1928年),校内設中山堂一座,計7間,係前清舉院至公堂改建。後名國立甘肅學院,1946年與國立西北醫學院蘭州分院合并而成國立蘭州大學。1947年,重新修建一座中山堂,作學校集會講演之用。

24、湖南武岡中山堂

湖南武岡中山堂位於武岡市第二中學校園内,即黃埔軍校第二分校(武岡分校)舊址。1938年,日軍進逼武漢,黃埔軍校武漢分校被迫遷往武岡,改名爲第二分校(又名武岡分校)。1941年3月到1943年7月,爲紀念中山先生的豐功偉績，激勵官兵們的愛國熱情，第二分校主任李明灝中將派工兵連耗費近兩年時間修建了中山堂。當時的中山堂占地面積1 300餘m²，樓分三層，正面外露二層，頂部嵌石碑一方，碑內刻楷書"中山堂"三字。右端落款"中華民國三十二年夏七月立"，一樓、三樓爲軍士、軍官的住房，二樓設爲紀念廳、圖書室、醫務室。紀念廳居中，磚牆正中懸挂着孫中山總理的遺像，兩旁各挂一黨旗。武岡中山堂集中西建築風格於一體，係磚木結構單檐廡殿頂建築，由正廳、左右廂房、花園等組成。

25. 安徽蕪湖中山堂

安徽蕪湖中山堂位於廣濟寺與赭塔的後山腰，市政府爲了紀念孫中山先生1912年12月30日蕪湖之行，建此頗具江南民居風格的公共場館建築，將其命名爲"中山堂"。此地曾多次舉辦各種形式和內容的展覽。

26. 内蒙古陝壩中山堂

陝壩中山堂曾經是陝壩鎮（今内蒙杭錦後旗旗政府所在地）的標志性建築。1939年9月，日軍轟炸五原，傅作義將軍率部與綏遠省府機關遷至陝壩。1940年3月20日，時任第八戰區副司令長官的傅作義發動五原大戰痛殲日軍。戰後，傅作義部在陝壩橫貫南北的中山路上修建了中山堂，既爲公共集會所用，亦是當地百姓文化活動的場所。同年8月，五原戰役慶功大會在此隆重舉行。

1985年，陝壩鎮將中山堂拆除，另置建一座影劇院，命名爲中山影劇院。此舉頗具爭議。

27. 江蘇蘇州中山堂

位於蘇州百年老街觀前街玄妙觀三清殿北口的蘇州中山堂，始建於民國二十二年（1933年），係當時此江南古城中少見的中西合璧式公共建築。時因原址之彌羅閣被毀，長期無力重建，遂經蘇州士紳張一鵬倡議，在此廢墟上改建"中山堂"，以紀念中山先生之偉大功績。爲保存這座近代建築所蘊涵的特定歷史文化信息，該建築現已被列爲蘇州市控制使用的保護建築。

28. 廣東江門中山紀念堂

廣東江門中山紀念堂位於江門市中山公園內，1929年建成，採用北歐建築風格，爲磚、木和角鋼金字架混合結構，門楣上有"中山紀念堂"匾額，原是當時駐江門的國民革命軍第一集團軍第二軍軍長香翰屏所書，1950年維修時由書法家黃兆紀重新書寫。

據史料記載，早在1895年，孫中山先生曾到江門開展興中會的革命活動。江門市政府於1950年、1962

年、1975年和1980年四次撥款對該紀念堂進行維修。

29. 湖南長沙中山紀念堂

遺址在長沙市開新區教育街省農業廳大院內。1926年9月，爲紀念孫中山先生，湖南省政府決定在長沙興建孫中山紀念館及總理銅像、中山圖書館、中山公園及救難同志紀念碑，并爲紀念館選址於省教育街。紀念館1927年建成，1930年不幸爲戰火破壞，1932年又由湖南省政府撥款重修，基本恢復原貌。該建築占地1 436m²，建築面積2 434m²。紀念堂南面是仿愛奧尼克式的石柱和門窗均由花崗石精雕細刻而成，展示了中西文化交融的建築文化特色。長沙中山紀念堂曾是"長沙大火"後幸存下來的少數建築之一，抗日戰爭勝利後成爲湖南省政府大禮堂。惜近年來被拆毀。

30. 湖南長沙中山亭

長沙中山亭又稱長沙標準鐘樓，位於先鋒廳街心。2001年延建黃興北路時，本擬議拆除，後採納市政協委員提案，予以保留，今規劃建成街心花園。此亭爲五層西式方形建築，高16m，始建於1930年，係省政府前坪公園內之鐘樓（內裝有德國進口的電動標準時鐘，是長沙城市使用公共標準時鐘之始），爲紀念偉大的革命先行者而命名爲中山亭。抗日戰爭中長沙先後歷經"一火四戰"，中山亭僥幸逃過劫難。

31. 廣東高州中山堂

高州中山堂位於高州市區中山路人民會堂後面，1934年爲紀念中國民主革命先行者孫中山而建。該建築爲鋼筋混凝土建築，分前、中、後三部分組成。前樓分三層，中樓和後樓爲兩層。總進深39m，總面積闊18.6m，主樓占地面積725.4m²。此紀念堂由法國工程師設計，採用中西結合的建築風格，頂部爲硬山頂式，用三角鋼架結構組合支架承托瓦脊，瓦脊四周有裙墙遮擋，是一個獨具風格的紀念建築。

32. 廣西百色市凌雲縣中山紀念堂

民國二十七年(1938)，爲紀念孫中山先生，凌雲縣賣掉部分官田，籌集資金，在岑家私家花園處建成中山紀念堂,是廣西僅存的三座中山紀念堂之一。民國三十一年(1942)《凌雲縣志》記載:"中山紀念堂,在縣府右,民國二十七年建,堂後石橋通六角亭,亭在荷花池中,爲游觀之勝地。"今凌雲縣中山紀念堂面積160m²,坐東朝西,屹立於荷塘之側,屋基高出水面米餘。正面方柱牌坊式構造,門首書"中山紀念堂"五字,筆力遒勁、古樸典雅。兩旁及後面大紅圓柱高擎起由壯錦圖案組成的房檐;前後照壁均由紅木鑲嵌成花窗,採光通風良好;藍瓦蓋頂更顯古色古香。

33. 海南海口中山堂

海口中山堂位於海南省海口市文明西路北側,坐北朝南,占地面積1 520m²。1925年3月12日,孫中山逝世後,市政府發動商界等捐資籌建海口中山紀念堂及中山紀念亭。中山紀念堂於次年建成使用,建築面積約700m²。1964年,紀念堂重建,占地面積1 045m²,共二層,正門橫眉刻"中山紀念堂"五字。

34. 廣西梧州中山紀念堂

1921年10月至1922年4月,中華民國非常大總統孫中山出巡廣西,曾三次駐節梧州。1925年3月12日,孫中山先生在北京逝世,經時任西江善後督辦兼梧州善後處處長李濟深先生倡議,開始集資籌建中山紀念堂,1930年10月建成,是爲國內最早建成之中山紀念堂。

紀念堂位於今梧州中山公園的中心,占地面積1 630.59m²。前座是四層社塔式圓頂建築,高23m,外拱門正中的門頭上,有陳濟棠先生於民國十九年七月題寫的"中山紀念堂"楷書門頭碑。後座爲千人會堂,東西兩側各有兩扇小門。會堂的正面爲舞臺,舞臺中央有中華民國國徽,臺口上方中央塑有古銅色的孫中山頭像,像的左右是用天藍色書寫的總理遺囑全文。臺口兩側有孫中山"革命尚未成功,同志仍須努力"的遺訓。今前座一樓左右兩室陳列有孫中山生平圖片展及文物復制品,着重介紹中山先生三次蒞臨梧州,揮師北閥和指揮梧州人民建設家鄉的資料。二樓展廳主要介紹孫中山親屬與後裔的情況。此紀念堂採用西方教堂式和中國古典宮殿式相結合的建築結構設計,具有中西合璧的建築藝術風格,整個建築氣勢雄偉,莊嚴肅穆。

35. 廣東梅州中山紀念堂

中山先生曾於1918年4月中旬到梅縣(今梅州)大埔三河壩,與陳炯明等商淡聯合桂、滇、粵三軍北伐討袁事宜,受到三河民衆的夾道歡迎。 1929年,三河壩人徐統雄到海外募捐巨資,在三河匯城村鳳翔山腳明代兵部尚書翁萬達墓道周圍的空地上興建了中山紀念堂,并由曾任中山大學文學院長的范某作碑記留念。紀念堂占地250多m²,爲鋼筋水泥二層樓房,正門墻上的"中山紀念堂"爲胡漢

民所題。堂內正中位置有孫中山遺像一幅,上書孫中山字迹"博愛"。堂前有一座富有傳統色彩的牌坊,是同時興建的中山公園的正門,石牌坊上段的"中山公園"四個隸書大字爲胡漢民手書。

36. 廣東廣州長洲島中山紀念碑

20世紀20~30年代，爲紀念中山先生，除建造紀念堂館外，還曾建造多處紀念碑，位於廣州市黃埔區長洲島中山公園內的孫總理紀念碑就是其中之一。

紀念碑高達43m，四面均有陰刻銘文，正面爲"孫總理紀念碑"，背面爲"總理像贊：先生之道，天下爲公。先生之志，世界大同。三民建國，允執厥中。況在吾校，化作春風。江流不廢，終古朝宗"，西面爲"三民主義，吾黨所宗，以建民國，以進大同。咨爾多士，爲民前鋒，夙夜匪懈，主義是從。矢勤矢勇，必信必忠，一心一德，貫徹始終"，東面則是中山先生的臨終遺訓"和平奮鬥救中國"。

在紀念碑的頂端，安放着高近3m、重約1噸的孫中山銅像。銅像由日本友人孫中山的朋友梅屋莊吉鑄造。當初一共鑄造四尊，此爲其中之一。另外三尊分別在南京陸軍軍官學校、廣州中山大學、廣東孫中山故居。

37. 江蘇常州中山紀念堂

常州中山紀念堂位於常州市大廟弄北側，爲一宮殿式建築。其前身是北宋太平興國年間（976~984）的大殿（爲常州八廟之一）府邸城隍廟，1933年爲紀念孫中山先生，改建爲中山紀念堂。紀念堂坐北朝南，建築面積3 244m²，面闊三間，高19.7m，進深19.2m左右，重檐歇山頂。紀念堂西首有200年以上樹齡的古銀杏一株。

38. 雲南蒙自新安所鎮中山堂

文昌宮坐落於雲南省蒙自縣新安所鎮城正街，坐東朝西。始建於明萬曆四年（1576年），清康熙二十四年（1685年）、乾隆八年（1882年）兩次重修。道光十五年改建爲文昌書院，光緒二十三年（1907年）改爲兩等學堂。1941年，抗日戰爭時期，國民革命軍陸軍第六十軍駐守新安所，把文昌宮改爲中山堂紀念堂，中殿闢爲戲臺，後殿前空地闢爲運動場。現存魁星閣、

文昌殿、戲臺，後殿已毀。魁星閣爲重檐攢尖頂，全部爲木結構建築。文昌殿內有《修補所城碑記》、《修建中山堂紀念碑序》、《文昌書院捐入田產契約碑》等，均具有重要歷史價值。

39. 臺北國父紀念館

臺北國父紀念館位於臺北市仁愛路四段中山公園內，於1972年落成，是一座東方韻味濃鬱的大型紀念建築。此建築貌似龐大，但包容了一個可安置高達5.8m大體量紀念像的大紀念廳，一個可容納3 000人的紀念堂，一個可容納1 000人的集會室，一個中型圖書館，一個200人的學術講演室和四個大陳列室等，空間利用率極高

而佈局從容，實爲簡潔實用的設計典範，爲現代主義建築思潮向後現代主義思潮過渡階段的成功之作。

二、中山公園

據不完全統計，目前在中國和世界其它各地區所建的中山公園約40餘座。今舉要如下。

1. 天津中山公園

天津中山公園與孫中山先生素有淵源：他曾經兩次在這個公園巡視演講。1912年8月24日，孫中山先生應袁世凱之邀北上共商國是，途經天津，即在該公園發表重要演說，由此贏得各界的尊重和愛戴。這個清末時期建成的公園爲紀念中山先生的這次重要演講而改爲現名。

清朝末年，天津實業界人士積極倡導以國家民族工業拯救清朝疲弱的國力，爲顯示天津工業發展狀況，他們在建造一個叫做"勸工陳列廳"的同時，亦籌建了一個向外開放的公家園林，稱爲"勸工會場"，即天津中山公園的前身。

此外，天津中山公園是現代中國的一個請願集會場地，如清宣統二年（1910年）十二月在天津的立憲請願，1919年6月9日天津各界人士聲援"五四運動"，要求取消喪權辱國的"二十一條"、拒絕在巴黎和約上簽字等事件，均在此發生。

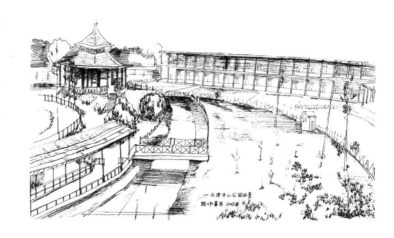

天津中山公園舊景
鄭中華繪 2002年

2. 北京中山公園

北京中山公園位於天安門西側，面積22餘公頃。原爲遼、金時的興國寺，元代改名萬壽興國寺。明成祖朱棣興建北京宮殿，按照"左祖右社"的制度，改建爲社稷壇，以後即爲明、清皇帝祭祀土地神和五穀神之壇廟。1914年闢爲中央公園。爲紀念孫中山先生，1928年由馮玉祥部下時任北平特別市長何其鞏等愛國人士改名中山公園。

公園的主體建築社稷壇位於軸綫中心。壇呈正方形，爲漢白玉砌成的三層平臺。壇上鋪着由全國各地進貢來的五色土：中黃、東青、南紅、西白、北黑，以示"普天之下，莫非王土"之意，并象徵土、木、火、金、水五行。壇臺中央原有一方形石柱，名"社主石"，又稱"江山石"，寓意"江山永固"。壇之北的"拜殿"又名享殿或祭殿、是一座宏大的木構建築，面闊五間，進深三間，黃琉璃瓦，單檐廡殿頂，白石臺基，無天花板。明露着梁架和斗栱，繪和璽彩畫。1925年曾在此殿停放孫中山先生靈柩，接受各界人士瞻仰弔唁。

中山公園是中國古典式花園，包括亭、臺、樓、閣四部分。花園的設計反映着儒道互補的哲學理念，又帶有近代建築學家朱啓鈐等借鑒西方公園理念的改造痕迹，富於某種現代文明氣息。

1993年底，孫中山先生銅像被隆重地矗立在公園門口。銅像由著名雕刻家曾竹韶教授雕塑，中國海外交流協會與中國人民對外友好協會贈送。

3. 上海中山公園

上海中山公園原是舊上海英國房地産商霍格的私家花園，1914年改建爲租界公園，保留了近代英國式自然風景園林特色和日本式築山庭園園林特色，并融匯了若幹中國園林造景特點，以大面積的草坪、茂密的山林和規整的水面處理在舊上海知名，而其與周邊環境的處理，是西方城市街心公園的設計手法，具有西方現代主義建築思潮的痕迹。目前，經過近90年發展建設，形成了具有濃鬱近代歷史文化色彩的園林建築景觀。

中山公園占地面積約20萬m^2，全園可分爲大小不等的景點約120餘處，其中12處景點評選爲 "中山公園12景觀"：銀門迭翠（公園南大門）、花堅凝香（牡丹園）、水榭絮雨（陳家池）、綠茵晨暉（大草坪）、芳圃吟紅（月季園）、雙湖環碧（鴛鴦湖）、荷池清月（荷花池）、林苑聳秀（山水園）、獨木傲霜（大懸鈴木）、石亭夕照（大理石亭）、虹橋蒸雪（大石橋）、舊園遺韵（後園門）等。

上海中山公園與天津中山公園同爲典型的租界公園，但後者是中山先生發表過重要演說的地方，而上海中山公則完全與孫中山生前事迹無關，在他逝世後，以他的名字冠名，表達了民衆對他的仰慕。在目前40餘處中山公園中，類似的情況是很普遍的，如厦門、青島等地，均有中山先生生前從未涉足的中山公園。

4. 廣東佛山中山公園

佛山中山公園始建於1928年，是爲紀念孫中山先生而建的紀念性公園，建園初期僅0.5hm^2。後經不斷擴建和改建，現該園占地28.07hm^2（其中水面12.5hm^2，緑地15.5hm^2），形成了以廣闊水景和豐富緑化爲特色的園林景觀。

主要景區有：香樟古韵、紅岩飛瀑、綠茵春暉、牌樓映秀、孔橋映翠、精武雄風、蒲影長堤、十里荷風、芳諸花汀、錦鯉戲水、麗湖波光、駝峰眺遠、丹鳴晨曦、椰林夕照、碧波飛虹、晴筠蟬唱等二十多個。各景點以傳統造園手法和現代造園手法相結合，因地就勢、質樸自然，使游人興趣盎然，流連忘返。

5. 湖北武漢中山公園

武漢中山公園是全國百家歷史名園之一，始建於20世紀初，經過幾代人的艱辛努力，已成爲集游覽、觀賞、文化、娛樂、飲食、游藝等多項服務功能於一身的大型綜合性公園。中山公園占地32.8萬m^2，其中水上面積6萬m^2。綠地率91%，古樹名木140株。景觀功能分前、中、後區。其中西合璧的園林風景，淳樸雋永的人文景觀，受到公衆的普遍贊譽。

2001年，武漢市對中山公園做了大規模改造。

6. 臺中中山公園

臺中中山公園位於臺中市自由路與公園路間，鬧中取靜。其湖心亭是臺中市地標的經典代表。築園歷史悠久（清光緒二十九年），朱欄玉砌的亭臺、曲橋，令人發思古之幽情，素爲市民鐘愛。

園中有一小湖，湖上相連的雙亭，即爲有名的中正亭，而望月亭、炮臺山古迹是臺中僅存的臺灣府城遺跡。

7、山東青島中山公園

青島中山公園三面環山，南向大海，天然造就一處風景佳地。園內林木繁茂，枝葉葳蕤，是青島市區植被景觀最有特色的風景區。公園東傍太平山，北接青島動物園，山南麓的青島植物園内，近百種林木與公園的四時花木連爲一體，樹海茫茫，鬱鬱葱葱，游覽其中，給人以清新悅目、欣欣向榮的感覺。

中山公園建園較久，至今已有90餘載。此處原係會前村村址，舊有村民360餘户，多以漁業爲生。1898年，德國强占膠州灣、威逼清政府租借青島後，先後於1902年和1905年將該村全部土地收購，廢村拆房，闢爲植物試驗場。建林木園地約百萬m^2，果木園地約4萬m^2，種植世界各地的花草樹木170多種、23萬株。其中最富特色的是從日本移植的2萬株櫻花，形成了此園特有的景色，并逐漸成爲以樹林、果園、花木爲主的公園，後取名爲"森林公園"。1914年日德戰争後，日本取代德國統治青島，又進一步擴種櫻花，形成了一條長近1km、貫通公園南北的櫻花長廊。公園也更名爲"會前公園"、"旭公園"。1922年我國收回青島主權後，改名爲"第一公園"。爲紀念中國民主革命的先驅孫中山先生，於1929年5月又更名爲"中山公園"，此名一直沿用至今。

8. 遼寧瀋陽中山公園

瀋陽中山公園位於瀋陽市和平區南京南街5號（中華路南側），占地面積16 100萬m^2，始建於1924年，在日本占領東三省建立僞滿州國時期被稱爲千代田公園（"中華路"原名"千代田町"），禁止中國人進入。1949年後恢復原稱，是該市重點公園之一，内有兒童游樂園、自然博物館等設施。2005年，該公園完成了綜合改造，拆除了園内的違章建築，并將公園圍墙推倒，改爲開放式公園。

9. 遼寧大連中山公園

大連中山公園位於大連市沙河口區東部，占地11.3m^2。原址爲一個叫做劉家屯的小山頭，在大連屬於日本侵占關東州年代，日本殖民當局爲了紀念日本聖德皇太子，在東側山丘建了聖德太子堂，供奉聖德的木雕像。本擬將該山頭興建作聖德公園，但公園未建成日本便戰敗投降。1949年後重建，命名爲中山公園。

10. 山東濟南中山公園

濟南中山公園坐落在濟南市經三路和緯五路，建園已超過一百年（清光緒三十年即1904年建成），原稱"商埠公園"，民國十四年（1925年）孫中山先生逝世，爲紀念孫中山先生，將公園改稱爲"中山公園"。民國時期該公園是當地民衆主要的集會場所，1953年改稱爲"人民公園"。1986年11月12日，孫中山先生誕辰120周年紀念日恢復爲"中山公園"。

11. 浙江杭州中山公園

杭州中山公園位於杭州市西湖孤山，1927年（民國十六年）爲紀念孫中山先生而命名。公園在清朝御花園原址上營建，内有中山紀念林和中山紀念亭。園内佈局巧妙，將天然（孤山景色）和人工（亭臺幽徑）結合一體。

12、浙江温州中山公園

温州中山公園位於温州市區公園路，面積4.8hm^2（水域1.52hm^2），前接華蓋山，後靠積谷山。1927年2月北伐軍進入浙江後，温州各界人士爲紀念中山先生籌款建造此園，1930年10月落成。園中有中山紀念堂、文化走廊、音樂臺、九曲橋、玉帶橋、登雲橋、冽泉井、摩岩刻石(包括小赤壁、氣如虹、雲根、枕石等)、小石門洞、飛霞洞、謝客岩、池上樓、如意亭、湖心亭、駐鶴亭、雲輝亭(被毀)、留雲亭、赤壁亭、四宜亭、兒童樂園等景點。

13. 湖北沙市中山公園

沙市中山公園地處荊州市沙市區, 於民國二十二年 (1933年) 起建, 民國二十四年 (1935年) 完工, 園名由當時的國民革命軍第十軍軍長徐源泉所題。該園在建成初期占地僅270畝, 現全園共面積74.62萬m², 是江漢平原上第一大公園, 全國第二大中山公園。園内設有中山紀念堂、總理紀念碑、市政亭、浮碧仙館、餐英精舍、太岳堂、武候祠等18處景點, 其中得以完整保存至今的古景點包括中正亭、鋤雲閣、春秋閣、孫叔敖古墓、臥虹橋、南大門等處。改革開放後, 園内相繼建有孫中山銅像和中山紀念亭, 以緬懷孫中山先生的豐功偉績。

14. 福建廈門中山公園

廈門中山公園建於民國十六年 (1927年)。自公園建成後, 很多大型的政治集會都在這個公園舉行。公園的原來格局爲中西風格建築結合園林藝術, 園内充滿着自然景觀和濃鬱的人文氣息, 但經過多件歷史事件, 廈門中山公園的建設亦經歷不同時期的破壞和更新。

15. 福建漳州中山公園

漳州中山公園位於漳州市區延安路, 占地近60畝, 是福建省内的市級休憩公園之一。曾經在公園建有 "中山紀念臺", 位置在現時 "漳州解放紀念碑" 之南邊。紀念臺是十九路軍進駐漳州時所建, 在抗戰期間遭日本轟炸機空襲被毀。現時公園内建有噴水池、七星池、梅崗山、解放紀念碑、華表、六角亭等建築。

16. 廣東汕頭中山公園

汕頭中山公園於民國十五年 (1926年) 在汕頭市奠基興建, 兩年後 (即1928年) 建成開放。該中山公園總面積20.18hm²。公園四面環水, 其中汕頭的主要河流韓江在公園北面, 其它三邊是人工河道, 以三座橋梁與汕頭市區連接。

17. 廣東韶關中山公園

韶關中山公園地處韶關市南門外左街, 是當地市民日常休閑娛樂的場所。根據《韶關市志》(上卷卷六第714頁) 記載, 該公園前身爲韶關飛機制造廠, 在中國抗日戰爭中發揮着重要的空防作用。1949年後將此地改建爲中山公園。

18. 廣東惠州中山公園

惠州中山公園原名惠州第一公園, 位於惠州市的木魚山。全園座北向南, 占地30 000m², 建園於20世紀20年代。民國十四年 (1925年) 10月, 北伐的東徵軍攻陷惠州, 蔣介石、周恩來等在此園右側 "望野亭" 前廣場召開軍民聯歡大會和追悼陣亡將士大會。民國十七年 (1928年) 爲紀念孫中山先生改稱 "中山公園"。民國二十七年 (1938年) 在園内北端建造 "中山紀念堂"。後於孫中山誕辰120周年之際, 園内矗立孫中山先生全身銅像以誌紀念。園内另建有 "廖仲凱先生紀念碑石"、"舊城墙遺址" 等。

19. 廣東深圳中山公園

深圳中山公園位於深圳市南山區中山園路西側, 與南頭檢查站、南頭中學、南頭車站毗鄰。公園始建於

1925年，由當時寶安縣縣長、香港太平紳士胡鈺先生爲紀念孫中山而籌建，早期面積僅13萬m²，現已不斷擴建，園內有孫中山的浮雕。

20. 廣東東莞石龍中山公園

石龍中山公園地處東莞市石龍鎮老城區中心，始建於1924年，2003年10月重修。大革命期間，石龍鎮曾經爲東征軍大本營，1923年5月至11月，爲討伐盤踞在惠州的軍閥陳炯明，孫中山曾14次親臨石龍前綫，今留有當時中山先生在鐵路前綫的珍貴歷史照片。爲紀念孫中山東徵和緬懷孫中山的偉績，石龍鎮人民政府將石龍公園改爲中山公園。公園占地三畝多，四周河涌環繞，亭臺假山錯落有致。公園正門有一座琉璃瓦門樓，門樓上的"中山公園"四個大字爲著名書法家秦鄂生所題。公園内有周恩來演講臺、李文甫紀念亭、莫公璧紀念碑、凱旋門、浩英亭、忠義亭、舉重之鄉塑像等文物景觀。

21. 廣東東莞長安中山公園

長安中山公園位於東莞市長安鎮廣深公路上沙村路段旁，是長安鎮人民爲緬懷孫中山先生的豐功偉績而建。有一種説法認爲孫中山先生世系源流自上沙村，即其祖宗定居於此，故此在該村的孫氏宗祠和孫中山先生三世祖墳都跟孫中山先生有着深厚的關係。

公園正門有一尊孫中山先生的浮雕，造型雄偉。有傳聞認爲此公園範圍内含有孫中山先代三世的祖墳。這個古墓建於明朝，背靠三角形令旗狀的山嶺，面向獅子洋大海口，陰宅風水極佳，有孫氏子孫每逢春秋遠涉珠江來此進行祭祀。

22. 廣東江門中山公園

江門中山公園坐落在江門市區中心的小山上，建於1927年。公園内有中山紀念堂、退思亭、燕亭等。園内中山紀念堂與中山公園同建，爲金字架磚木結構，紅墻緑瓦，堂門口爲一六角亭，極富民族特色。1949年以前因年久失修，堂頂瓦面已剝落不少。1950年江門市人民政府撥款重修，擴建外走廊。登上公園内的山坡，還可眺望江門市容市貌。此園以它獨有的地理位置而深受市民喜愛。

23. 廣東中山市孫文紀念公園

中山市孫文紀念公園位於中山市城區興中道南端，共占地35.8萬m²，爲紀念孫中山先生而建。該公園一直不設門票，主要由兩個平緩的山坡改建而成，分爲革命紀念區和綜合游覽區。革命紀念區以紀念孫中山先生的題材爲主，設有孫中山先生銅像、噴水池以及松園、竹園、梅園和栽種了999株龍柏的龍柏山等景點；綜合游覽區設有香山、飛來石、一綫天、水簾洞、觀景閣、迎陽石等景點。整個公園重點突出了"紀念"的主題，景點的布局也緊緊圍繞主題。

24. 廣東中山市逸仙湖公園

逸仙湖公園位於中山市城區中心地帶，占地面積約300畝，其中湖面面積約占150畝。公園於1958年由人工挖成"人工湖"建成公園，并以孫中山之名號命名。

25. 澳門紀念孫中山市政公園

此公園位於澳門市城區中心地帶, 在現代都市環境中保持了中國古典園林意蘊。以孫中山之名號命名, 表達了澳門市民對中山先生的敬仰。

26. 加拿大溫哥華華埠中山公園

加拿大溫哥華華埠中山公園建成於1986年4月, 園內很多陳設都直接來自中國。該園的設計建造者以中國道家的哲學理念處理人造山水與自然的關係, 使得黛瓦白墻的中國江南私家園林與北美特殊的自然環境异常和諧。就目前掌握的資料看, 此園是加入"中山紀念建築"群體的最新成員。

三、中山路

中山路最早出現在南京、廣州、上海等城市, 其後, 全國各地大大小小許多城市相繼將原有或新建、改建的重要道路命名中山路。今舉要如下。

1. 南京中山路

爲迎接孫中山先生靈柩而建, 并由此而得名。1928年, 國民政府統一全國後不久, 開始籌備將孫中山先生遺體由北平移至南京, (民國)首都建設委員會計劃修築一條迎陵大道, 並將朝陽門改名爲中山門。中山門東至中山陵, 稱爲陵園路, 西接長江岸邊的中山碼頭, 稱爲中山路, 即近之"中山大道"。1933年, 以鼓樓、新街口爲節點, 中山路又分爲中山北路、中山路、中山東路三段, 全長近13km, 是南京第一條柏油馬路。現在, 中山大道是一道難得的民國建築風景線: 原中央博物院、勵志社等一大批優秀民國建築盡收眼底, 中山大道是一座民國建築的博物館。1949年後新街口以南的中正路改名爲中山南路, 中山系構成南京道路的基本框架。有人形象地稱中山路爲"民國子午綫"。

2. 廣州中山路

全長9km, 分爲8段, 從東端楊箕立交橋到西端的珠江大橋, 分別以林下路、東川路、越秀北路、北京路、解放中路、人民北路、荔灣路路口爲節點, 依次命名爲中山一路至八路, 是東西橫貫市區中心最繁華的重要道路。廣州中山路的前身是清代以"惠愛"爲名的通衢大道, 1919年拓延道路, 定名爲惠愛東、中、西路(今中山四、五、六路)。此後, 幾經改造擴展, 直至現在成爲廣州道路建設的新亮點。

3. 天津中山路

原名大經路。1901年, 袁世凱任直隸總督兼北洋大臣後, 以天津爲基地試行"新政", "開闢新市區"是"新政"重要內容之一。1903年, 新車站(俗稱北站)落成通車, 袁世凱下令從新車站修通一條直達總督府的大馬路, 路寬24m, 命名爲"大經路", 作爲"新河北"的主幹綫。1946年, 爲紀念孫中山先生, 大經路更名爲中山路。中山公園、李鴻章祠堂、直隸總督府、李叔同碑林等一批極具歷史價值的建築、文化遺存均位於這條路的兩側。天津中山路堪稱爲一座近代歷史的博物館。

4. 廈門中山路

建於20世紀20年代，1956年11月，中山路建成廈門第一條柏油路。現在的中山路全長約1 200m，寬15m，是一條直接通向海濱的商業街。中山路是"中華十大名街"之一，是廈門最繁華的街道。

5. 青島中山路

長1 500m，堪稱青島的"母脉"。1897年11月，德國武力强占青島，中山路原分爲兩段，南段是棧橋至德縣路，名斐迭里街，屬德國等歐美僑民居住，史稱"青島區"，也叫"歐人區"；北段自德縣路至大窑溝，屬國人居住的"鮑島區"，也稱"華人區"，俗稱大馬路。1914年開始，日本取代德國對青島進行了8年的殖民統治，這條路改名爲静岡町，至今還留下了日本商號的一些遺迹。1922年中國收回青島，則更名爲山東路。1929年5月22日爲紀念孫中山先生，改名爲中山路。淪陷時期改爲山東路，抗戰勝利後又復名中山路，直到現在。

6. 北京中山路

現已并入長安街。1928年，東長安門至西長安門之間（今國家博物館西北側和人民大會堂東北側附近）東西走向的街道曾暫名爲"中山街"，後正式定名爲"中山路"。隨着城市的改造和建設，東長安門和西長安門被拆除，將東單牌樓至西單牌樓的街道（包括天安門前的"中山路"）統稱爲"長安街"。北京的中山路其實就是長安街的一段。

7. 哈爾濱中山路

在1925年時稱"陸軍街"。1931年日軍入侵改爲"土肥園路"（日本人名）。1946年5月28日，哈爾濱人民政府成立後，爲紀念孫中山先生，將這條街改爲"中山路"。現在的中山路，橫跨南崗、動力、香坊三區。

8. 上海中山路

幾乎把城市包圍起來。有中山東一路、東二路、中山南路、中山西路、中山北路，是内環高架綫，構成上海的交通主幹。

9. 烏魯木齊中山路

全長2 200m，這條路有着200多年歷史，早在乾隆三十八年（1773年），該地段就已成爲初具規模的商業貿易區，民國三十六年（1947年）原迪化市（烏魯木齊市）政府將此路定名爲中山路。

10. 嘉興中山路

始建於1983年。這條東西向的交通主幹道，兩側種有廣玉蘭、香樟、石榴、紅葉李、大葉黃楊等名貴植物，另有小灌木和地被植物近4 500m²，鬱鬱葱葱，是以綠化知名的中山路。

11. 蕪湖市中山路

有百年歷史。1902年,當地投資2萬兩白銀將一條窄巷改建成了中山路的前身——大馬路。1912年,孫中山先生巡視蕪湖,并在大馬路上向蕪湖市民做演講。1925年中山先生逝世,大馬路改名爲中山路,作爲對偉人的紀念。

12. 杭州中山路

分爲中山北路、中路、南路。中山中路曾是當年御街,至今還保留着方裕和、狀元館、高義泰、九芝齋等十幾家老字號,是杭州著名的歷史街區。

13. 北海中山路

是較有規模的騎樓大街。原名爲牛車路,形成於清末。1927年拓建,爲紀念孫中山先生而命名。中山路分東、中、西三段,總長2015m,寬9m,路兩側有各3m寬的騎樓。

14. 泉州中山路

泉州中山路是一條傳統商業街,貫穿城市南北,爲古城"三片一綫"保護的重要地段。

15. 重慶中山路

分爲一、二、三、四路,由於山城重慶地勢起伏,在幾條中山路之間還闢有支路,均以"中山"命名。

16. 臺北中山路

縱貫城市南北,分爲中山北路、中山南路,許多著名建築側立道路兩旁。

17. 臺中中山路

臺中市的中山路與中山公園、中山堂連爲一體。

18. 石家莊中山路

位於城市的中心,貫穿城市的東、西方向。中山路西起陸軍學院,東至石家莊市高新技術產業開發區,全長26km。是石家莊市中軸綫。烈士陵園、市政府、人民廣場、長安公園、省委省政府、火車站、省體育館、省博物館、裕彤國際體育中心以及河北師大、河北醫大等高等院校都在中山路沿綫附近。

[2] 引自:姜英、李德英主編.近代中國城市于大衆文化。北京:新星出版社,第57~60頁。本文引用時對原表中若干訛誤做了修改。

據陳蘊茜女士在《空間城市: 道路與意識形態日常化》一文中的統計,民國時期至少有516個城鎮設有中山路。茲將該統計表抄錄如下[2]。

民國時期設有中山路的城鎮

省份	城市（縣鄉鎮）	合計
特別市	南京、北京、上海、天津、重慶、武漢、青島	7
江蘇	徐州、鎮江、鹽城、無錫、常州、丹陽、昆山、靖江、句容、蘇州、宜興、宿遷、高淳、如皋、松江、溧水、沛縣、洪澤、常熟、寶應、高郵、江陰、南匯、崇明、吳江、睢寧、漣水、武進、南通、金山、連雲港	31
浙江	杭州、鄞縣、嘉興、椒江、金花、東陽、蘭溪、寧海、建德、臨海、江山、臺州、嘉山、麗水、海寧、玉環、德清、雲和、天臺、浦江、蕭山、桐鄉、鎮海、樂清、開化、龍泉、衢州	27

廣東	廣州、汕頭、汕尾、湛江、梅縣、清遠、佛山、番禺、茂名、深圳、中山、惠州、廉江、江門、徐聞、遂溪、揭陽、饒平、海豐、臺山、翁源、河源、紫金、湛江、四會、羅定、韶關、新興、三水、澄海、雲浮、鬱南、博羅、潮陽、石碑、平遠、和平、恩平、普寧、南雄、化州、增城、潮安、連縣、連山、鶴山、陽山、東莞(石龍鎮、橫瀝鎮、長安鎮)、龍川(黃坡鎮、塘掇鎮)	52
廣西	南寧、桂林、北海、防城、貴港、河池、柳州、天等、百色、全州、武鳴、大新、崇善、同正、奉議、梧州、欽州、恩隆、興安、東蘭、鹿寨、田陽、東興、荔浦、昭平、靈山、崇左、合浦、田東、蒙山、思林、龍州	32
海南	海口、瓊山市府城鎮、瓊東、儋縣	4
福建	福建、廈門、建甌、南平、華安、惠安、南靖、光澤、燒物、建陽、龍岩、泉州、永安、長汀、雲霄、永春、漳平、泰寧、平和、永定、寧化、建寧、長樂、沙縣、寧德、連江、周寧、清流、屏南、福鼎、上杭、武平、三明、連城、漳浦、順昌、長泰、詔安、漳州、崇安、古田、柘榮、同安、浦城、南安、德化、明溪、莆田、晋江(龍湖、海安)、安溪(湖頭鎮、鳳城鎮)	52
江西	南昌、贛州、安遠、萍鄉、上饒、宜春、吉安、信豐、新幹、弋陽、興國、湖口、都昌、石城、尋烏、高安、龍南、寧都、萬安、崇義、崇仁、上猶、餘幹、廣豐、景德鎮	25
安徽	合肥、蕪湖、蕪湖灣沚鎮、屯溪、蚌埠、阜陽、界首、蒙城、鳳臺、涇縣、歙縣、宿縣、蕭縣、郎溪、宣城	15
湖北	宜昌、沙市、襄陽、恩施、襄樊、利川、黃陂、巴東、石首、公安、咸豐、應山、枝江、谷城、孝感、孝城、鐘祥、安陸、沔陽、黃岡、老河口	21
湖南	長沙、湘潭、衡陽、新田、永州、新晃、漣源、醴陵、沅陵、辰溪、道縣、通道、祁東、沅江、黔陽、洪江、郴縣	17
河南	鄭州、開封、通許、尉氏、西華、襄城、唐河、社旗、鎮坪、安陽、淇縣、商丘、杞縣、永城、方城、沁陽、慈賢、焦作、新鄉、鶴壁、偃師、固始、登封、潢川、正陽、博愛、舞陽、蘭考、南陽、商城、氾縣、靈寶、内鄉、伊陽、東明、夏邑、漯河、商水、睢陽、鞏縣、信陽(羅港鎮、明港鎮)、駐馬店	43
河北	石門(今石家莊)、曲周、深澤、正定、霸州、滿城、昌平、定州、通州、順義、元氏	11
山東	威海、平都、肥城、臨沂、臨朐、商河、即墨、濰坊、高唐、淄川、夏津、定陶、鄲城、兗州、費縣、東明、臨淄、巨野、東阿、鄒陵	20
山西	永濟	1
陝西	西安、寶鷄、米脂、子長、城固、華陰、禮泉、涇陽、咸陽、三原、彬縣、蒲城、沔縣、眉縣、南鄭、韓城、洋縣、洛川、瓦窰堡	19
甘肅	蘭州、涇川、民樂、永昌、隴西、定西、武威、清水、榆中、平涼、岷山、金塔、武都、西河、夏河、固原、秦安、禮縣	18
寧夏	銀川、隆德、中衛、原圃	4
綏遠	歸綏、察素齊鎮、涼城、陝壩、五原	5
新疆	迪化、哈密、昌吉	3
四川	成都、廣漢、永川、興文、自貢、合江、樂至、黔江、内江、宜賓、德陽、簡陽、武勝、綦江、豐都、涪陵、巴塘、筠連、犍爲、蒼溪	20
西康	康定、會理、巴安、天泉、滎經	5
貴州	貴陽、遵義、安龍、畢節、綏陽、桐梓、江口、金沙、三穗、龍裏、修文、長順、貴定、思南、開陽、德江、玉屏、平塘、黔西、三都、坪壩、興義、晴隆、天柱	24
雲南	武定、昌寧、個舊、楚雄、富源、瀘西、彌勒、麗江、潞西	9
青海	西寧、同仁、都蘭、湟源	4
遼寧	瀋陽、鞍山、大連、丹東、黑山、錦州、朝陽、西豐	8
吉林	長春、四平	2
黑龍江	哈爾濱、佳木斯、慶安	3
臺灣	臺北市、臺北縣(新店市樹林鎮、三峽鎮、板橋市)、臺中(沙鹿鎮、潭子鄉)、高雄市、高雄縣(鳳山市)、嘉義市、宜蘭氏、臺東縣(臺東鎮、里壟鎮)花蓮縣(玉里鎮)、南投(埔里鎮、竹山鎮)、新竹市、彰化市、彰化縣(員林鎮、溪湖鎮、北斗鎮)、臺南縣(新營市、永康市、鹽水鎮、麻豆鎮、白河鎮、新化鎮、歸仁鄉、佳里偵)、屏東縣、澎湖縣(馬公市)、雲林縣、基隆、桃園	35

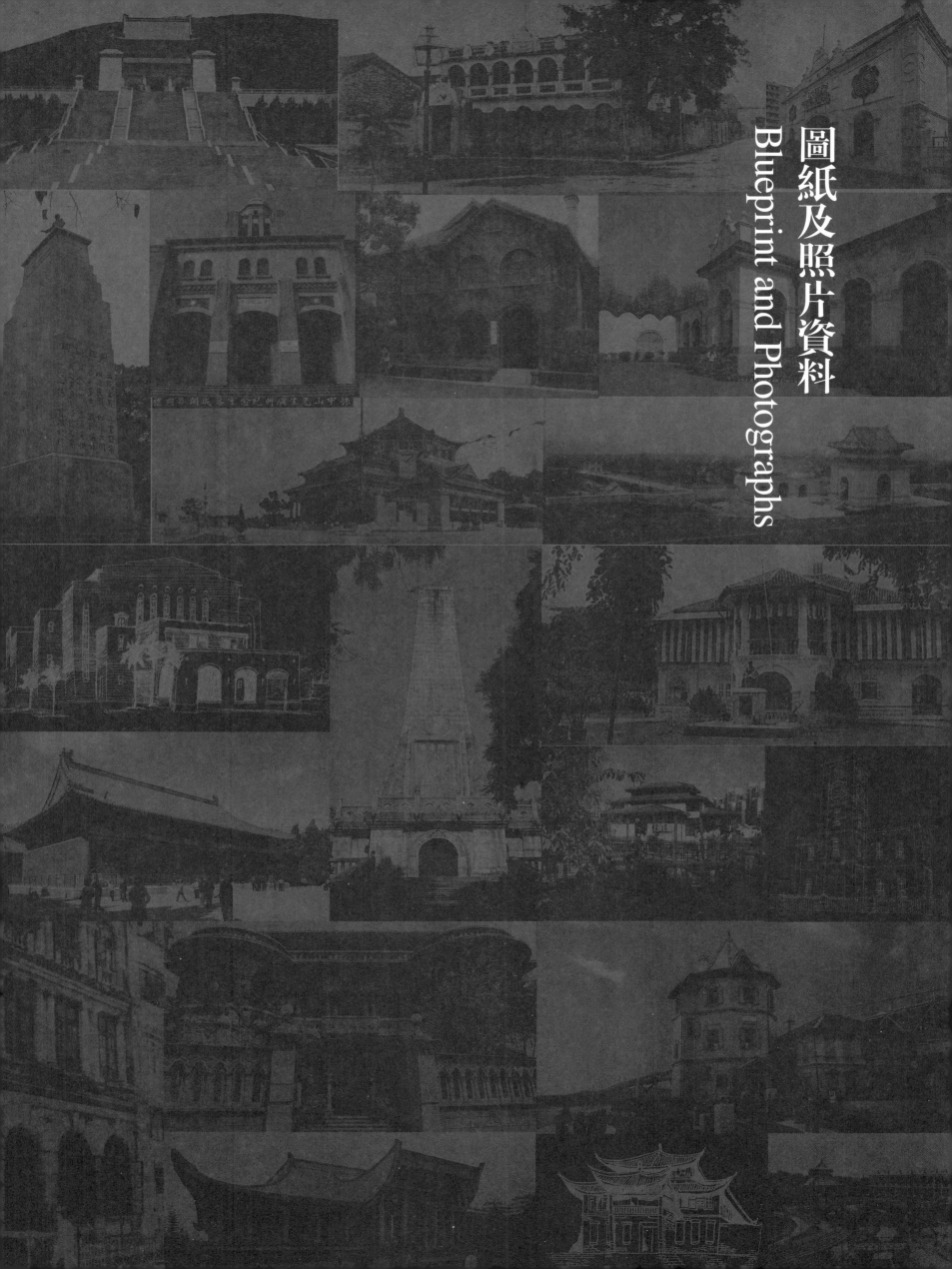

圖紙及照片資料
Blueprint and Photographs

南京中山陵設計、施工圖

——此部分圖紙主要爲呂彥直及其彥記建築事務所於1925～1929年繪制，含部分呂彥直等繪圖原件，部分原圖復制件。其中"中山陵祭堂正立面效果圖"（圖3）由黄建德先生提供，餘者爲南京市城建檔案館、中山陵園管理局提供。

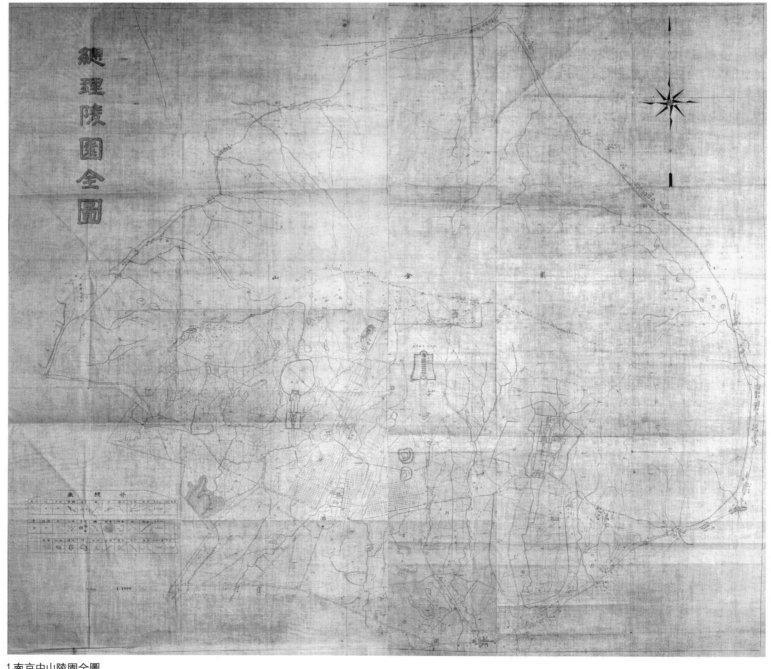

1.南京中山陵園全圖

2. 呂彥直設計競賽方案圖（1925年 共9件）

3.中山陵祭堂正立面效果圖 (原圖)

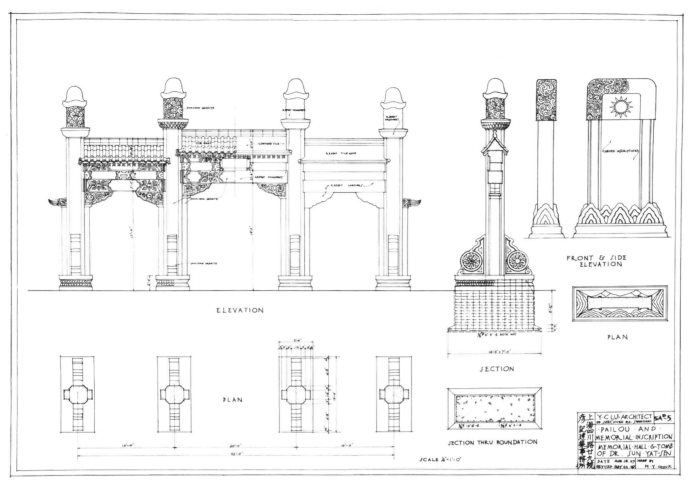

4.博愛坊平立剖面圖及石碑平立剖面圖

5.博愛坊立面及斷面石刻詳圖

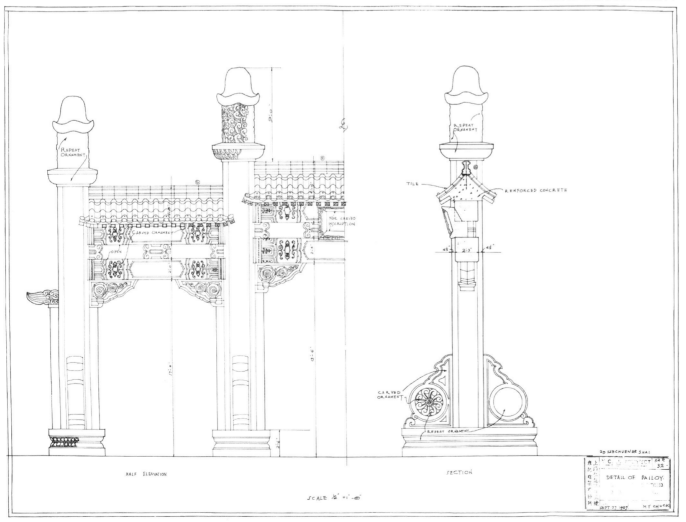

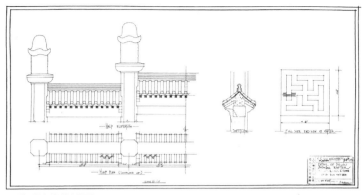

6. 博愛坊檐椽詳圖

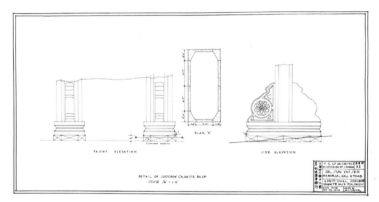

7. 博愛坊基座詳圖

8. 博愛坊抱鼓石及須彌座詳圖

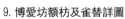

9. 博愛坊額枋及雀替詳圖

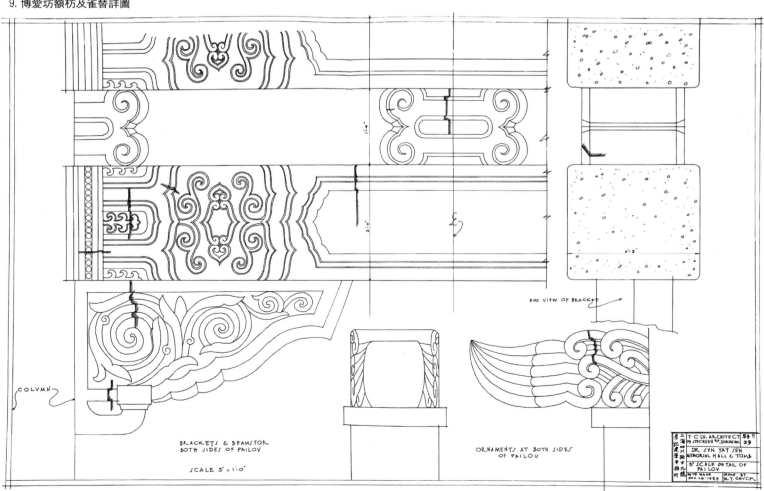

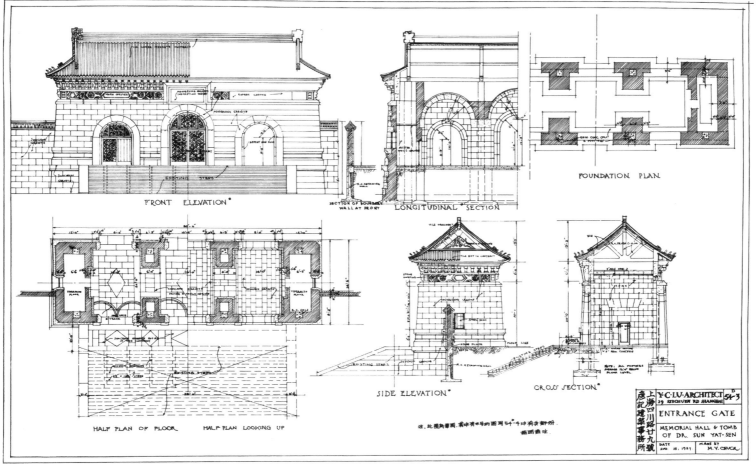

10. 陵門平立剖面圖

11. 陵門平立面縱剖面圖

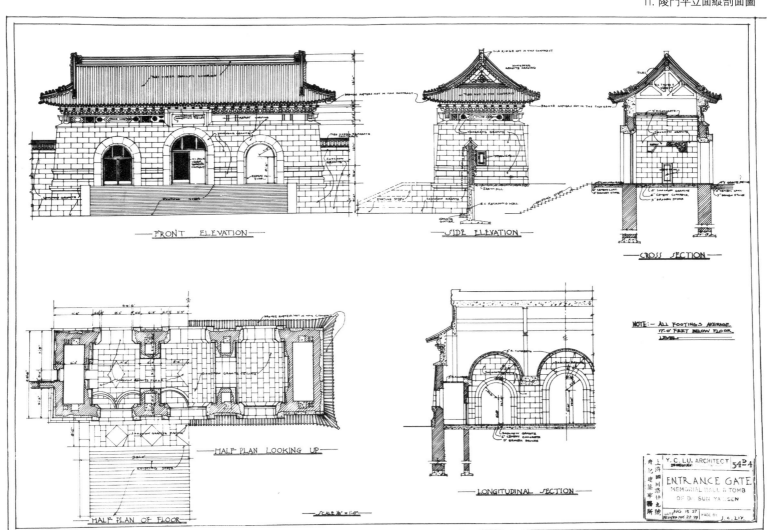

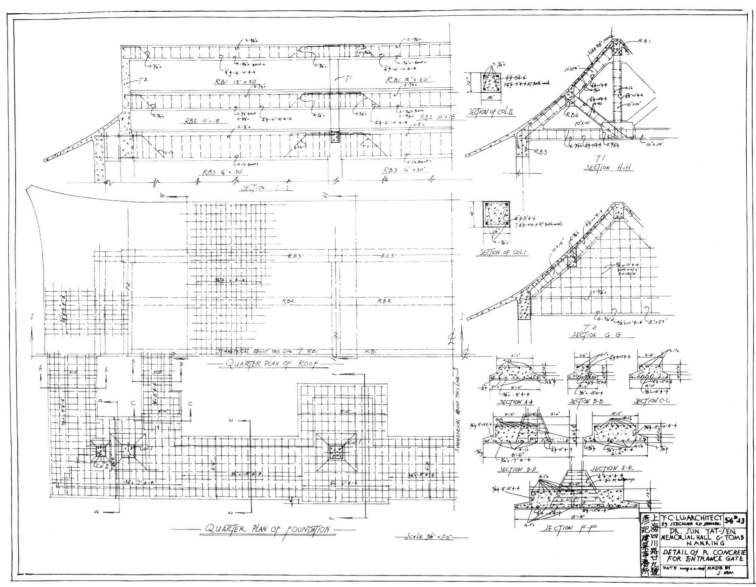

12. 陵門結構基礎詳圖

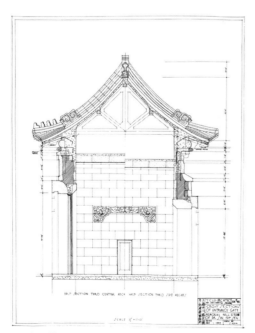

13. 陵門橫斷面詳圖

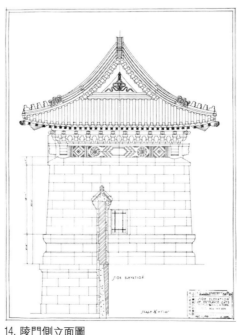

14. 陵門側立面圖

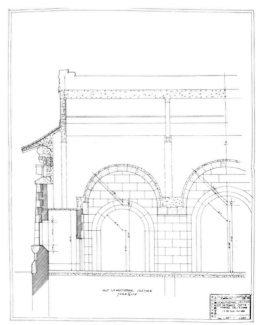

15. 陵門縱斷面圖

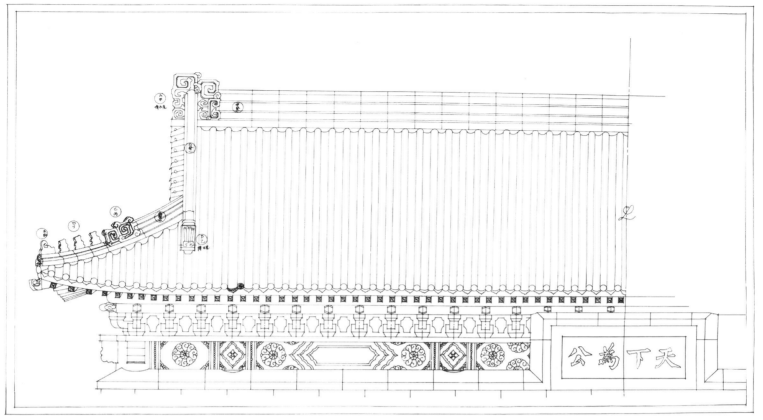

16. 陵門正立面圖（上）

17.陵門正立面圖（下）

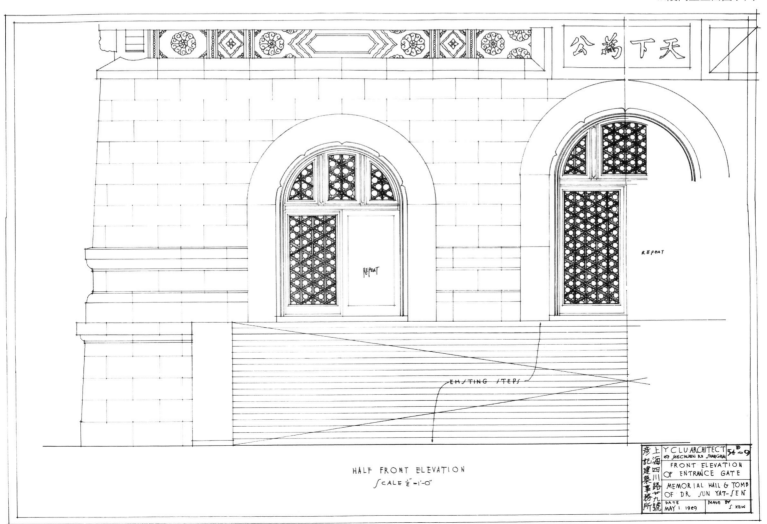

HALF FRONT ELEVATION

SCALE ½"=1'-0"

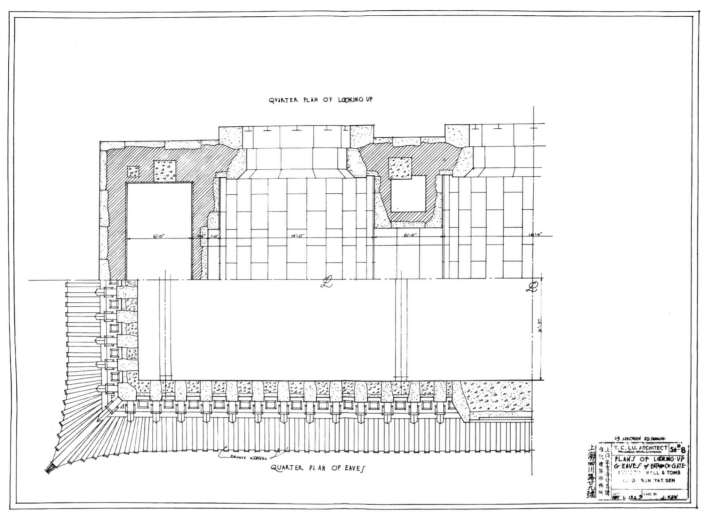

18. 陵門屋檐仰視圖

19. 陵門地平面圖

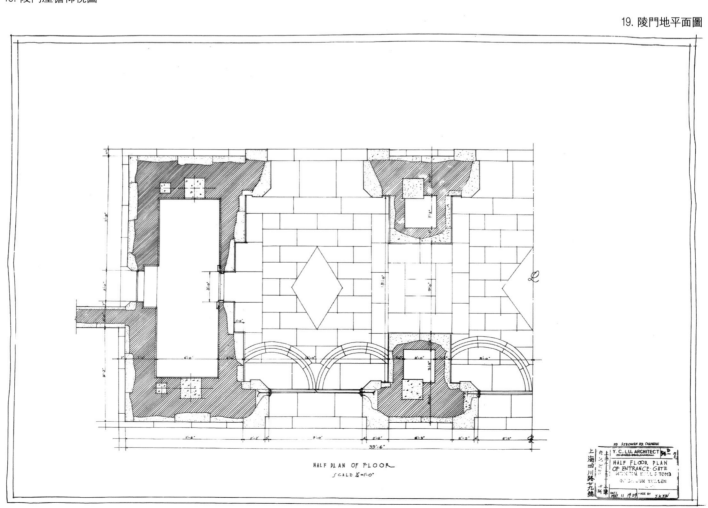

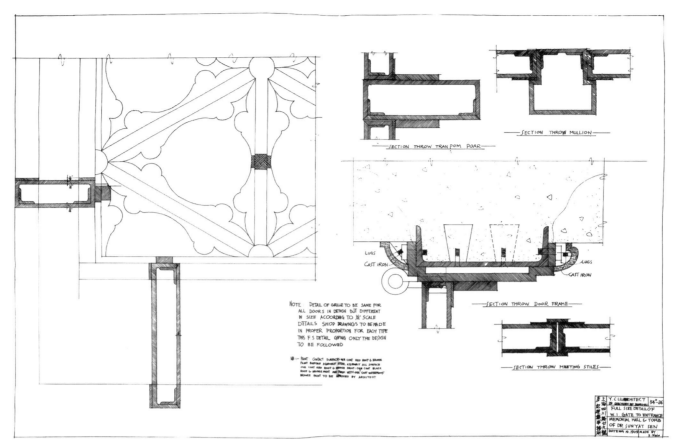

20. 陵門門廳銅門足尺大樣圖

21. 陵門內總平面圖及門外拱衛室圖

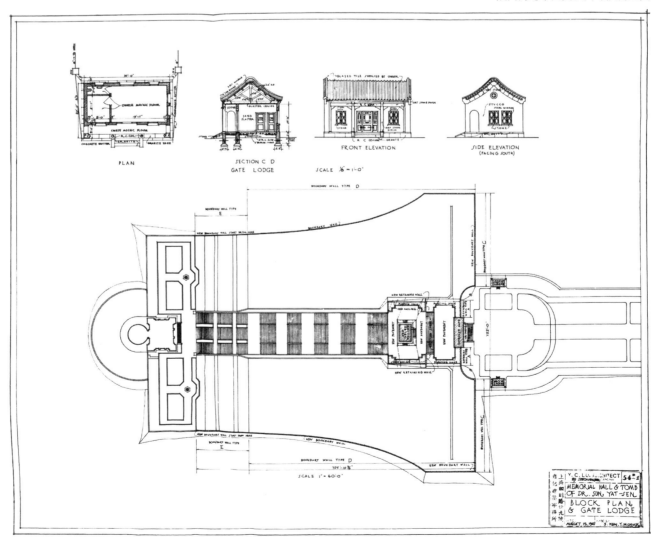

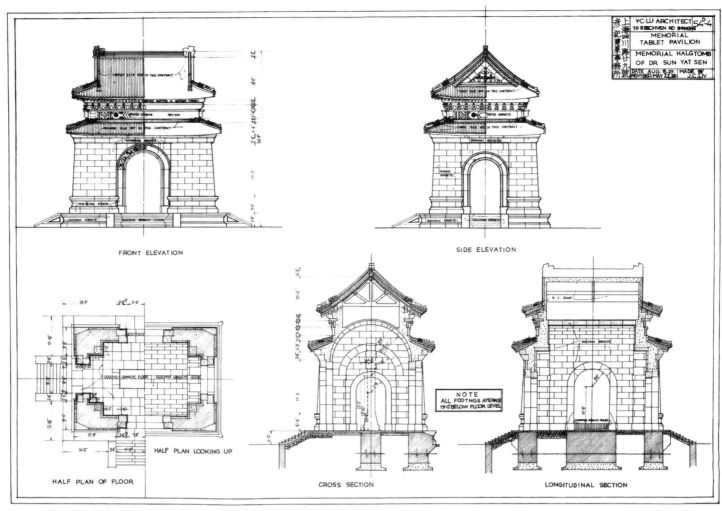

22. 碑亭平立剖面圖(原圖)

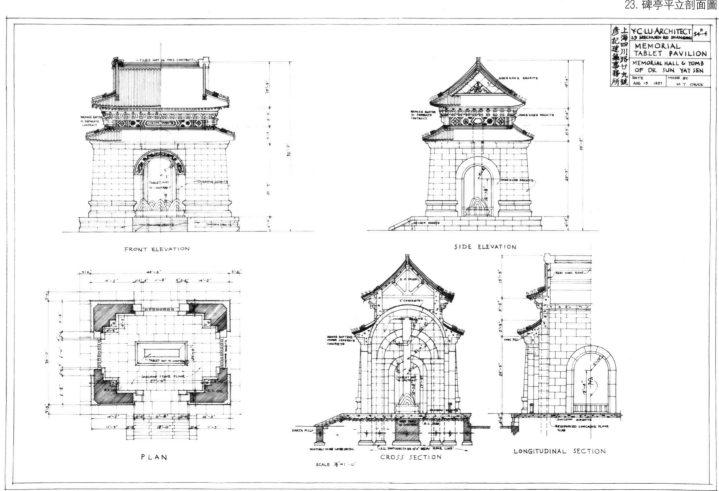

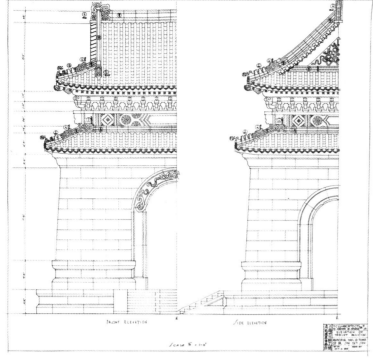

24. 碑亭立面圖

25. 碑亭平面圖及屋頂仰視圖

26. 碑亭結構詳圖

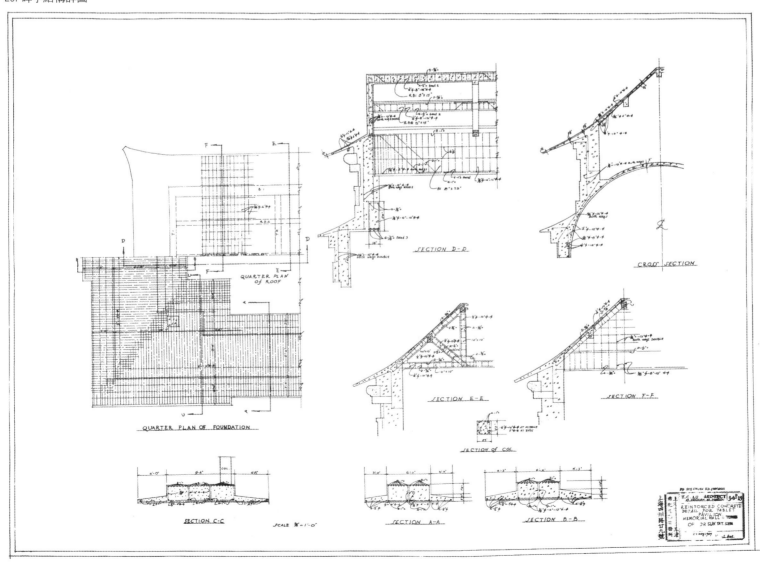

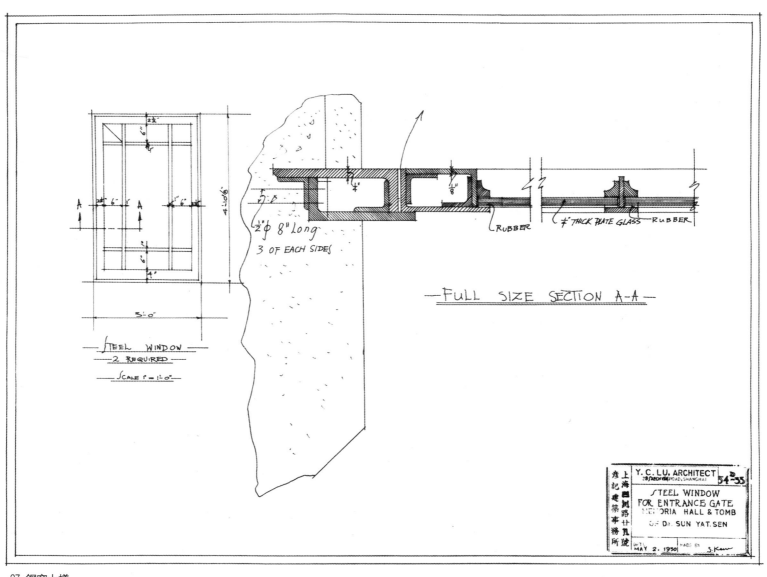

FULL SIZE SECTION A-A

STEEL WINDOW
2 REQUIRED
SCALE 1"=1'-0"

RUBBER
¼" THICK PLATE GLASS
RUBBER

½"φ 8" Long
3 OF EACH SIDES

Y. C. LU, ARCHITECT
28 /ZECHVEN ROAD, SHANGHAI
54-55
STEEL WINDOW
FOR ENTRANCE GATE
MEMORIA HALL & TOMB
OF DR. SUN YAT. SEN
DATE MAY 2. 1930
MADE BY S. Kenn

27. 鋼窗大樣

28. 碑亭檐口縱斷面圖

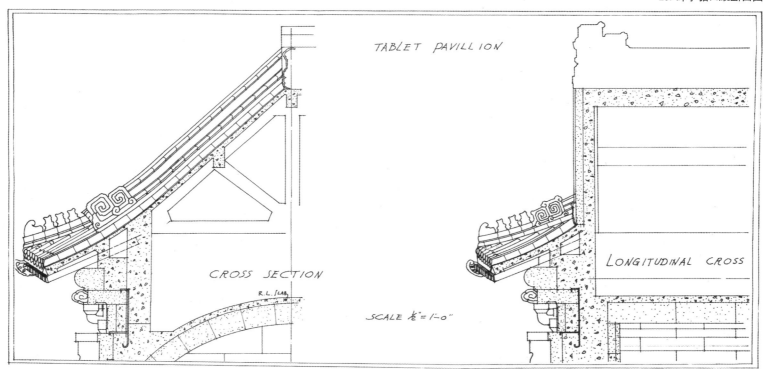

TABLET PAVILLION

CROSS SECTION

LONGITUDINAL CROSS

R.L./LAB.

SCALE ½"=1'-0"

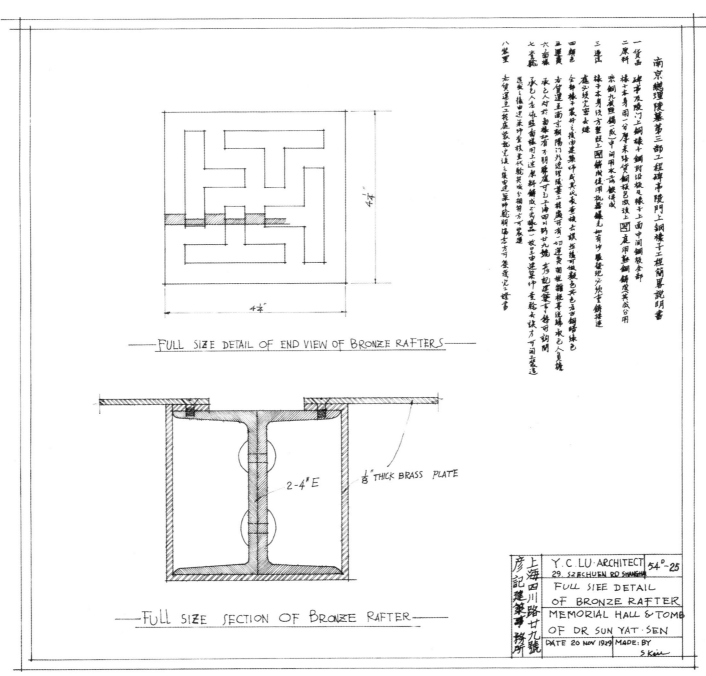

南京總理陵墓第三部工程碑亭陵門上銅椽子工程簡易說明書

一貨品 碑亭及陵門上銅椽子銅對接板及椽子上面中間銅板全部

二原料 椽子本身用一分厚未詳黃銅板製成線上
　　　　必須黃銅（錫鉛）中調用水高鐵鑄成

三造 椽子本身後方裡段上圖銷成使用孔蓋鑲毛如有少量蜜現必須重銷鑄造

四顏色 全部椽子装好後由建築師式樣表重校古試並加黃銅暗綠色

五鑲嵌 右邊並上南京銅門九總理陵墓工程處开有一切運黃銅椎雜椽亭銷緣承包人負鑲

六南嵌 承包人在水縣南椽門上古邊四川路廿九號

七義號 椽亭前方明整廠可以上海四川路廿九號式一故古由建築中重驗合法方可銷門

八鑒重 左邊運立工程處裝配完後之複度經驗審核明確立方可蓋度兒之證書

— FULL SIZE DETAIL OF END VIEW OF BRONZE RAFTERS —

4¾"

4¾"

⅛" THICK BRASS PLATE

2-4" E

— FULL SIZE SECTION OF BRONZE RAFTER —

上海四川路廿九號
彥記建築事務所

Y. C. LU · ARCHITECT
29, SZECHUEN RO SHANGHAI
54º-25
FULL SIZE DETAIL
OF BRONZE RAFTER
MEMORIAL HALL & TOMB
OF DR SUN YAT · SEN
DATE 20 NOV 1929 MADE BY S. Kee

29. 銅椽詳圖

30. 碑亭石碑詳圖

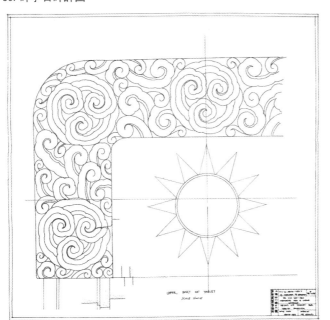

31. 碑亭拱門詳圖

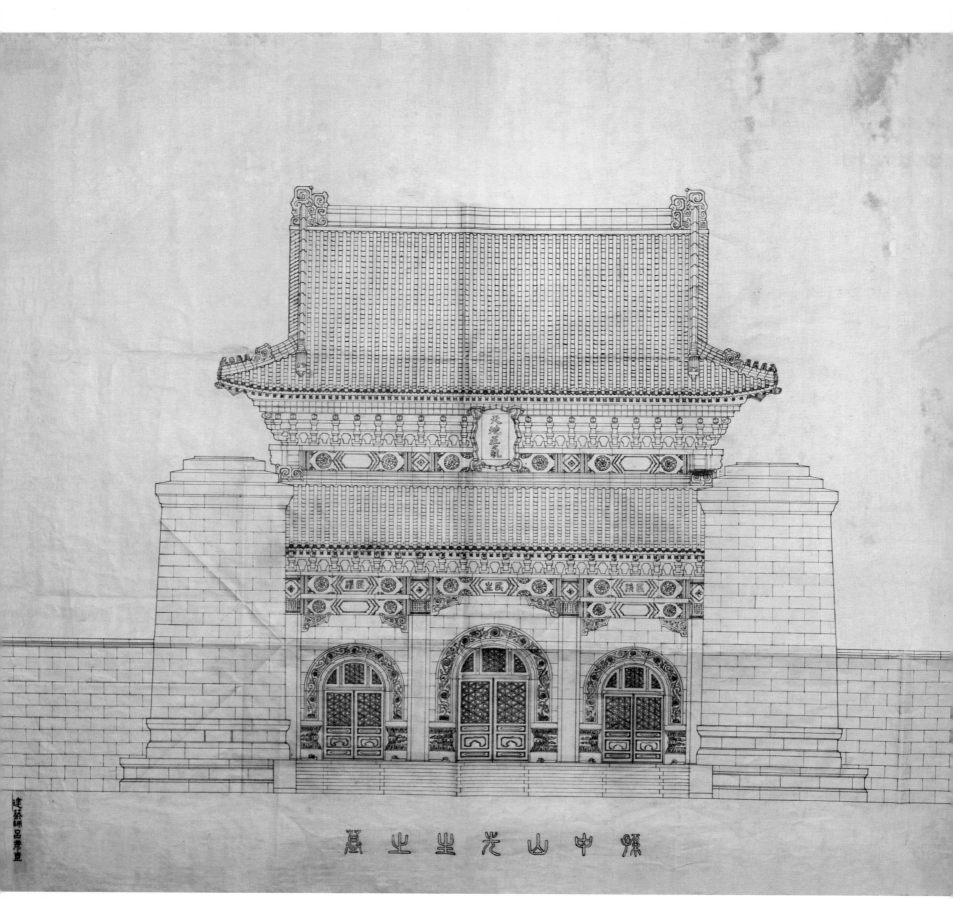

32. 祭堂正立面圖 (原圖)

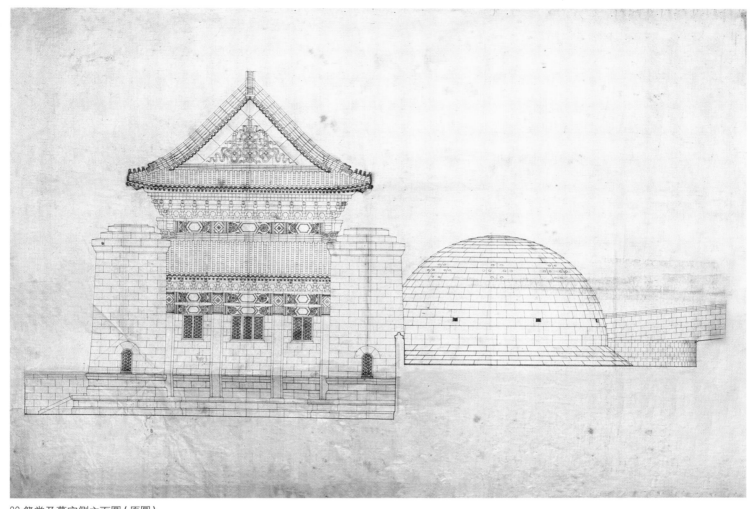

33.祭堂及墓室側立面圖（原圖）

34.祭堂及墓室剖面圖（原圖）

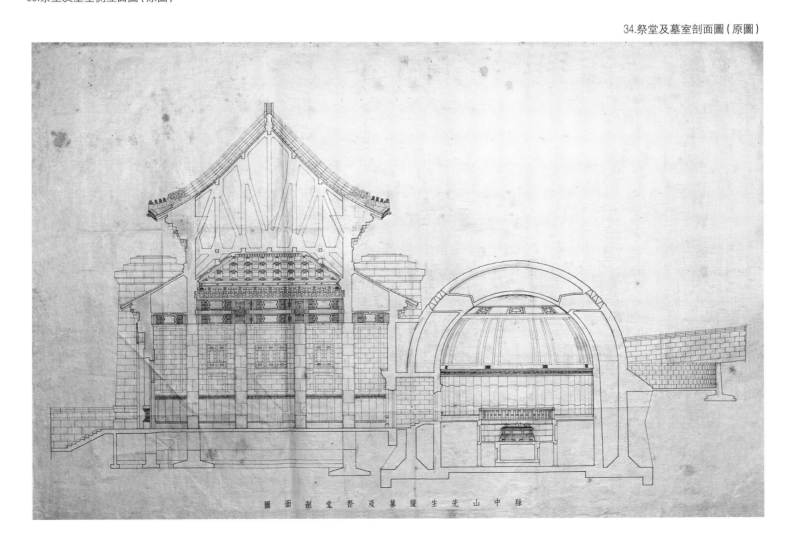

孫中山先生陵墓及祭堂剖面圖

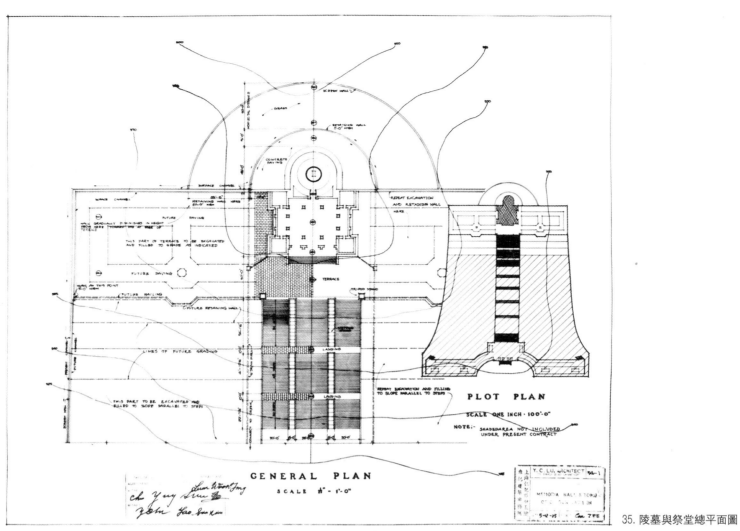

35. 陵墓與祭堂總平面圖

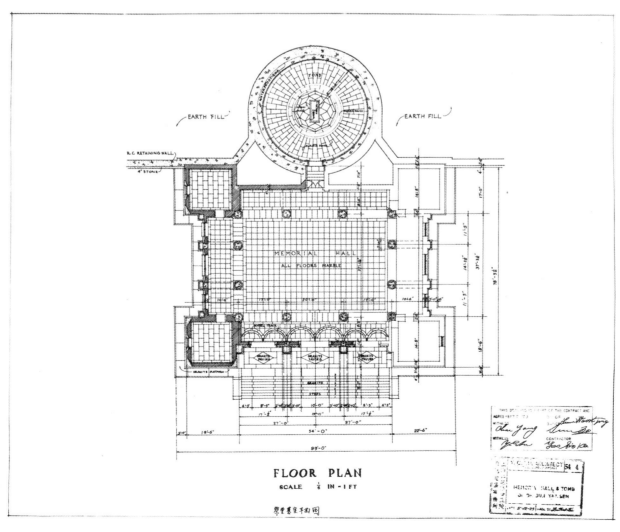

36. 祭堂及墓室平面圖

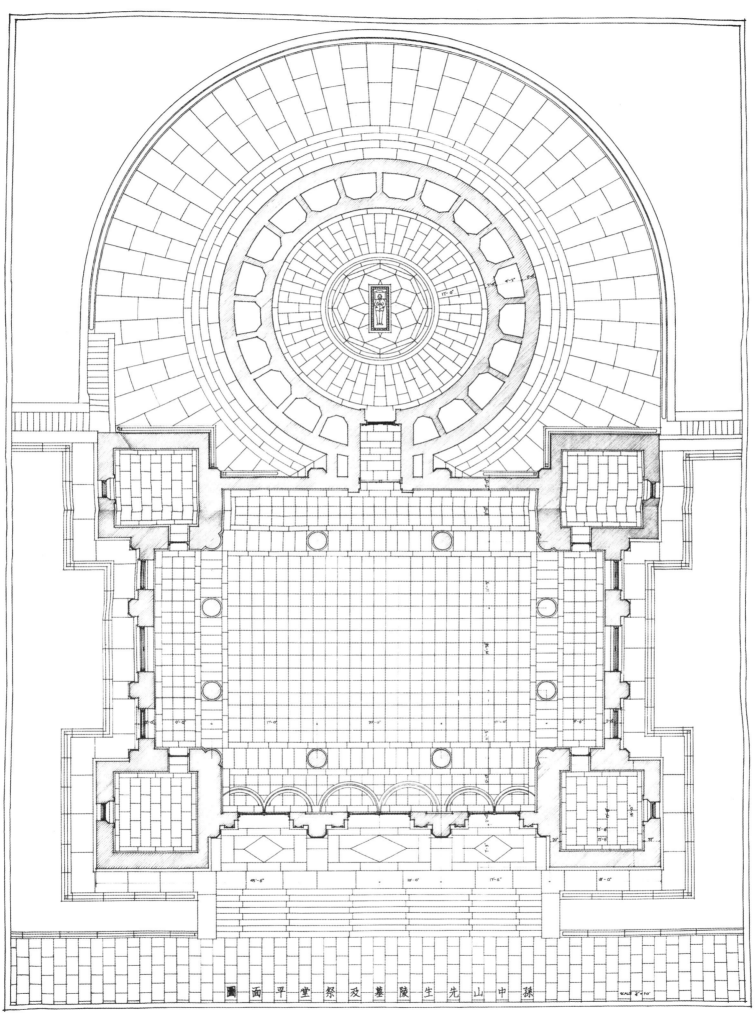

圖面平堂祭及墓陵生先山中孫

37. 祭堂及墓室平面圖（原圖）

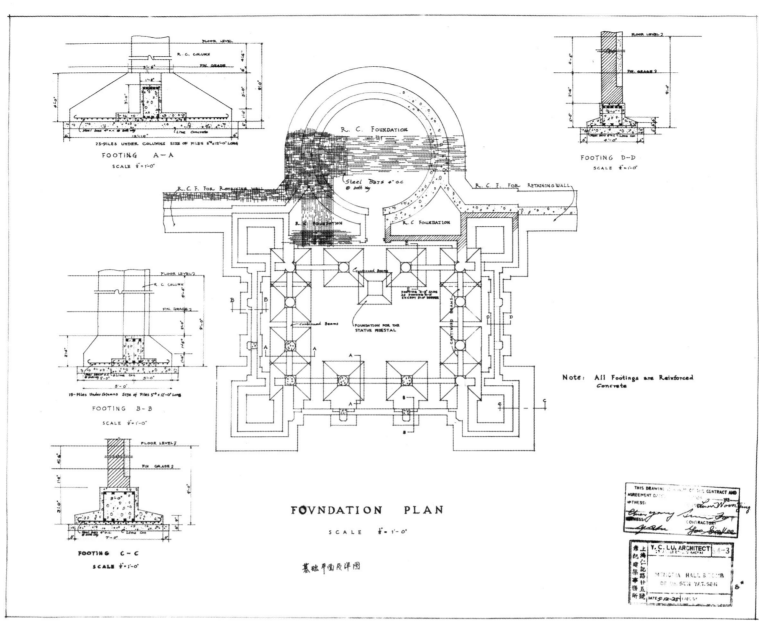

38. 祭堂及墓室基礎平面及詳圖

39. 祭堂正立面詳圖

40. 祭堂南向、北向斷面圖

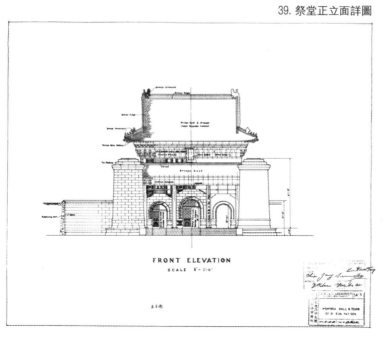

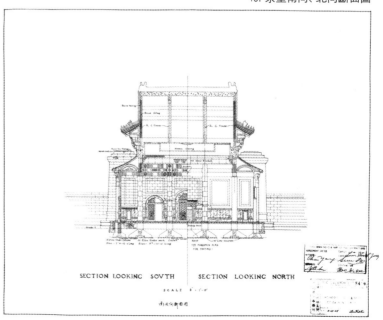

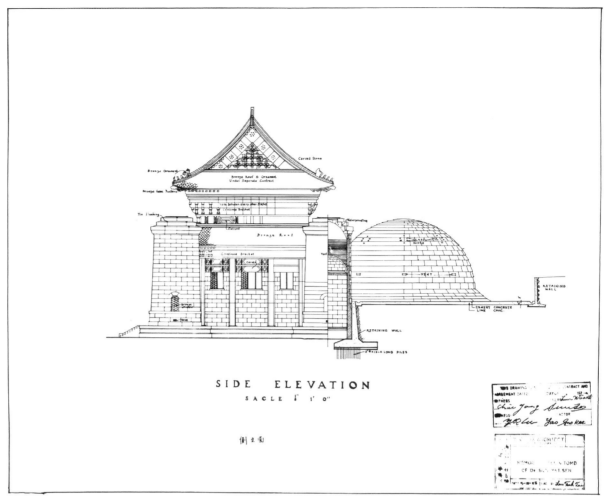

SIDE ELEVATION

SACLE ⅛" 1' 0"

側立圖

41. 祭堂及墓室側立面結構圖

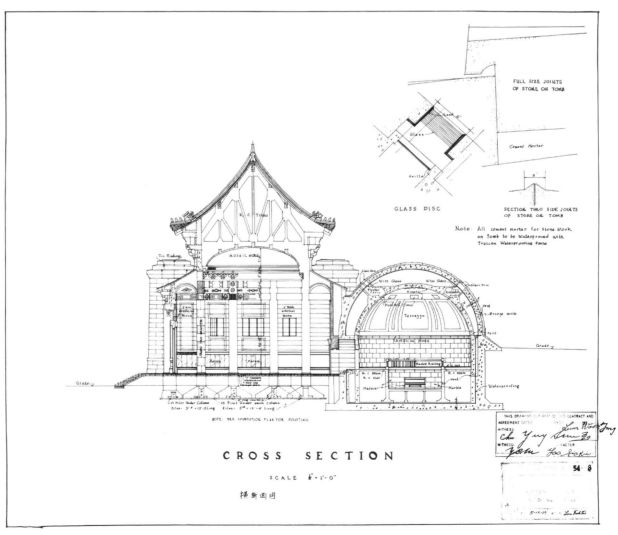

FULL SIZE JOINTS
OF STONE ON TOMB

GLASS DISC

SECTION THRU SIDE JOINTS
OF STONE ON TOMB

Note: All cement mortar for stone work
on Tomb to be Waterproofed with
Truscon Waterproofing Paste

CROSS SECTION

SCALE ⅛" 1'-0"

橫斷面圖

42. 祭堂及墓室剖面圖

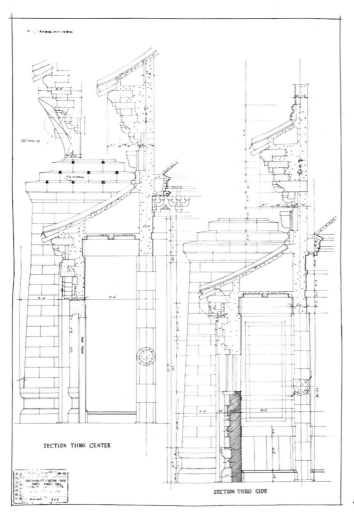

SECTION THRO CENTER

SECTION THRO SIDE

43. 祭堂中軸綫及側軸綫墻身大樣圖

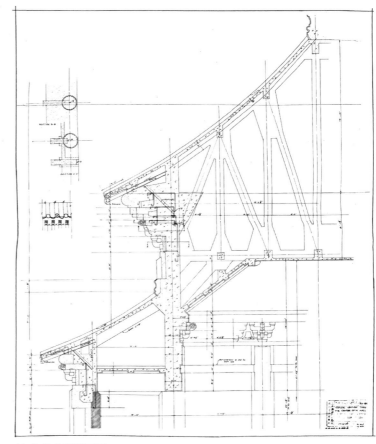

44. 祭堂中綫斷面圖

45. 祭堂外墙石節點詳圖

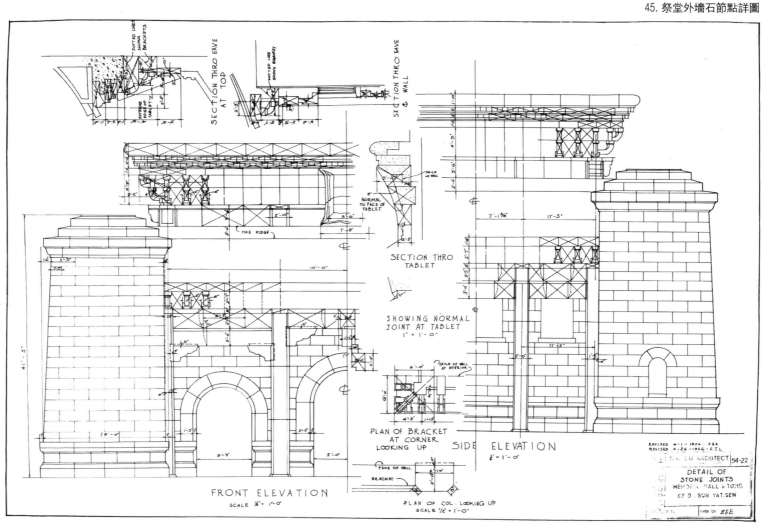

FRONT ELEVATION
SCALE ⅛" = 1'-0"

SIDE ELEVATION
⅛" = 1'-0"

SECTION THRO TABLET

SHOWING NORMAL
JOINT AT TABLET
1" = 1'-0"

PLAN OF BRACKET
AT CORNER
LOOKING UP

PLAN OF COL. LOOKING UP
SCALE ½" = 1'-0"

DETAIL OF
STONE JOINTS
MEMORIAL HALL & TOMB
OF DR. SUN YAT SEN

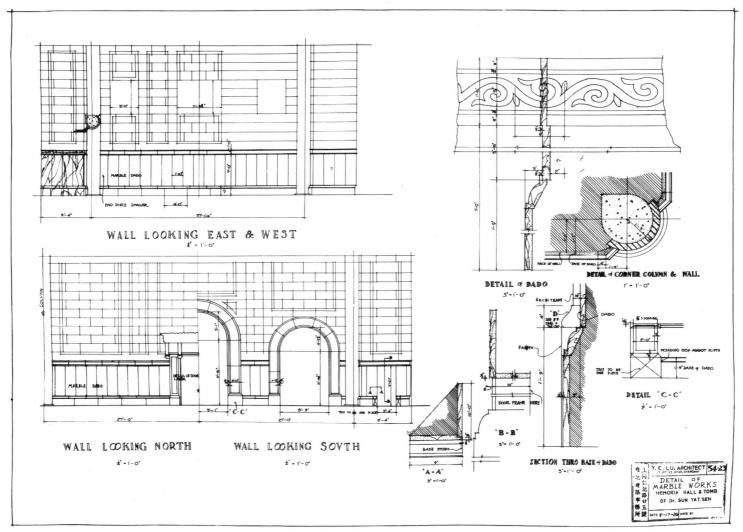

46. 祭堂石結構詳圖之一

47. 祭堂石結構詳圖之二

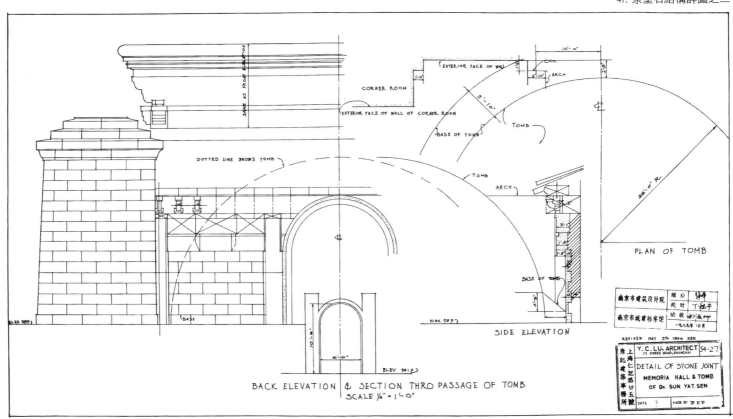

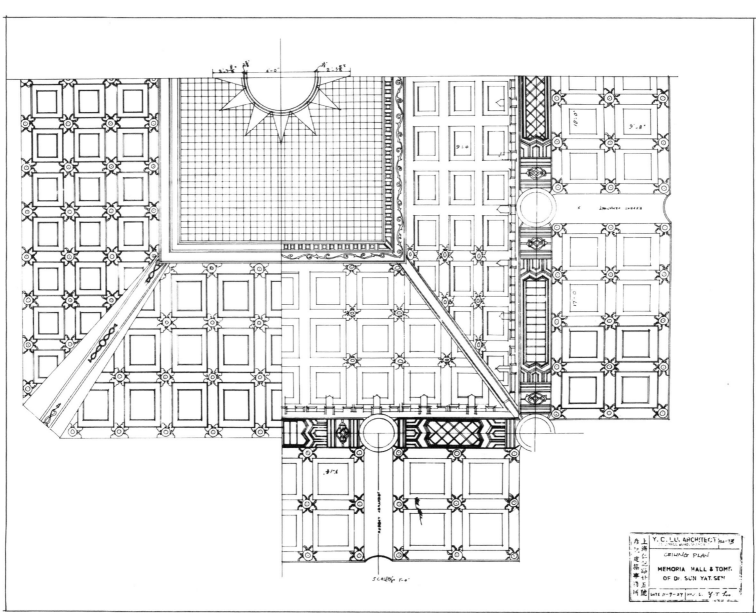

48. 祭堂平頂平面圖

49. 祭堂平頂馬賽克裝飾圖

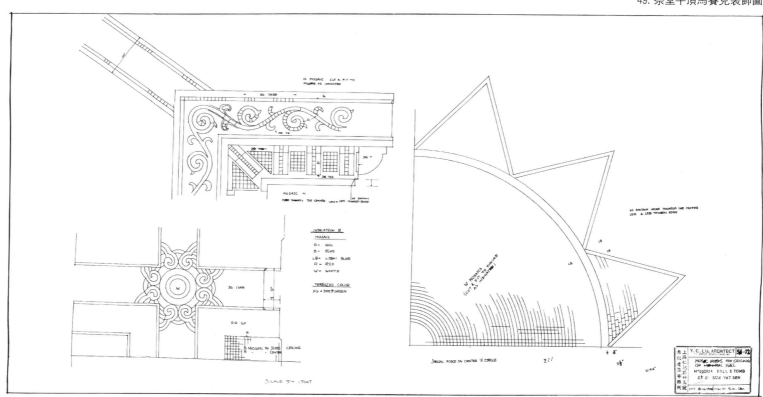

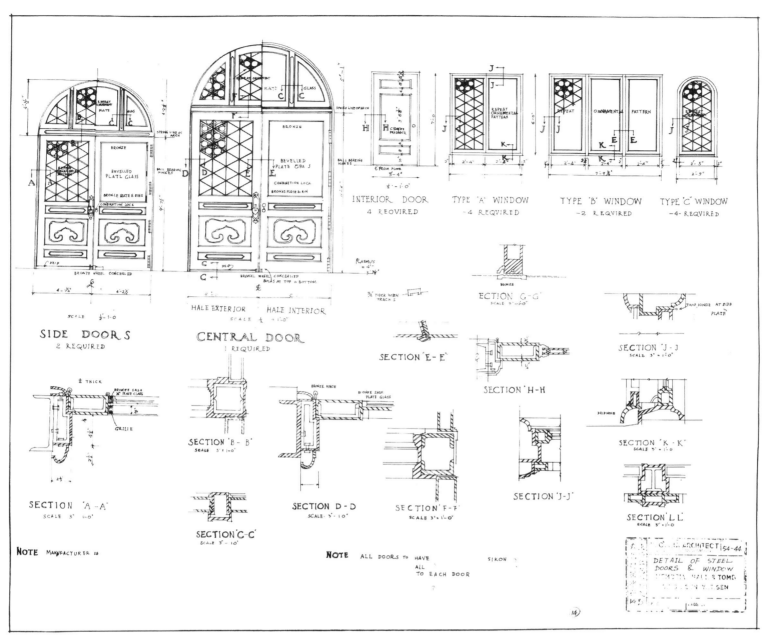

50. 祭堂門窗詳圖

51. 祭堂斗栱（上層）詳圖 　　　　　　　　　　　　　　　52. 祭堂山尖詳圖

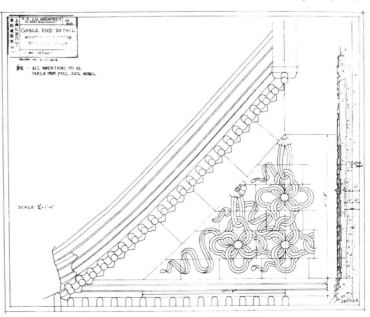

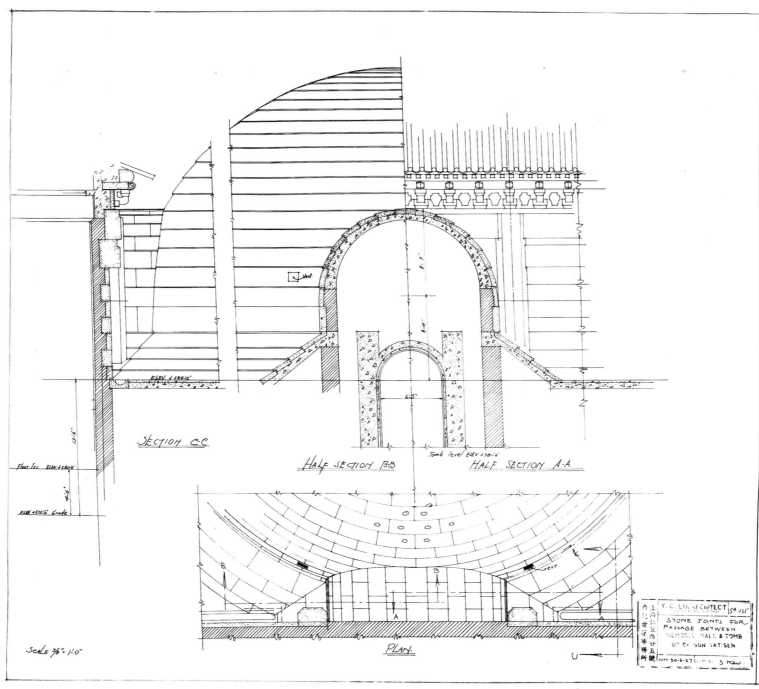

53. 祭堂與墓室間通道結構圖

54. 墓室棺座圖

55. 墓室兩側石級及擋土墻圖

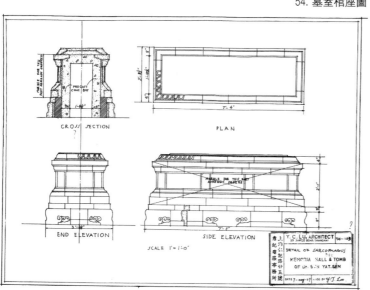

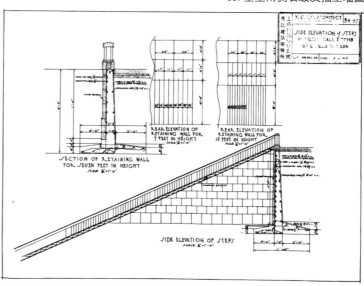

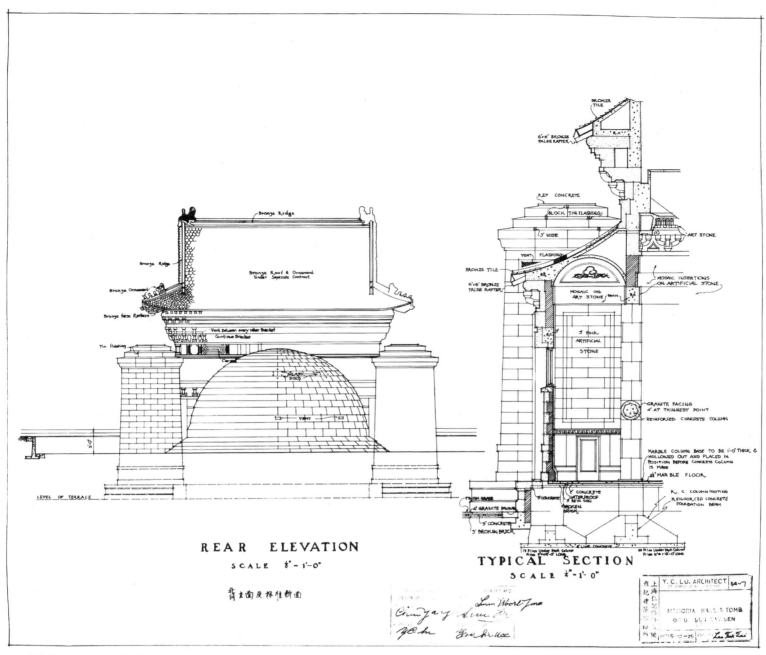

REAR ELEVATION

SCALE ⅛"-1'-0"

背立面及標准断面圖

TYPICAL SECTION

SCALE ⅛"-1'-0"

56. 墓室背立面及標準斷面圖

57. 墓室墻面詳圖   58. 墓室南墻詳圖

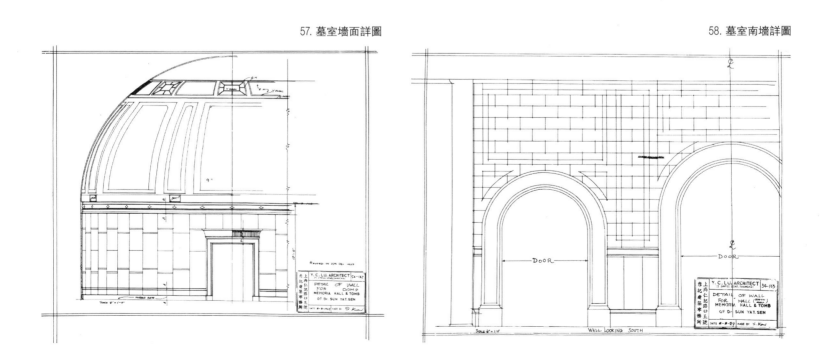

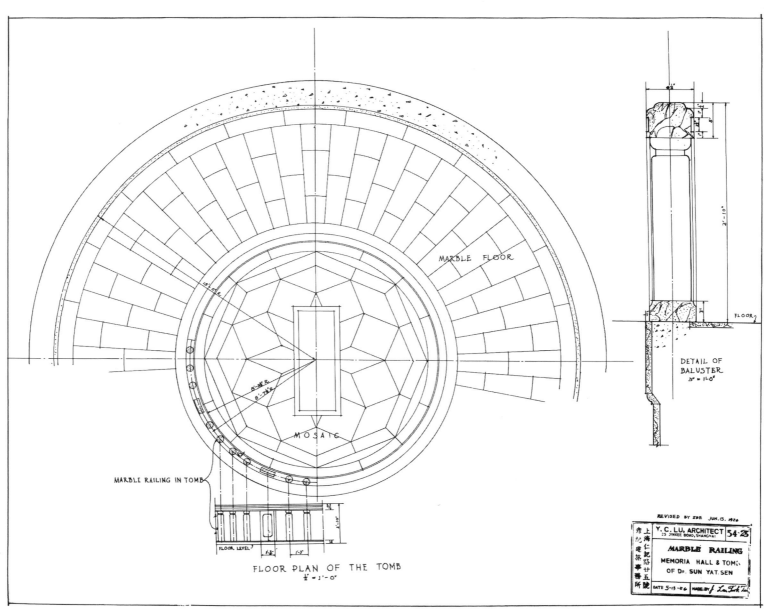

59. 墓室地面及大理石欄杆詳圖

60. 墓門詳圖

61. 墓室天頂圖

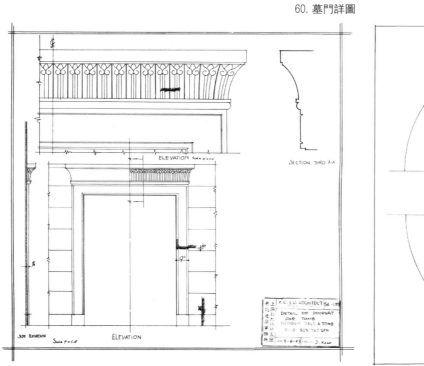

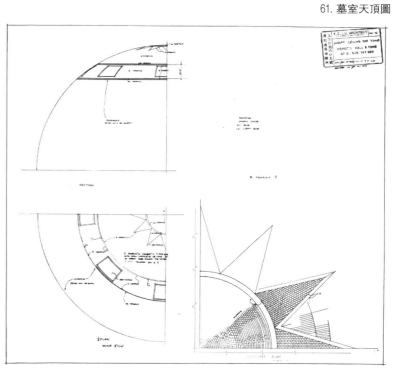

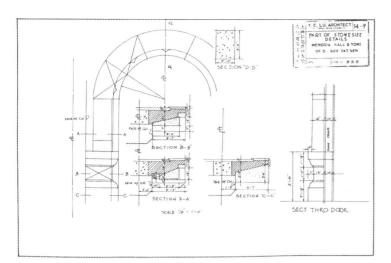

62. 祭堂、墓室正門砌石圖

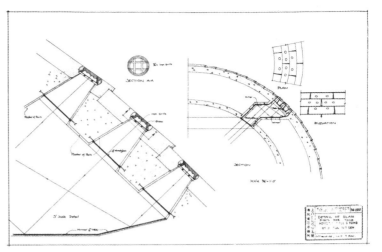

63. 墓室返光天窗圖

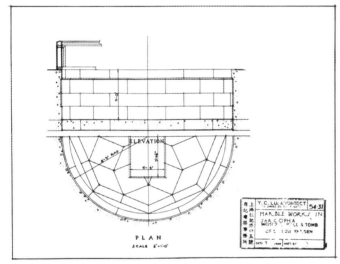

64. 墓室石作圖

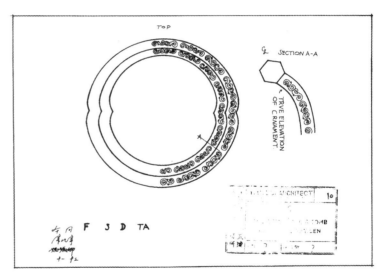

65. 墓室門門環圖

66. 墓周砌石圖

67. 墙角砌石斷面圖

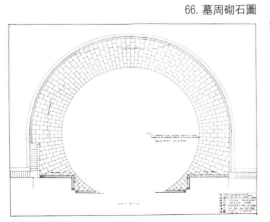

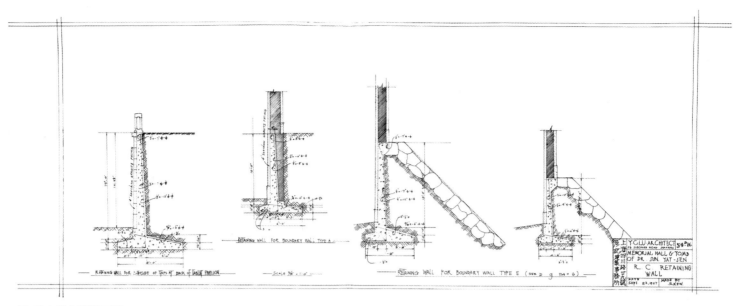

68. 墓室擋土牆斷面圖

69. 門廳銅門足尺大樣圖

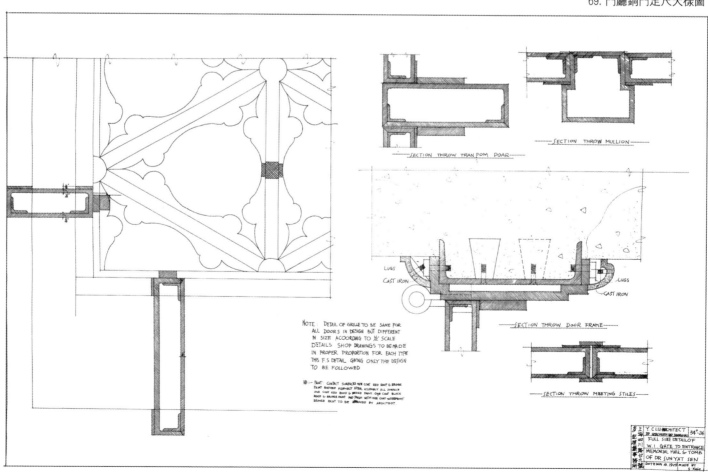

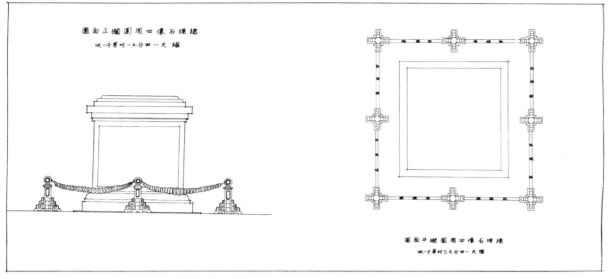

70. 祭堂總理石像圍欄正立面、平面圖

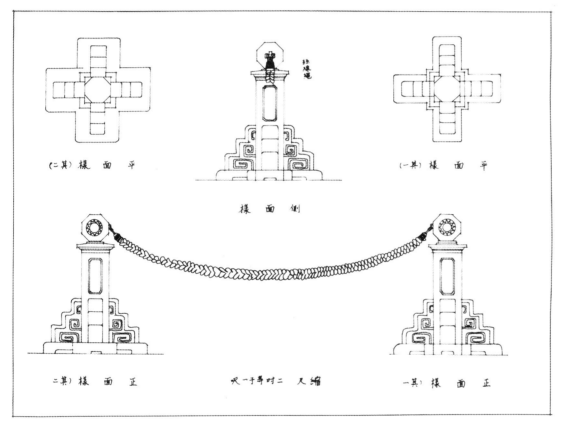

71. 石像圍欄詳圖

72. 甬道石級圖

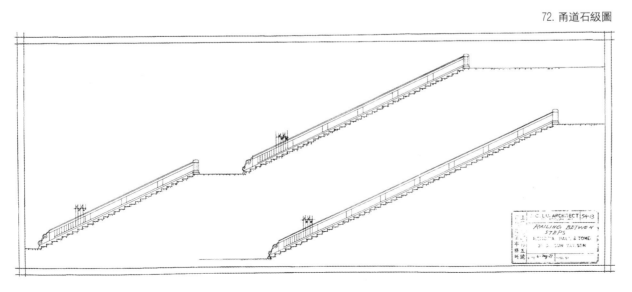

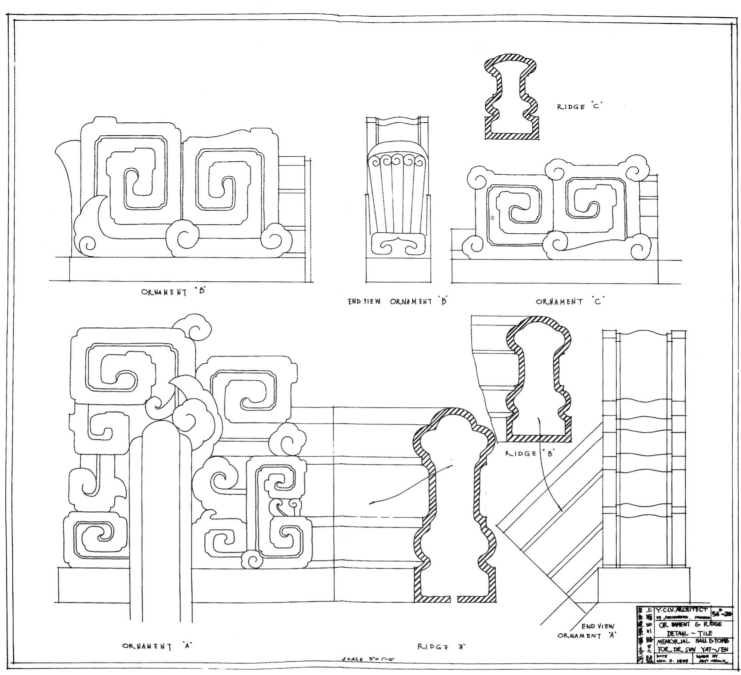

73. 琉璃脊吻詳圖之一

74. 琉璃脊吻詳圖之二

75. 銅鼎詳圖

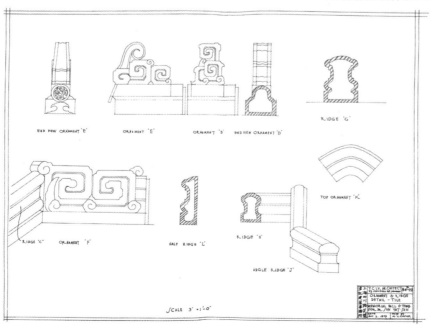

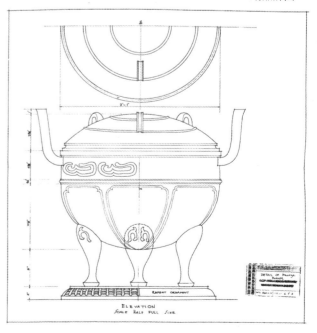

76. 藻井斗栱梁枋彩畫裝飾詳圖

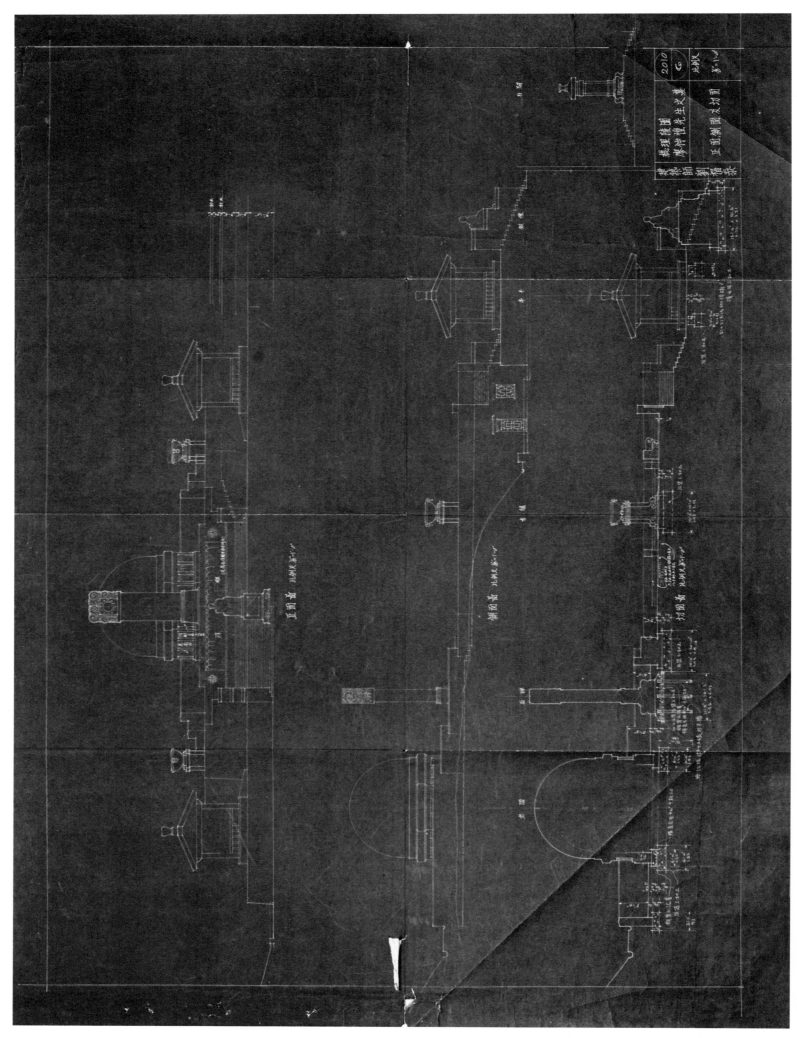

77. 廖仲愷墓設計圖之一（呂彥直原設計方案，劉福泰繪圖）

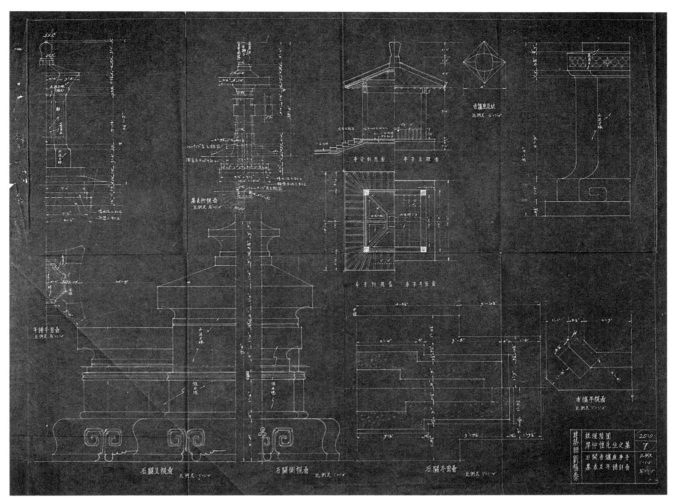

78. 廖仲愷墓設計圖之二（呂彥直原設計方案，劉福泰繪圖）

79. 廖仲愷墓設計圖之三（呂彥直原設計方案，劉福泰繪圖）

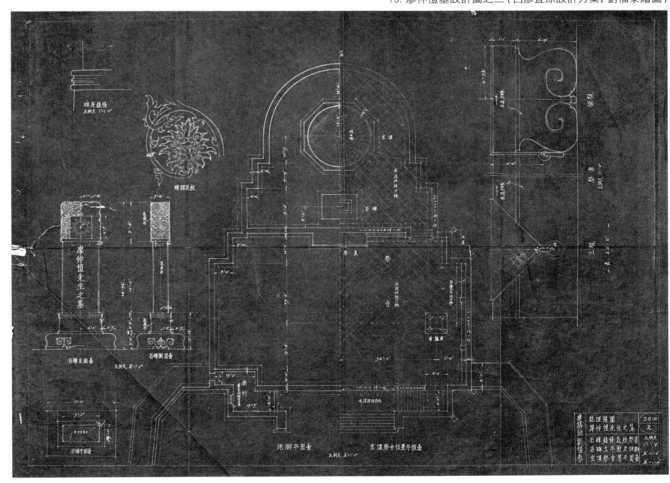

廣州中山紀念堂設計、修繕、測繪圖

———此部分含1926~1998年歷年設計、修繕、測繪圖。其中圖1~9爲呂彥直手繪效果圖，由黃建德先生提供；圖10~15爲彥記建築事務所原設計圖，由廣州中山紀念堂管理處提供；圖16~30爲廣州市設計院1958~1998年修繕工程圖；圖31~38爲南京大學2009年測繪圖。

1. 中山紀念堂全部平面圖（效果圖）

2. 中山紀念堂平面圖（效果圖）

3. 中山紀念堂整體圖（效果圖）

4. 中山紀念堂正面圖 (效果圖)

5. 中山紀念堂側影圖 (效果圖)

6. 中山紀念堂側立面圖（效果圖）

7. 中山紀念堂剖面圖（效果圖）

孫中山先生紀念碑圖案

8. 中山紀念碑正面圖（效果圖）

9. 中山紀念碑平面圖（效果圖）

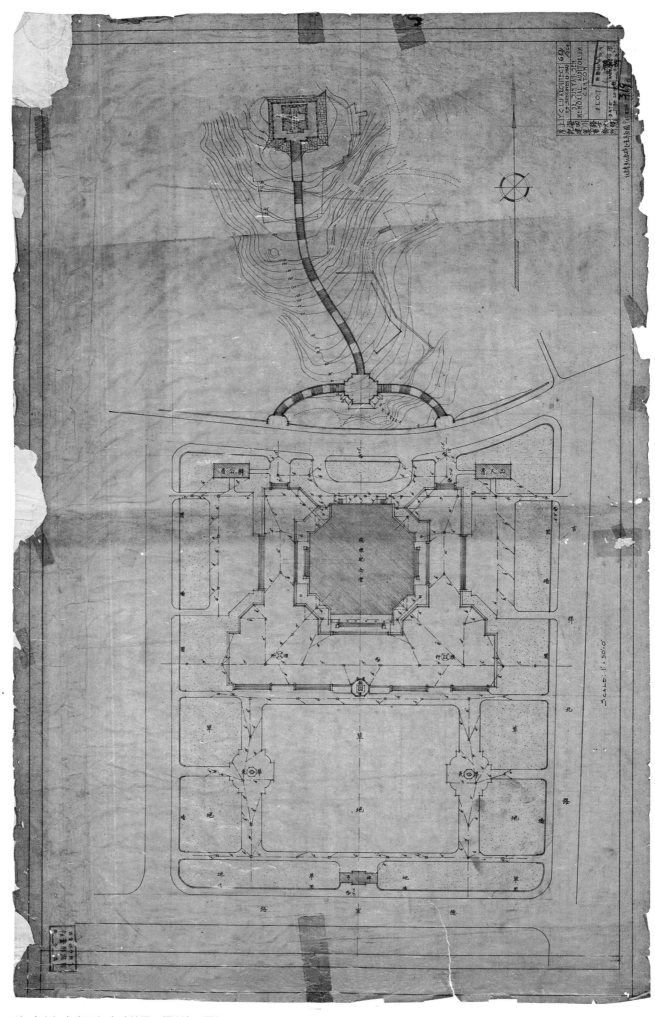

10. 中山紀念堂及紀念碑總平面圖（效果圖）

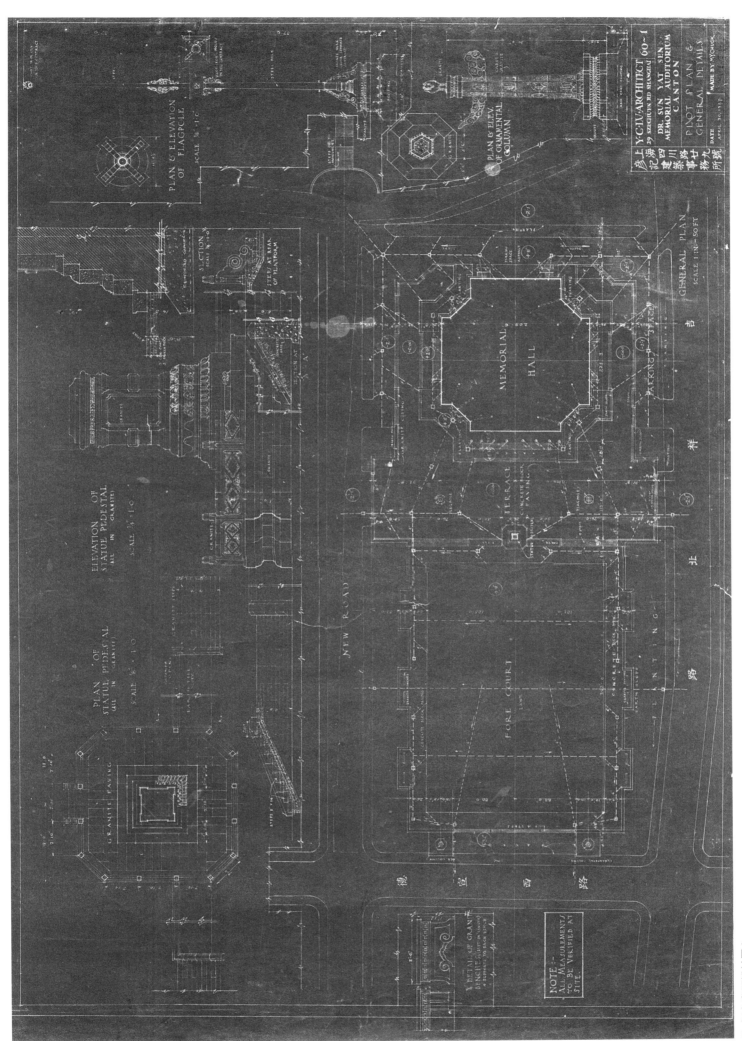

11. 紀念堂原設計圖之一

12. 紀念堂原設計圖之二

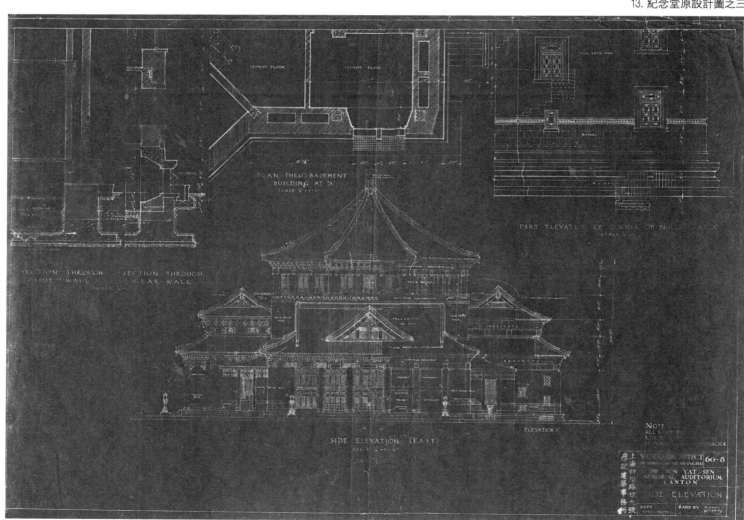

14. 紀念堂原設計圖之四

15. 紀念堂原設計圖之五

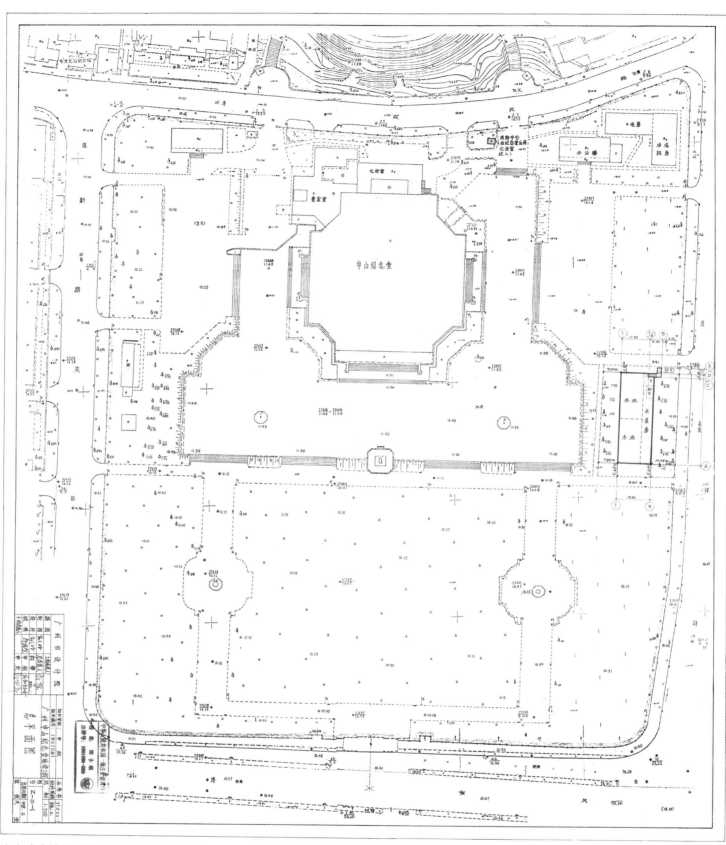

16. 紀念堂總平面圖 (廣州市設計院 1998年)

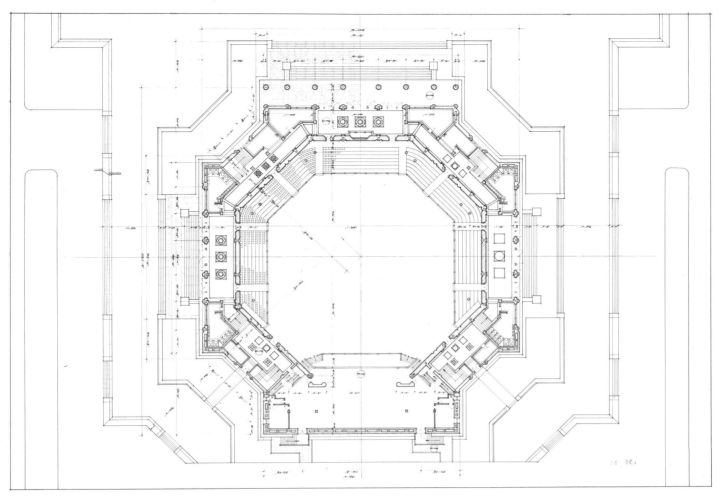

17. 紀念堂一層平面圖 (廣州市設計院 1958年)

18. 紀念堂二層平面圖 (廣州市設計院 1998年)

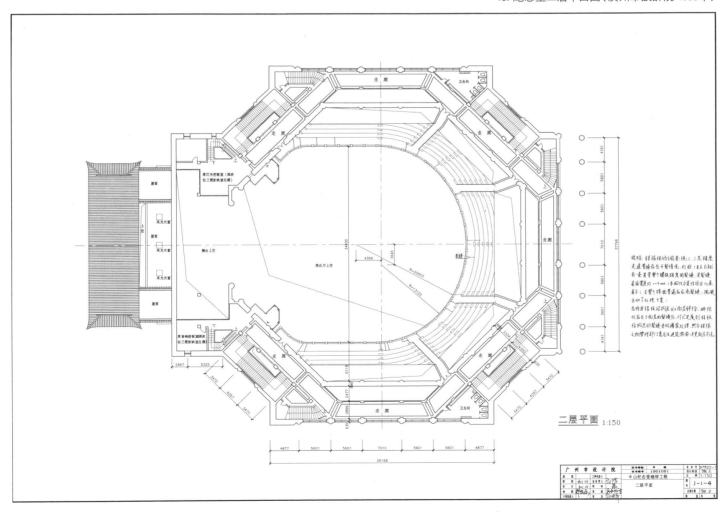

二層平面 1:150

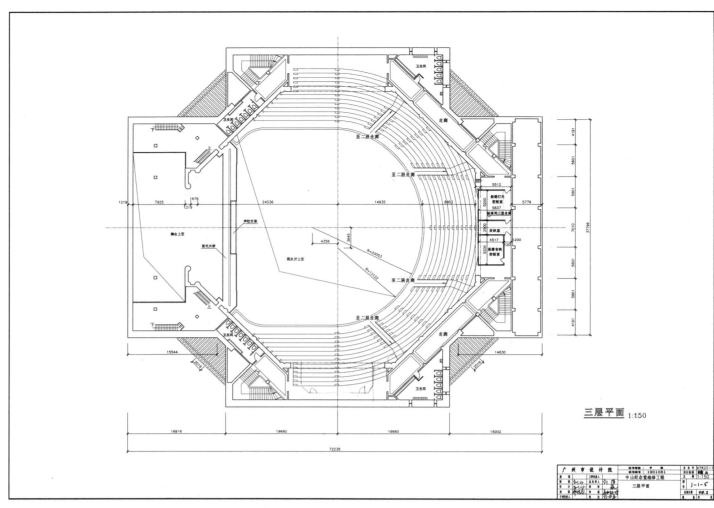

三層平面 1:150

19. 紀念堂三層平面圖（廣州市設計院 1998年）

20. 紀念堂頂層平面圖（廣州市設計院 1958年）

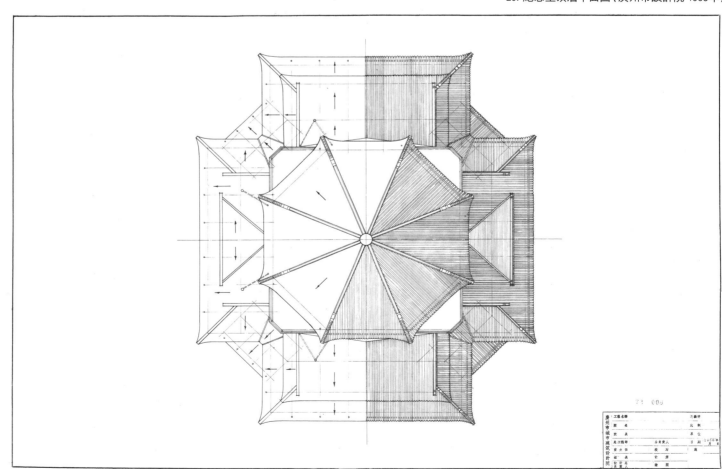

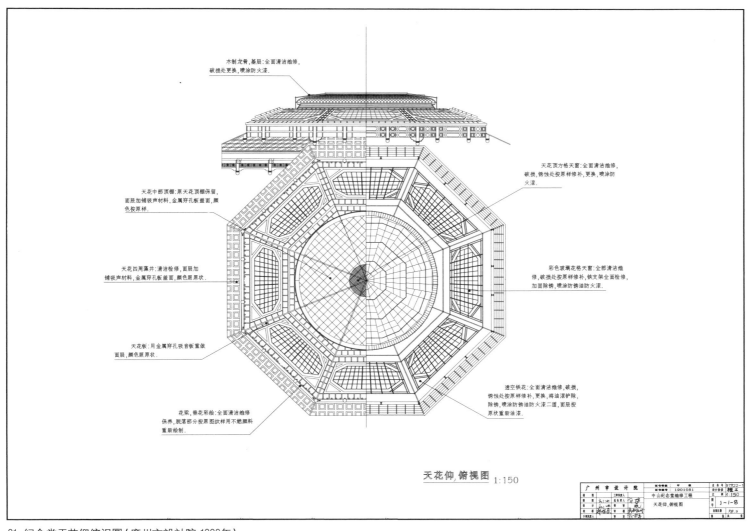

木制龙骨,蕃景:全面清洁维修,
破损处更换,喷涂防火漆.

天花中部顶棚:原天花顶棚保留,
面层加铺吸声材料,金属穿孔板盖面,颜
色按原样.

天花四周藻井:清洁检修,面层加
铺吸声材料,金属穿孔板盖面,颜色照原状.

天花板:用金属穿孔铁音板重做
面层,颜色照原状.

花梁,垂花彩绘:全面清洁维修
保养,脱落部分按原图纹样用不褪料
重新绘制.

天花顶方格天窗:全面清洁维修,
破损,铸性处按原样修补,更换,喷涂防
火漆.

彩色玻璃花格天窗:全部清洁维
修,破损处按原样修补,铁支架全面检修,
加固除锈,喷涂防锈油防火漆.

透空铁花:全面清洁维修,破损,
铸性处按原样修补,更换,将油漆护除,
除锈,喷涂防锈油防火漆二道,面层按
原状重新油漆.

天花仰,俯视图 1:150

21. 紀念堂天花仰俯視圖 (廣州市設計院 1998年)

22. 紀念堂三層及頂層天花平面圖 (廣州市設計院 1958年)

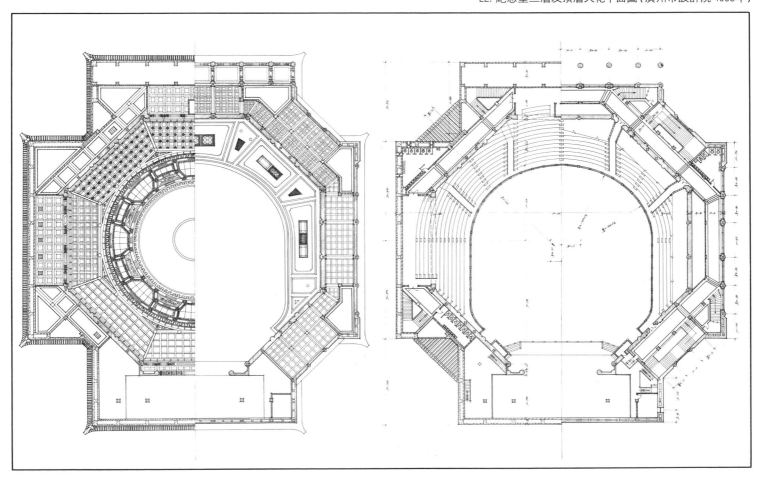

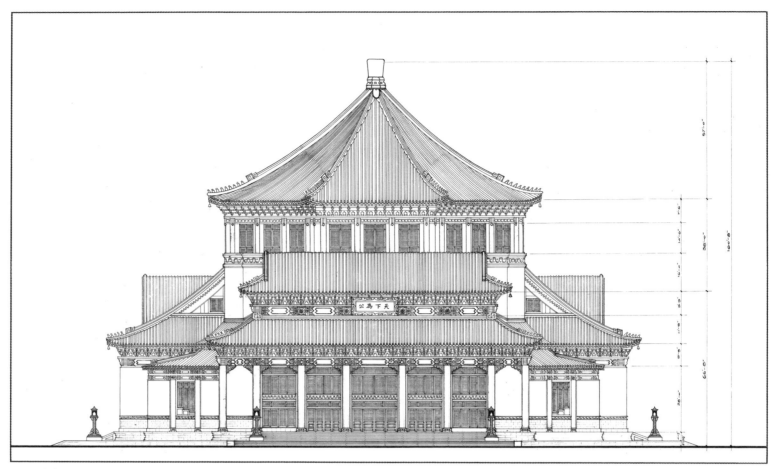

23. 紀念堂正立面圖（廣州市設計院 1958年）

24. 紀念堂側立面圖（廣州市設計院 1958年）

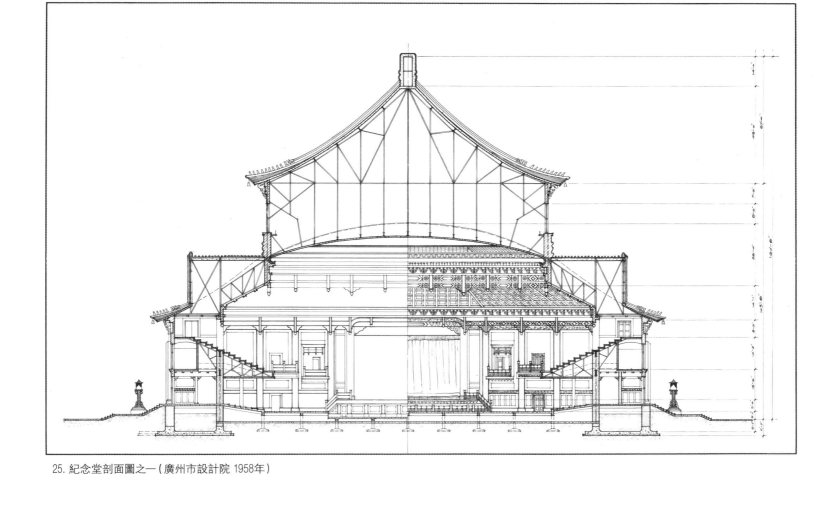

25. 紀念堂剖面圖之一（廣州市設計院 1958年）

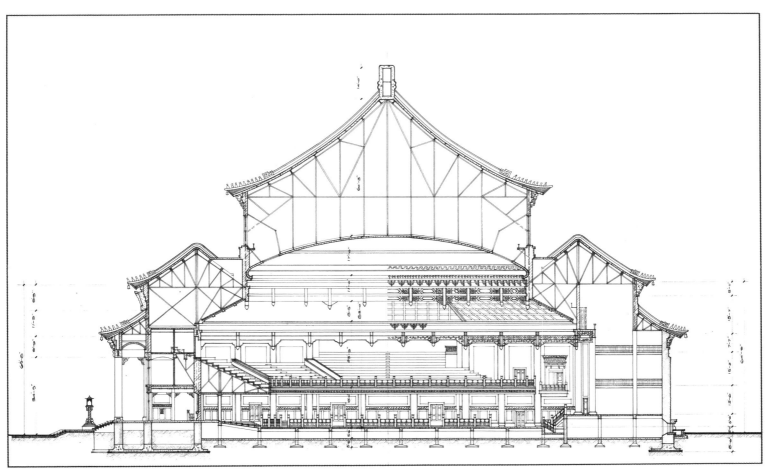

26. 紀念堂剖面圖之二（廣州市設計院 1958年））

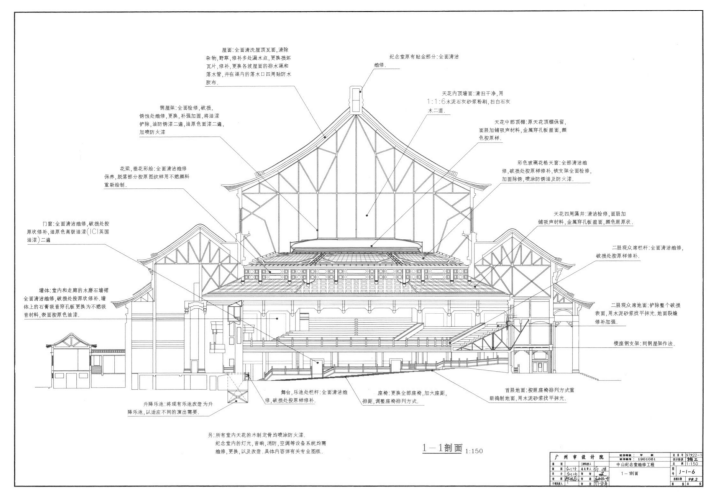

27. 紀念堂剖面圖之三（廣州市設計院 1998年）

28. 紀念堂剖面圖之四（廣州市設計院 1998年）

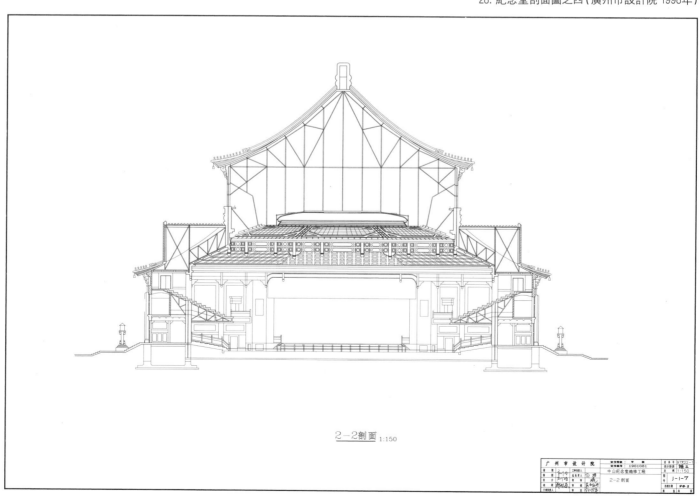

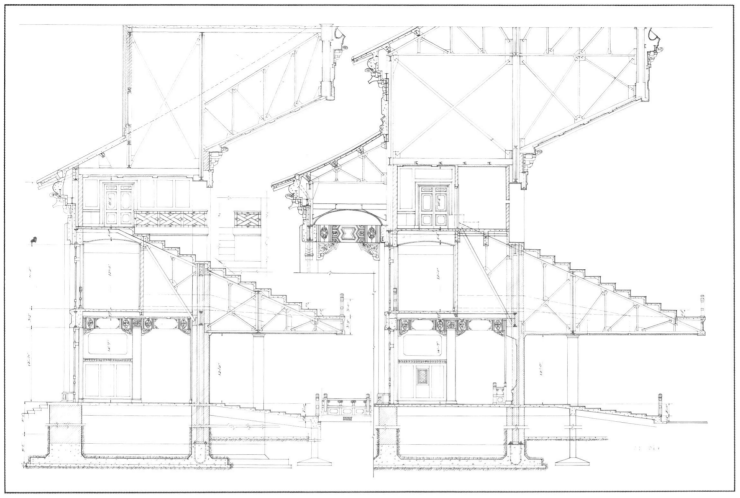

29. 紀念堂墻身大樣圖（廣州市設計院 1998年）

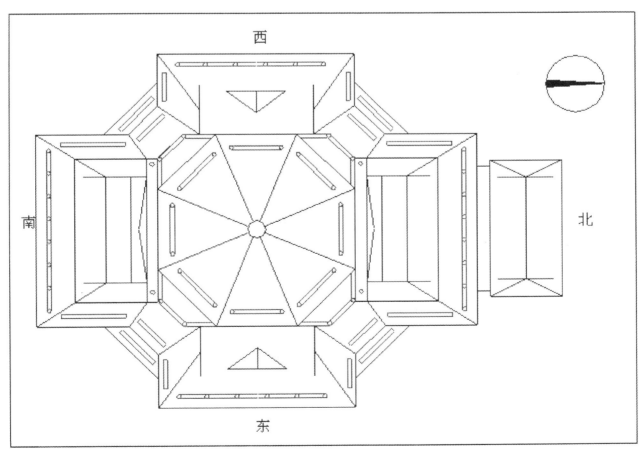

西

南

北

东

30. 紀念堂屋頂排水設計（廣州市設計院）

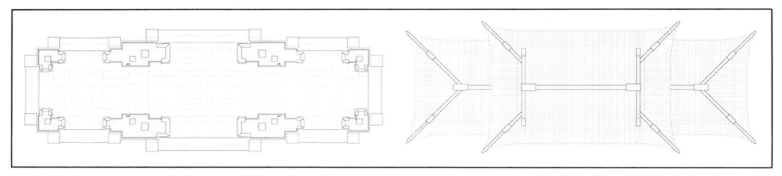

31. 紀念堂門亭平面（南京大學 2009年）　　　　　　　　　32. 紀念堂門亭屋頂平面（南京大學 2009年）

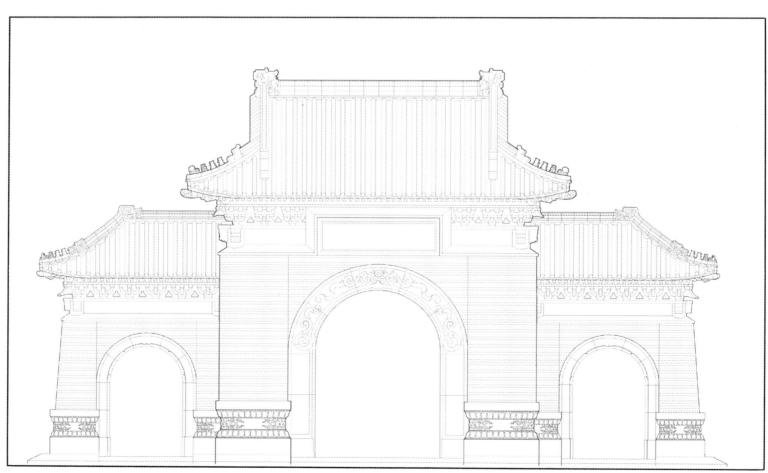

33. 紀念堂門亭立面（南京大學 2009年）

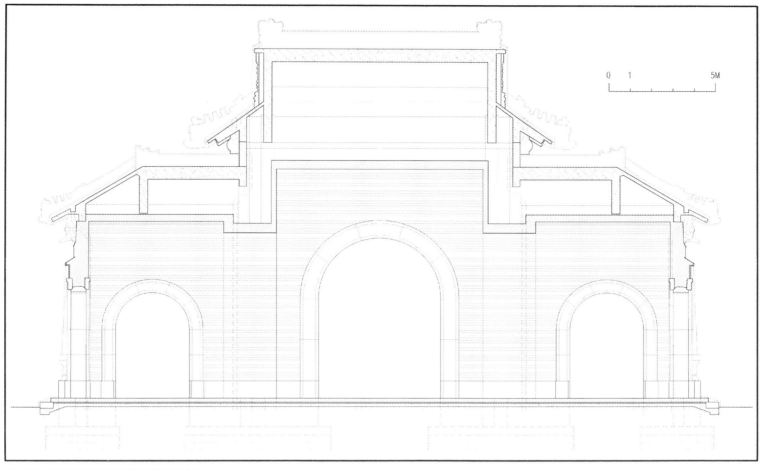

34. 紀念堂門亭縱剖面（南京大學 2009年）

35. 紀念堂門亭側立面（南京大學 2009年）

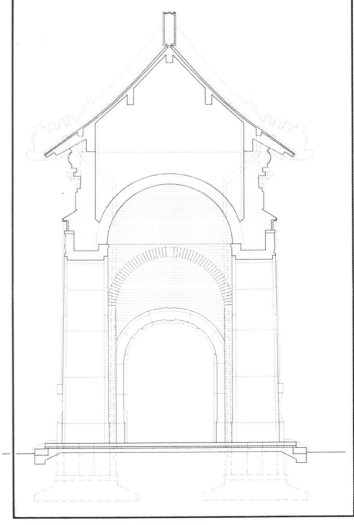

36. 紀念堂門亭橫剖面（南京大學 2009年）

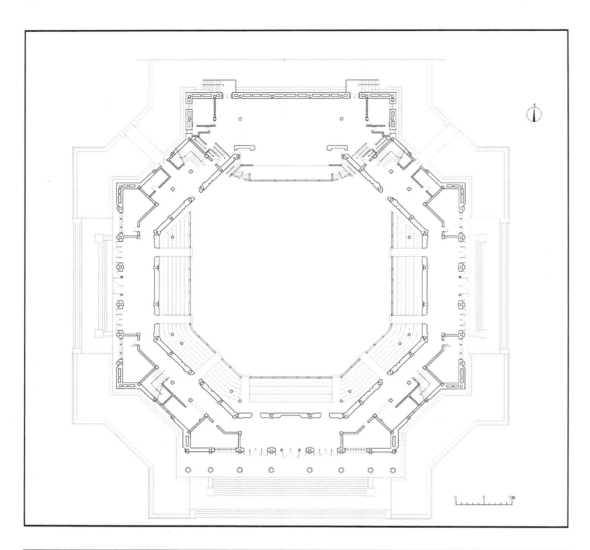

37. 紀念堂一層平面（南京大學 2009年）

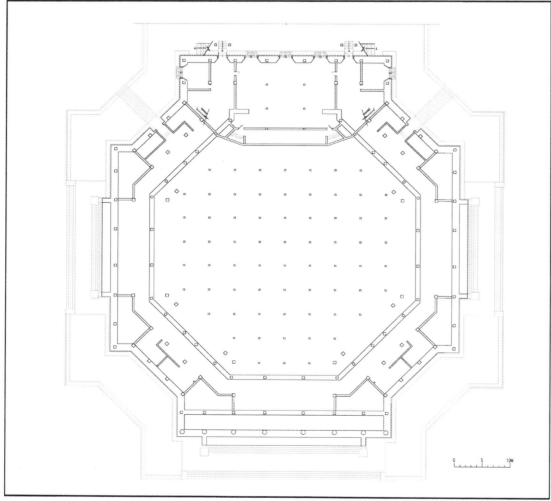

38. 紀念堂地下室平面（南京大學 2009年）

南京中山陵、廣州中山紀念堂歷史照片

中山陵建造過程舊影

——此部分資料主要係黃建德先生代黃檀甫先生捐贈、南京博物院收藏，第2、10、48圖仍係黃建德先生私人藏品。

1.祭堂及墓室模型

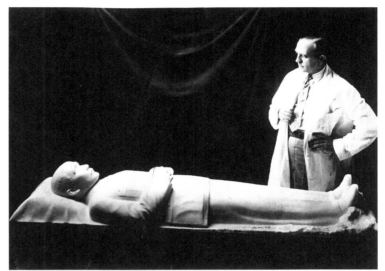

2.捷克雕塑家高琪創作孫中山臥像

3. 第一部工程–甬道填土開掘工程

4. 第一部工程-祭堂屋架施工

5. 第一部工程-祭堂大門施工

6. 第一部工程-祭堂建造過程

7. 第一部工程-墓室建造過程

8.第一部工程-墓室外觀

9. 第一部工程-墓室石樽上的孫中山臥像

10. 第一部工程-祭堂側影夜景

11. 第一部工程-竣工圖景-祭堂全景

12. 第二部工程-廣場工程

13. 第二部工程-石階工程

14. 第二部工程-通陵馬路

15. 第二部工程-祭堂前之華表

16. 第二部工程-竣工圖景-祭堂全景

17.第三部工程-施工工場全景

18.第三部工程-碑亭基址

19.第三部工程-陵門基址

20.第三部工程-碑亭及圍墙地基工程

21.第三部工程-西首圍墙工程

22.第三部工程-東首圍墙工程

23.第三部工程-陵門勒腳石完工

24.第三部工程-碑亭勒腳石以上第三皮港石安置

25.第三部工程-陵門內花牛腿安置

26.第三部工程-碑亭勒腳石完工

27.第三部工程-陵門之疊几疊斗竣工

28.第三部工程-安置陵門銅椽

29.第三部工程-陵門琉璃瓦竣工

30.第三部工程－補救圍墻底腳工程

31.第三部工程－圍墻底腳工程之安置暗溝

37.第三部工程-牌樓瓦面完工

38.第三部工程-圍墻底腳之石壩工程（西南角）

39.第三部工程-西石壩填土工程

40.第三部工程-牌樓及水泥路面工程竣工

41.第三部工程-全部竣工場景

42.第三部工程-1931年8月8日

43.第三部工程-1931年8月8日

44.第三部工程-1931年9月15日

45.第三部工程-1931年9月15日

46.第三部工程-1931年10月10日

47.第三部工程-全部竣工場景（自北向南平視）

48.第三部工程-竣工後之中山陵園全景

49.第一部工程－竣工鳥瞰

附: 奉安大典始末掠影

——此部分資料由黃建德提供

1.1925年4月, 孫中山先生靈柩暫厝北京碧雲寺金剛寶座塔 (此處後命名爲 "孫中山衣冠塚")

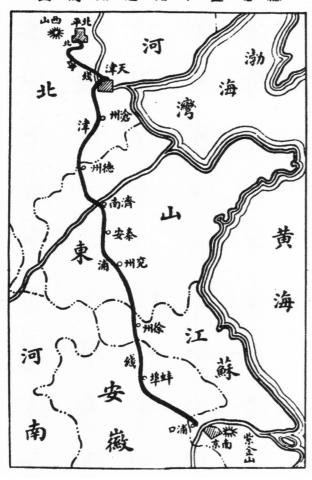

2. 孫中山先生靈車經過路綫圖

4. 靈櫬運至北京(原)東車站

5. 1929年5月28日10時,靈車抵達南京浦口站

3. 1929年5月26日,北京送櫬行列

6. 國民政府官員在浦口站迎靈

7. 運載靈櫬渡長江的威勝號軍艦

8. 靈櫬扶上威勝號

9. 靈櫬暫厝威勝號

10. 威勝號停靠下關碼頭

11. 移靈柩至靈車

12. 靈車駛向祭禮堂

13. 1929年5月28日，公祭禮堂

14. 1929年6月1日凌晨，靈車經中山門駛向中山陵

15. 海軍送靈隊伍

16. 市民送靈隊伍

17. 陸軍送靈隊伍中的遺像亭

18. 1929年6月1日清晨的中山陵

19. 靈櫬預備起杠

20. 靈櫬起杠

21. 靈櫬沿石級緩緩而上

22.靈櫬抬向祭堂平臺

23. 靈櫬送入中山陵祭堂

廣州中山紀念堂建造過程舊影

——此部分資料主要係黃建德先生代黃檀甫先生捐贈、南京博物院收藏，第33、35圖仍係黃建德先生私人藏品。

1. 1928年7月4日工程-北面外墻

2. 1928年9月23日工程-西面外墻

3. 1928年10月6日工程-地基

4. 1929年1月15日工程-奠基典禮

5. 1929年1月13日工程-東北角

6. 1929年1月17日工程-東面石級

7. 1929年1月27日工程-堂內

8. 1929年1月30日工程-堂内西南角

9. 1929年2月18日工程-北面外墙

10.1929年2月18日工程-觀衆席施工場景

11. 1929年4月17日工程-三層八角墙竣工

12. 1929年6月20日工程-側屋鋼架

孫中山先生廣州紀念堂工記後處背景全影攝國民十六年十月八二六日

13.1929年6月20日工程-紀念堂後背工程

14. 1929年8月20日工程-西側屋頂大鋼架

15. 1929年8月20日工程-南面電影間

16.1929年8月20日工程-西北角面墙

17. 1929年9月27日工程-東南角彩畫

18. 1929年10月24日工程-北面外檐彩畫

19. 1929年10月24日工程-北面全景

20. 1929年11月27日工程-東南面全景

21. 1929年10月25日工程-東北角全景

22. 1930年1月12日工程-八角屋頂鋼架

23. 1930年1月12日工程-西南角全景

24. 1930年4月28日工程-正面全景及銅像基座

25. 1930年6月28日工程-東北角全景

26.1930年7月27日工程-東面小山墻鋪瓦

27. 1930年12月14日工程

中山先生廣州紀念堂堂外東北攝影中華萬國中國二十年四月三日

28. 1931年4月3日工程-竣工圖景-東北角

中山先生廣州紀念堂由東南角攝正面之影中華二〇年六月十六日

29. 1931年6月16日工程-竣工圖景-東南角

30. 1931年4月3日工程-竣工圖景-正面及銅像基座（上立者爲黃檀甫先生）

31. 1931年5月12日工程-竣工後的正面門廊

32. 1931年6月16日工程-竣工後的觀衆席及天頂

33. 落成典禮全景圖

34. 1931年10月10日-紀念堂開幕　　35.竣工圖景(着色照)
日圖景-旗杆

廣州中山紀念碑建造過程舊影

——此部分資料主要係黃建德先生代黃檀甫先生捐贈、南京博物院收藏。

1. 1928年6月15日-地基工程（左半部）

2. 1928年6月24日-地基工程（右半部）

3. 1928年7月11日-前便額外地脚

4. 1928年8月20日-落成典禮全景圖-地脚工程

5. 1929年1月4日-建造場景

6. 1929年2月19日-二樓工程

7. 1929年3月23日-下層石作工程

8. 1929年4月17日-基座雕飾工程

9. 1929年6月15日-二樓砌石工程

10. 1929年8月12日-石級路西工程

11. 1929年8月12日-石級路中段工程開工

12. 1929年9月22日-石級路中段地基

13. 1929年12月10日-碑身工程

14. 1930年2月18日-大平臺及石級路工程

15. 1930年9月5日-石級路工程全景之一

16. 1930年2月18日-石級路工程全景之二

17. 1930年7月4日-碑身落成

18. 1930年9月5日-西南角基座工程完工

19. 1930年3月20日-第一層平頂完工

20. 1931年10月10日-竣工後的第一層內景

21. 1931年1月20日-全部工程落成

22. 1931年10月10日-内景-旋梯

23. 1931年10月10日-开幕日西面外景

南京中山陵、廣州中山紀念堂現狀照片

1. 中山陵全景（博愛坊至祭堂）

2. 孝經鼎全貌

4. 孝經鼎局部之二

3. 孝經鼎局部之一

5. 博愛坊

6. 博愛坊局部之一

9. 博愛坊局部之四

7. 博愛坊局部之二　　　↓ 8. 博愛坊局部之三　　　10. 博愛坊匾額

11. 陵門遠景

12. 陵門正面

13. 陵門外檐局部

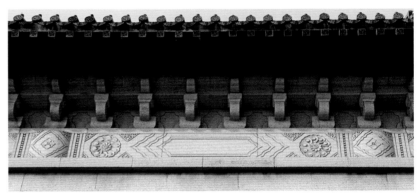

←14. 陵門中央拱門

15. 彩畫式雕飾

16. "天下爲公" 匾額

17. 陵門山面

18. 陵門背面

19. 陵門內景

20. 陵門之銅門菱花

21. 陵門外東守衛室　　　　　　　　↓22. 陵門外西守衛室

←23. 陵門前石獅（西）
24. 陵門前石獅（東）

25. 自陵門平視碑亭

↓26. 碑亭全景

27. 碑亭正面

↓28. 碑亭外檐及拱門雕飾

29. 碑亭重檐、山面細部

30. 碑亭側面

31. 碑亭背面

32.碑亭内之葬事碑

33.碑首細部

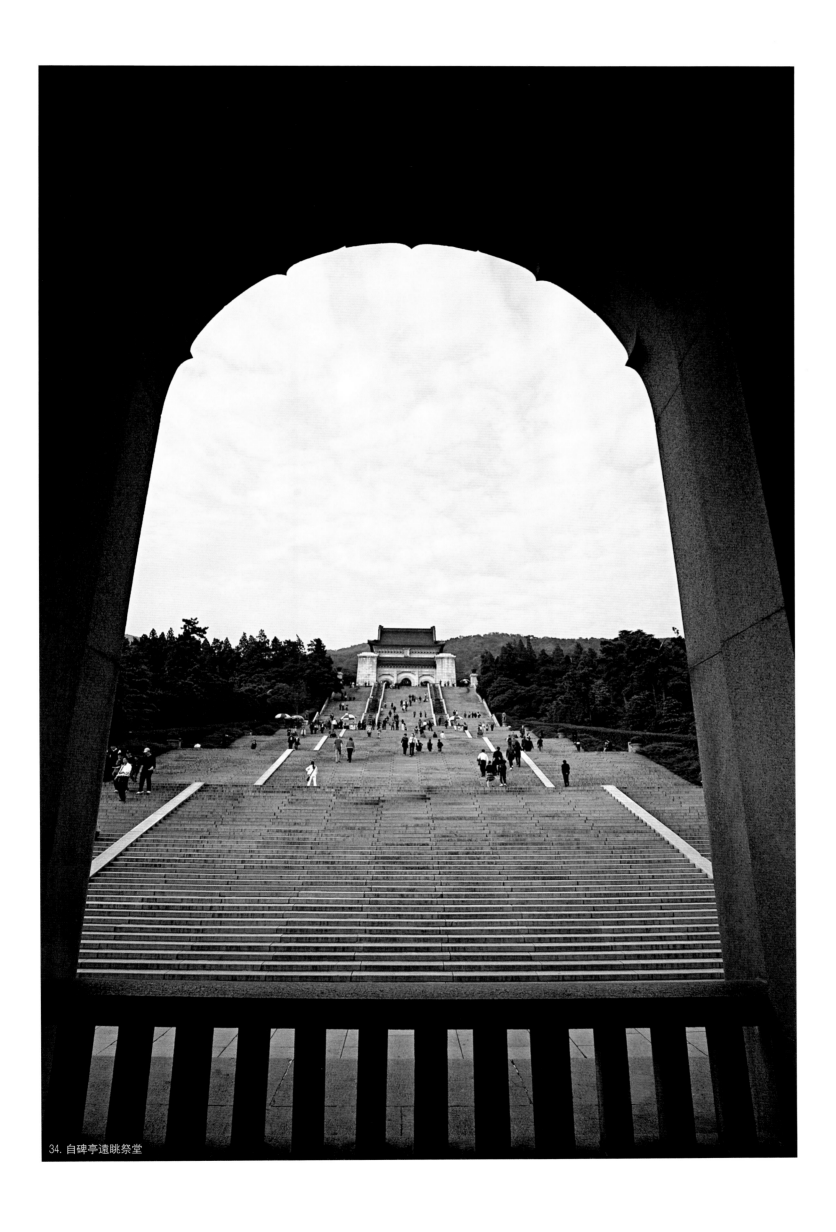

34. 自碑亭遠眺祭堂

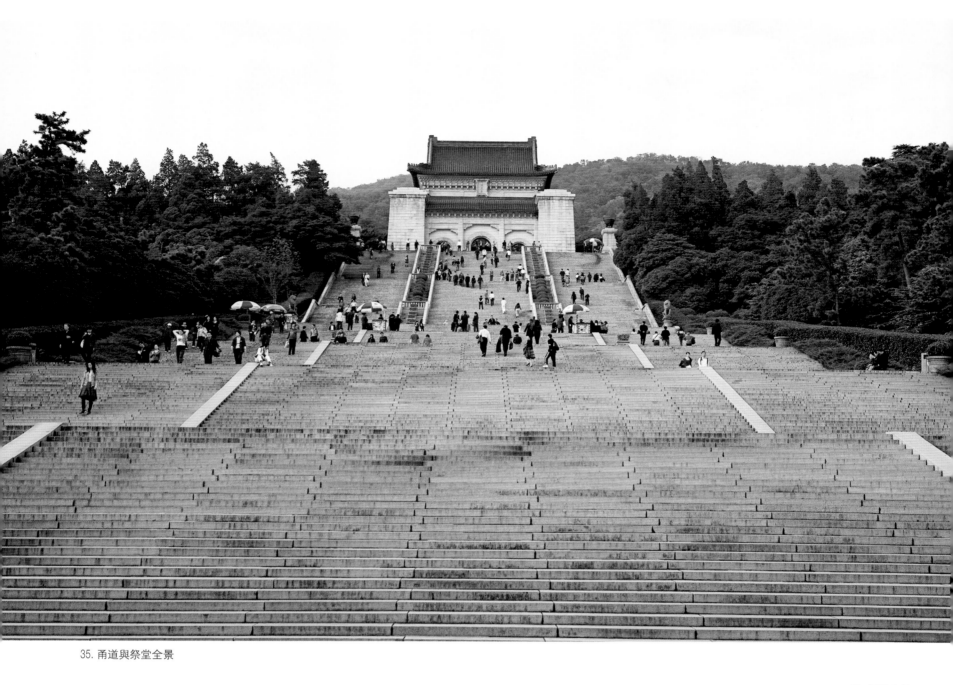

35. 甬道與祭堂全景

36. 祭堂全景

37. 奉安大典紀念銅鼎（西側）與甬道　　　　↓ 38. 奉安大典紀念銅鼎細部——侵華日軍所遺留之彈痕　　　　↓ 39. 奉安大典紀念銅鼎（東側）與甬道

40. 甬道陳列之東亞醒獅（東側）

41. 甬道陳列之東亞醒獅（西側）

42. 祭堂近景

43. 祭堂侧影

44. 祭堂正面

46. 祭堂東南墩柱

45. 祭堂與大平臺（攝於維修期間）

47. 祭堂□□□□上方之"民生"匾額與"天地正氣"直額

48.祭堂正中拱門

49. 祭堂東側拱門上方之 "民族" 匾額　　　　　50. 祭堂西側拱門上方之 "民權" 匾額　　　　↓51. 祭堂西側立面檐下雕飾細部

52. 祭堂重檐細部

54. 祭堂山面雕飾　　　　　　　　　↓55. 祭堂上檐轉角鋪作

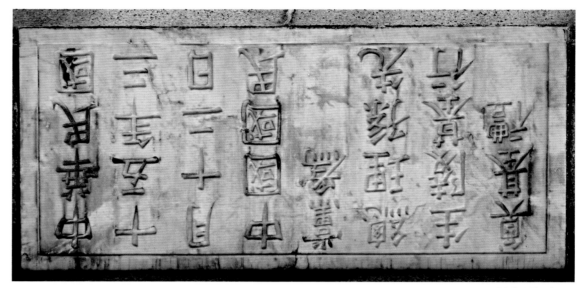

58. 中山陵藏經龕蓋石

57. 紫霞宮碑之瑝磦碑頭

中山紀念堂

63. 墓室外景

64. 墓室外景與祭堂北面

65. 後寢宮花園入口　　　　　→66.墓室與祭堂之銜接處理

67. 祭堂内景之一

68. 祭堂内景之二

69. 祭堂天頂之一

70. 祭堂天頂之二

71. 祭堂內景—東梢間與護壁碑銘

72. 祭堂內景—梁架之馬賽克彩畫

73. 祭堂内之孫中山紀念像（法國雕塑家朗多維斯基制作）

74. 紀念像基座正面浮雕

75. 紀念像基座背面浮雕

76. 紀念像側面

77. 紀念像基座東面浮雕

78. 紀念像基座西面浮雕

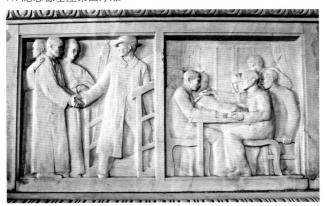

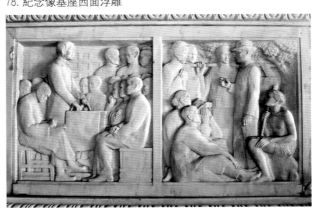

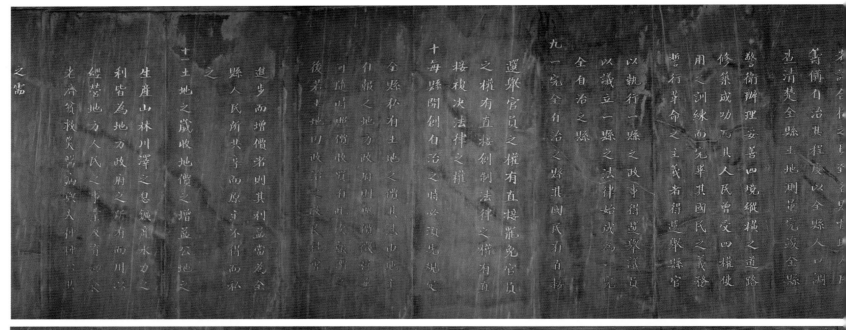

79. 祭堂內之"建國大綱"碑銘

80. 西南耳室內之奠基石

81. 西南耳室明窗

國民政府建國大綱

一 國民政府本革命之三民主義五權憲法以建設中華民國

二 建設之首要在民生故對於全國人民之食衣住行四大需要政府當與人民協力共謀農業之發展以足民食共謀織造之發展以裕民衣建築大計畫之各式屋舍以樂民居修治道路運河以利民行

三 其次為民權故對於人民之政治知識能力政府當訓導之以行使其選舉權行使其罷官權行使其創制權行使其複決權

四 其三為民族故對於國內之弱小民族政府當扶植之使之能自決自治對於國外之侵略強權政府當抵禦之並同時修改各國條約以恢復我國際平等國家獨立

五 建設之程序分為三期 一曰軍政時期 二曰訓政時期 三曰憲政時期

六 在軍政時期一切制度悉隸於軍政之下政府一面用兵力以掃除國內之障礙一面宣傳主義以開化全國之人心而促進國家之統一

七 凡一省完全底定之日則為訓政開始之時

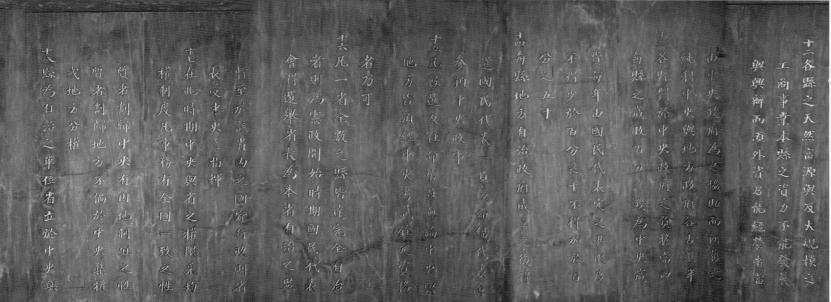

十一 各縣之天然富源與及大規模之工商事業本縣之資力不能發展與興辦而須外資乃能經營者當由中央政府為協助此等開發事業所獲之純利中央與地方政府各得其半各縣對於中央政府之負擔當以每縣之歲收百分之幾為中央歲入每年每縣之中國民代表一員以組織代表會參預中央政事凡一省全數之縣皆達完全自治者則為憲政開始時期國民代表會得選舉本省省長為本省自治之監督至於該省內之國家行政則受中央之指揮

其在此時期中央與省之權限採均權制度凡事務有全國一致之性質者劃歸中央有因地制宜之性質者劃歸地方不偏於中央集權或地方分權之弊者割師中央有內地方不偏於中央集權或地方分權之單位省立於中央與

82. 西南耳室天花

83. 西北耳室——原呂彥直碑銘所在地

84. 墓門(外側)

85.墓門（內側）

86. 墓室內景之——石椁及圍欄

87. 墓室内景之二——穹頂

88. 墓室内景之三——石椁及圍欄近景

89. 石椁上之孙中山先生卧像（捷克雕塑家高琪制作）之一

90. 石椁上之孙中山先生卧像之二

91. 自祭堂俯視碑亭

92. 中山陵全景鳥瞰（自北向南）

93.陵園大道

94. 中山陵音樂臺全景

95.音樂臺後臺入口

96. 音樂臺觀衆席外圍走廊（藤蘿架）

97. 光華亭全景

99. 仰止亭

100. 行健亭

101. 永慕廬之一

102. 永慕廬之二

103. 中山植物園

104. 中山植物園之温室（20世紀30年代始建，20世紀60年代重建）

105. 流徽榭遠景

107. 藏經樓（孫中山紀念館）

108. 藏經樓內景

109. 藏經樓前之孫中山紀念像（日本友人梅屋莊吉贈建）

110. 藏經樓碑廊

111. 中山書院

112. 廖仲恺墓全景

114. 廖仲恺墓华表

115. 廖仲恺墓墓室背面

113. 廖仲恺墓近景

117. 南京癸丑掩埋陣亡軍士紀念碑

116. 南京癸丑掩埋陣亡軍士紀念碑護碑亭

118. 南京癸丑掩埋陣亡軍士紀念碑碑文

119. 桂林石屋遺址（毀于抗日戰争期間）之一

120. 桂林石屋遺址之二

121. 靈谷寺國民革命軍陣亡將士公墓牌坊全景

122. 靈谷寺國民革命軍陣亡將士公墓牌坊局部

123.靈谷寺國民革命軍陣亡將士公墓牌坊近景

124. 靈谷寺塔（即"國民革命軍陣亡將士紀念塔"，墨菲設計）

125. 靈谷寺塔首層四窗刻"精忠報國"四字

126. 靈谷寺無梁殿（改造爲"國民革命軍陣亡將士公墓"祭堂）全景

127. 無梁殿正門

128. 無梁殿内景之一

129. 無梁殿内景之二

130. 靈谷寺松風閣

131. 公墓之第五軍淞滬抗戰陣亡將士紀念碑

132. 公墓之十九路軍淞滬抗戰陣亡將士紀念碑

133. 譚延闓墓全景

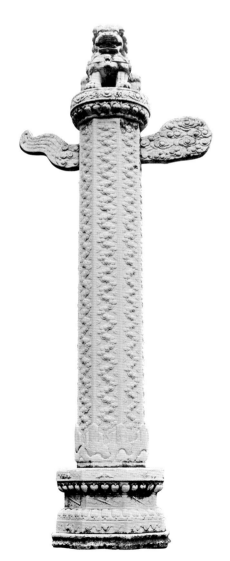

134. 譚延闓墓華表

135. 譚延闓墓裝飾物

136. 譚延闓墓未完成之祭堂構架

137. 正氣亭全景

138. 正氣亭局部

139. 正氣亭藻井

140. 紫金山天文臺正門

141. 天文臺側影

142. 天文臺所存古代天文儀之一

143. 天文臺所存古代天文儀之二

144. 天文臺所存古代天文儀之三

145. 天文臺內景

146. 革命歷史圖書館

147. 遺族學校

148. 中央體育場

149. 孫科公館

150. 美齡宮

151. 陵園郵局

152. 天堡城遺址

153. 六朝建築遺址

154. 航空烈士公墓

155. 侵華日軍南京大屠殺遇難同胞東郊公葬地紀念碑

156. 明孝陵遺址

157. 明孝陵遺址所見原享殿柱礎

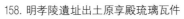

158. 明孝陵遺址出土原享殿琉璃瓦件

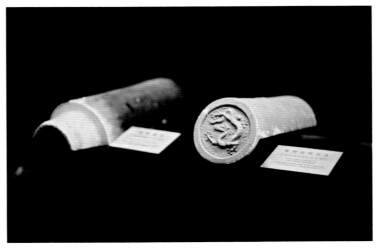

159. 廣州中山紀念堂門亭正面

160. 紀念堂門亭內側及庭院草坪

161. 紀念堂門亭側面

162. 紀念堂門亭內景

163. 紀念堂庭院東側古榕樹

165. 紀念堂庭院東側華表細部

166. 紀念堂庭院西側華表

164. 紀念堂庭院東側華表

167. 紀念堂正面及草坪

168. 紀念堂前之孫中山紀念像

169. 自紀念堂二樓俯視孫中山紀念像

170. 孫中山紀念像近景

171. 紀念像基座銘刻 "建國大綱"

172. 紀念堂近景

175. 紀念堂前陶鼎（西）

173. 紀念堂前陶鼎（東）

174. 紀念堂前陶鼎（東）所題寫"總理遺囑"

176. 紀念堂正面細部

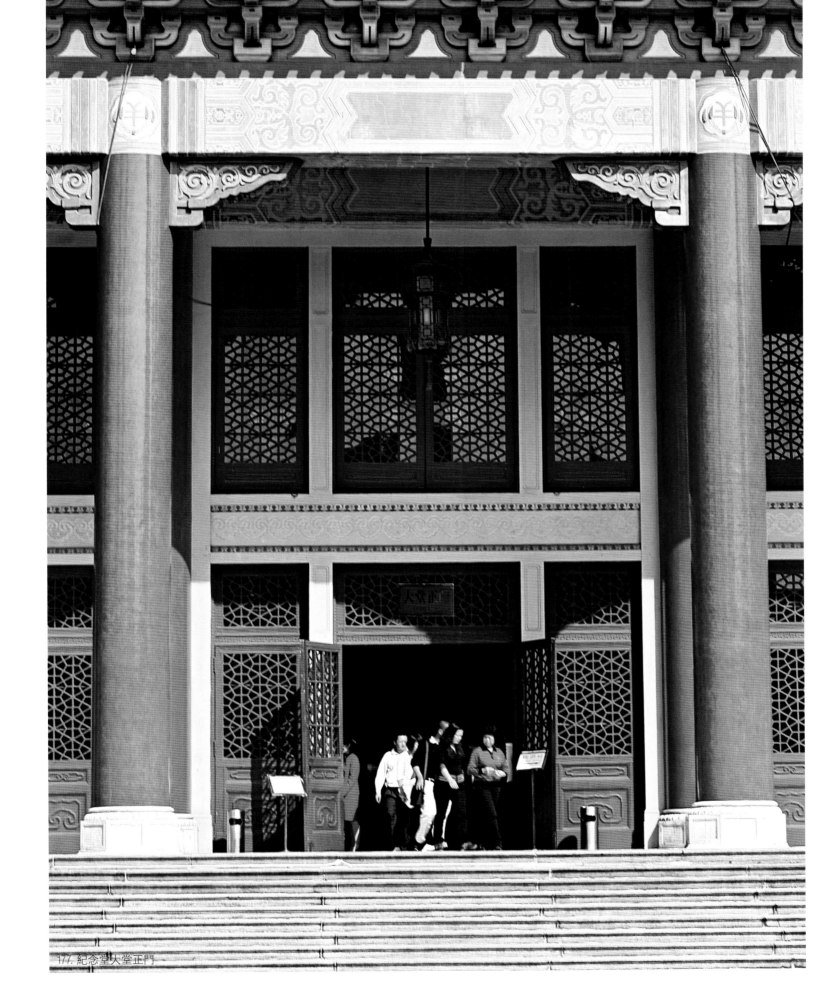

177. 紀念堂大堂正門

178. 紀念堂正門柱廊

179. 紀念堂門柱雀替細部

180. 紀念堂梁柱裝飾圖案

181. 紀念堂門廊宮燈裝飾

182. 紀念堂梁枋彩畫

183. 紀念堂側立面 (東)

184. 紀念堂側立面 (西)

185. 紀念堂東北角全景

186. 紀念堂東北角墻裙所遺侵華日軍彈痕 (之一)

187. 紀念堂東北角墻裙所遺侵華日軍彈痕 (之二)

188. 紀念堂側壁近景

189. 紀念堂近景俯視（東南角）

190. 紀念堂中庭至兩側之轉角處理

191. 紀念堂屋檐細部處理之一

192. 紀念堂屋檐細部處理之二

193. 紀念堂東側立面局部

194. 紀念堂東北角局部

195. 紀念堂頂樓東側局部之一

196. 紀念堂頂樓東側局部之二

197. 自正面抱廈俯視庭院

198. 紀念堂西面抱廈屋脊局部

199. 紀念堂西面抱廈瓦面　　　　　　　　→ 200. 紀念堂正面抱廈山面

201. 紀念堂正面抱廈屋脊雲飾

202. 北面抱厦局部

203. 北面抱厦山面

204. 自二層觀衆席平視中央大廳全景

205. 一層觀衆席

206. 一層觀衆席入口

207. 自舞臺平視觀衆席全景

208. 二層觀衆席局部

209. 二層觀衆席局部

210. 一層觀衆席局部

211. 自舞臺一角看觀眾席及穹頂局部

212. 穹頂

213. 向穹頂過渡部分的明窗

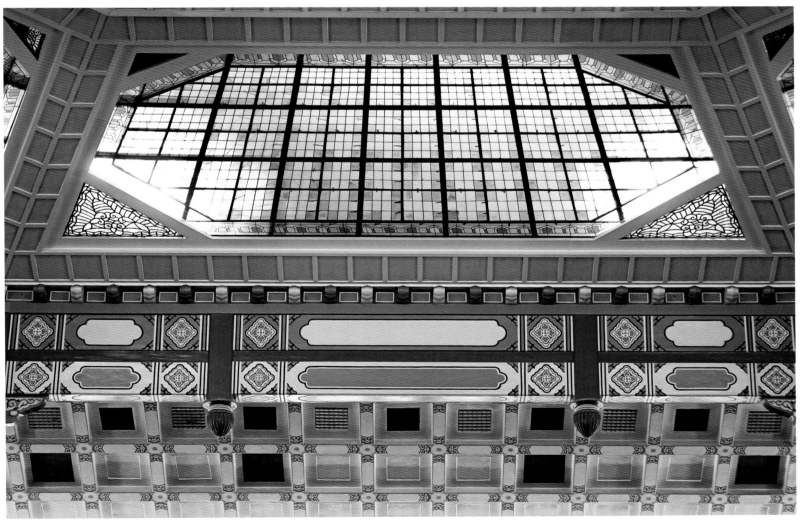

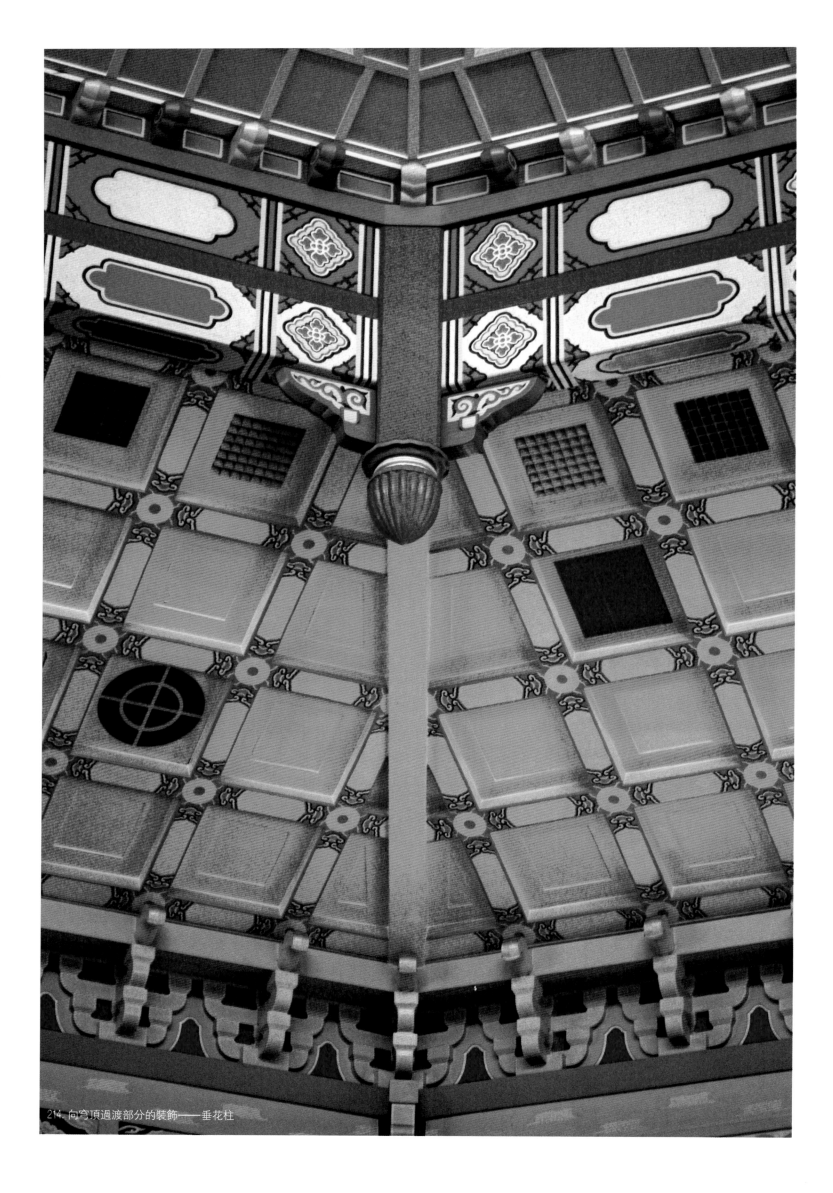

214. 向穹頂過渡部分的裝飾——垂花柱

215. 窗飾與外景處理

216. 舞臺

217. 演講臺碑刻 ——"總理遺囑"

218. 舞臺設備

219. 頂層全景

220. 頂層局部之一

221. 頂層局部之二

222. 頂層局部之七

223. 頂層局部之三

224. 頂層局部之四

225. 頂層局部之五

226. 頂層局部之六

227. 紀念堂歷史陳列室

228. 紀念堂辦公樓

229. 越秀山中山紀念堂、紀念碑航拍圖

←230. 越秀山石坊　　　　　　　　　231. 越秀山孫中山讀書治事處

232. 孫中山紀念碑遠景

233: 孫中山紀念碑及臺階

總理遺囑

余致力國民革命凡四十年其目
的在求中國之自由平等積四十年之經
驗深知欲達到此目的必須喚起民眾及
聯合世界上以平等待我之民族共同奮
鬥現在革命尚未成功凡我同志務須依
照余所著建國方略建國大綱三民主義
及第一次全國代表大會宣言繼續努力
以求貫徹最近主張開國民會議及廢除
不平等條約尤須於最短期間促其實現
是所至囑

235. 紀念碑基座大門

中華民國十一月八李為孫中山先生五日紀念碑經始委員李濟深等立石籌備建築紀念碑

236. 紀念碑基座局部

237. 紀念碑側面

239. 紀念碑基座雕飾

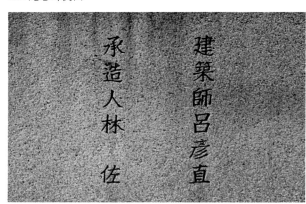

238. 紀念碑設計及施工者銘刻

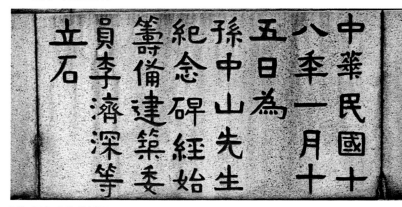

240. 紀念碑奠基刻石

241. 紀念碑"接受總理遺囑決議案"銘刻

242. 紀念碑內景-底層

243. 紀念碑內景-底層樓梯

244. 紀念碑內景-通向碑頂的旋梯

245.廣東省中山市翠亨鎮孫中山故居正面

246. 孫中山故居側面

248. 翠亨村"瑞接長庚坊"（孫中山與陸皓東試驗炸彈處）

247. 孫中山故居內景

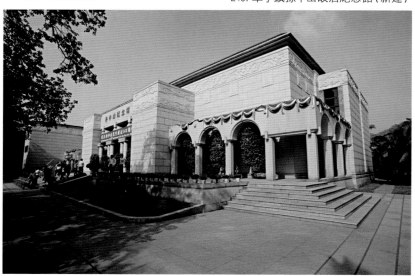

249. 翠亨鎮孫中山故居紀念館（新建）

250. 北京碧雲寺孫中山先生衣冠塚外觀

251. 孫中山先生衣冠塚內景

252. 孫中山先生衣冠塚附近之紀念碑

253. 北京碧雲寺孫中山紀念堂

254. 孫中山紀念堂內紀念像

255. 孫中山紀念堂內景——紀念像、遺囑銘刻、玻璃蓋鋼棺等

256. 北京中山公園-保衛和平坊

257. 北京中山公園-孫中山紀念像

258. 北京中山公園-社稷壇及中山堂

259. 中山堂匾額

260. 中山堂側影

261. 南京孫中山臨時大總統辦公室正面

262. 民國臨時大總統辦公室內景之一

263. 民國臨時大總統辦公室側面

264. 民國臨時大總統辦公室內景之二

265. 民國臨時大總統府之總統居室

266. 廣州孫中山大元帥府辦公樓

268. 廣州孫中山大元帥府正門

267. 廣州孫中山大元帥府內景

269. 上海孫中山故居全景

270. 上海孫中山故居局部

271. 廣州長洲島孫中山紀念碑正面、右側面

272. 孫中山紀念碑背面

273. 孫中山紀念碑左側面

274~277. 上海中山公園

278. 廣西梧州中山紀念堂全景　　　　279. 廣西梧州中山紀念堂近景　　　　280. 廣西梧州中山紀念堂室內

281. 廣州孫中山文獻館外景

282. 廣州孫中山文獻館建築內景

283. 廣州孫中山文獻館建築外觀局部

284. 中山市孫中山紀念堂公園外景　　285. 中山市孫中山紀念堂外景　　286. 中山市孫中山紀念堂內景

287. 臺北國父紀念館全景

288. 臺北國父紀念館建造過程

289. 國父紀念館正面景

290. 國父紀念館正門

291. 國父紀念館中山畫廊

292. 國父紀念館外觀局部

293. 國父紀念館側面

294. 國父紀念館正門側影

295. 國父紀念館廊柱局部

296. 國父紀念館屋角挑檐

298. 國父紀念館戶外碑廊

299. 國父紀念館戶外綠地及中山史迹塑像

300. 國父紀念館戶外小廣場

301. 國父紀念館大廳—紀念像全景

302. 紀念像及儀仗隊

303. 國父紀念館會議室紀念像

304. 國父紀念館室內建國大綱銘刻

南京中山陵、广州中山纪念堂史料汇编（1925～1931年）

Abstract of Historical Documents of Dr. Sun Yat-sen's Mausoleum in Nanjing and Dr. Sun Yat-sen's Memorial Hall in Guangzhou

（编著／黄谭甫　修订／尹立新 卢伟）

(compiled by Huang Tanfu, revised by Yin Lixin and Lu Wei)

一、關於南京中山陵

1. **孫中山先生陵墓圖案選定**[2]（上海民國日報1925年9月21日）

▲評定應徵各卷

▲定期公開展覽

孫中山先生陵墓圖案，自五月間由葬事籌備處徵求佳構，海內外中西專家之應徵者四十餘人，原定八月底截止收圖，嗣因海外郵寄不及，延長至九月十五日，收到之圖案均陳列於四川路大洲公司三樓，由十六日至二十日爲評判時期。除中山先生家屬孫宋夫人、哲生君及葬事籌備委員會均親到評閱外，並由委員會請中國畫家王一亭、南洋大學校長凌竹銘、雕刻家李金髮、德建築師樸士四君爲評判顧問。各顧問均於二十日上午以前將其評判意見書交到委員會，由委員會於是日下午二時，在大洲公司三樓召集孫先生家屬及葬事籌備委員開聯席會議，列席者孫宋夫人、孫哲生君及夫人孔庸之、林煥庭、葉楚傖、陳佩忍、楊杏佛等。根據評判顧問意見及徵求條例，詳加討論，決得獎名單如下：頭獎呂彥直，二獎范君，三獎楊錫宗。按照徵求條例，頭獎爲二千五百元，二獎爲一千五百元，三獎五百元，均將於月內贈給得獎者。

此次應徵佳作極多，委員會於上項金錢獎額以外，復添名譽獎七名，其名單如下：（一）孚開洋行乃君（俄人），（二）趙深，（三）開爾思（美人），（四）恩那與佛雷（俄人），（五）戈登士達（俄人），（六）士達打樣建築公司（俄人），（七）士達打樣建築公司。此外，應徵者之計劃各有特長，均爲慘淡經營之作，聞委員會將各贈以中山先生之遺像、遺書以示感謝之意。上項圖案將於本月二十二日起至二十六日止，每日下午二時至六時在四川路三十六號大洲公司三樓公開展覽，以供上海人士之評判。此次徵求陵墓圖案成績爲中國從前所未有，聞委員會擬將徵求經過及得獎圖案編印報告，贈送海內外之關心中山先生葬事者。此項報告大約下月半前可以出版。

2. **呂彥直君之談話**（申報1925年9月23日）

孫中山先生陵墓圖案展覽會，呂彥直先生應徵得第一名。呂君，安徽人，美國康奈爾大學畢業，建築專家，曾在中南建築公司任職，現自設真裕公司彥記建築事務所於四川路二十五號。記者昨往詢問，茲將談話記下。

呂君云："余此次擬樣，係中國式。初意擬法國拿破侖墓式，繼思之不合，故純用中國式。陵墓最重要之點，即在柩之保存，與祭堂之闊大，此合於中國習慣也。發柩之處在地窟內，四圍隔以高欄，以供後人之瞻仰憑弔，余此樣式，并非極華麗者。式樣較華美者頗多，不過需費太多，不甚相宜。工程開始，當在明年春季也。"

記者又詢以全圖形勢，似一鐘形，聞委員會中人言，寓暮鼓晨鐘之意，然否？呂君曰："此不過相度形勢，偶然相合，初意并非必求如此也。"

又云：得名譽獎之趙深君，尚在美國留學，該稿系由美寄到者云。

3. 呂彥直《**孫中山先生陵墓建築圖案説明書**》（申報1925年9月23日）（略）

4. **孫中山陵墓工程正式開工**（申報1926年1月9日）

▲廣州政府派定梁仍楷監工

孫中山陵基工程，自經決定歸上海姚新記營造廠擔任，即於去年十二月三十一日，由家屬代表孫哲生及葬事

[2] 此消息另見同日《申報》《新聞報》等報訊。

籌備委員會代表林煥廷，與該廠正式簽定包工合同。本月八日，在滬委員林煥廷、葉楚傖、陳佩忍，主任幹事楊杏佛，建築師呂彥直及姚新記經理姚君等，復同至南京紫金山之中茅山坡，勘定陵墓及祭堂位置，並在山坡舉行第二次籌備會議，決定一切開工問題，定一月十五日爲正式開工期。聞第一步工程爲炸平坡頂亂石，至二十尺深，再從事基礎工作。現已開始鑿石灌藥，約計兩星期始可炸平。又此項陵墓工程經費，完全由廣州政府擔任。最近孫哲生君回粵，曾電告籌備處，以葬費已指定的款，按期撥匯，廣州政府并派定工程師梁仍楷駐寧，主持監工。此外各委員及籌備處主任幹事，亦將隨時赴寧視察，共同擔負監工之責云。

5.孫科籌辦中山陵墓之報告（廣州民國日報1926年1月□日）

▲圈地六千五百餘畝

▲需費八十餘萬兩

▲約二年工竣

西南社云：廣州省政府建設廳長孫科，偕吳鐵城於九日返省。軍政各要人，連日與孫氏洗塵甚多，故孫之應酬，非常忙碌。孫氏於十二日出席第二次代表大會，報告籌辦中山陵墓情形。其報告經過情形如下。

云文：籌辦總理陵墓，始於去年四月時由中央執行委員會委任張靜江、汪精衛、戴季陶、葉楚傖、宋子文、林煥廷、陳去病等十二人爲總理葬事籌備委員，設備辦處於上海，由籌辦員指余爲家族代表，進行各事。委員會與家族代表會商辦理，最先着手者爲“圈地”：遵總理遺囑，陵墓須在南京城外之紫金山。委員等迭次察勘，決定在紫金山南坡之茅山，距明孝陵之東三四里。地點既定，乃向北京内務部及江蘇省署備案及要求圈地。原意將紫金山全部劃入，以備造成一宏大之紀念林園，嗣以範圍太廣，乃縮小範圍圈計地：西至孝陵、東至靈谷寺、南至鐘陽路、北至山巓，計須圈地一萬二千餘畝。去年八月，托江蘇陸軍測量局擔任測繪地圖，着手圈地。江蘇省長鄭謙，忽以範圍太大，恐引起地方人士反對，請於内部備案指定範圍中再行縮小。交涉結果，乃分二步辦法，經内部備案之界，爲未來造林地點、爲紀念森林之界。現在圈用之地，宜爲陵墓圈界，比原定減少六千餘畝。其他分爲三種：一爲官荒，屬於國有；二爲公地，屬於地方政府，均不須補價；三爲民地，須備價收買，約占一千二百餘畝，值價二萬餘元。墓地既定，即爲“繪圖”徵求圖案。應徵者卅餘種，得獎金者三名，均中國人，首名呂彥直，獎二千五百元；次名范文照，獎一千五百元；三名楊錫宗，獎一千元。委員會審查結果，採用首獎圖案：式樣古制，以堅樸爲主，墓與祭堂相連，墓壙穹窿式，祭堂在墓之前，堂前爲石階，兩旁有大空地，可站立五萬人。陵墓形勢，鳥瞰若木鐸形，中外人士之評判者，咸推此圖爲第一。委員會遂聘呂彥直爲建築師，約定以陵墓建築價伸算百份之四爲酬勞金，以兩月期間制備工程詳圖。圖既制成，即佈告招“投票包工”（整理者按：此文之“投票”即“投標”之意，下同）。十二月一日開始投票，十九日開票，應投者七家，最高價爲六十萬兩，最低者爲三十九萬三千兩。委員會與承投之辛和記等直接交涉，要求減價，一面調查其信用與經驗，結果與原投票四十八萬三千兩之姚新記，減至四十四萬三千兩，於十二月三十一日簽訂承辦合同，限定十四個月工竣，付款分十五期。興工一月後開始付款，每月付二萬八千四百五十兩，十五期完工後，付四萬四千七百兩，并申明承辦人與委員會及籌辦處職員，均不得有授受扣用，違者處罰。合同既定、本月中當可興工建造，故葬費撥款，應即行指定，按月匯滬。余不俟興工急行返粵者，即以此故。“預算”墓工承辦價，雖爲四十四萬三千兩，但全部預算，經委員會核定者，計如下列之十二款：一、陵墓祭堂石級工程四十四萬三千兩；二、銅瓦銅門銅窗十三萬兩；三、建築師酬勞二萬二千九百二十兩；四、造像五萬兩；五、頭門三萬兩；六、碑亭一萬兩；七、三合土馬路二萬兩；八、衛靈室一萬兩；九、刻石碑一萬兩；十、全部圍墻五萬兩；十一、圈民地及種樹二萬五千兩；十二、籌辦處經費一萬兩。合計八十萬零九百二十兩，伸廣東毫洋約一百五十萬元，較委員會成立時預算，實超出一倍之譜。全部工程，至速須二年方能告竣。"造像"祭堂之中，擬建立十四尺高之全身石刻真像一座。半年前，北京有留法美術家王君、上海雕刻師李君暨赤克斯拉夫美術家高君等，均願擔任造像，但所送模樣，殊難畢肖，且索價須十萬元，委員會以不能畫肖，卒未訂約。最近議決，仿徵求陵墓圖案例，懸賞三千元，徵求造像，造像費定爲五萬兩。至陵墓全部建築俱以石材、三合土及銅鐵爲之，以垂久遠。現在已築之工程，由中茅山南向直出，接連鐘陽路，闊四丈、長十八里之石子馬路一條，現在已經竣工，需費八千餘元。所以先築馬路者，爲便利運輸材料起見。所有陵墓必備之碑銘傳記等文，經委員會推定吳稚暉、張靜江、汪精衛、胡展堂諸同志擔任擬撰，并推定譚祖安、于右任、張靜江諸同志擔任書寫。

6.孫中山墳墓定期行奠基禮（新聞報1926年2月5日）

中國國民黨昨發三電云：

一、國民政府鑒：本黨總理陵墓奠基禮，謹於三月十二日下午三時，在南京紫金山舉行，請通飭各屬各軍民機關各公團，於是日下半旗一天致哀。葬事籌備委員會敬；

二、各報館、各省公團鑒：謹於三月十二日下午三時，在南京紫金山爲本黨總理孫中山先生陵墓行奠基禮，乞參加指教。中國國民黨敬；

三、國內外各省中國國民黨部總支部轉各級黨部鑒：謹定於三月十二日下午三時，在南京紫金山爲總理陵墓行奠基禮，請通知全體同志於是日：（一）、休業服黑紗；（二）、各黨部下半旗；（三）、派代表參與，就地行最敬禮。中國國民黨敬。

7.孫中山墓奠基禮續志（新聞報1926年3月□日）

孫中山墓在寧舉行奠基典禮，己志昨報。茲接另函云：中山先生墓於十二日下午三時，在紫金山茅山坡行奠基禮。各學校各團體及個人到場者，約數千人之多。主祭爲鄧澤如（廣州政府代表）、陳省長代表徐蘭墅、浙江夏省長代表第三師第六旅長斯烈，此外如工商學各界、及皖鄂等省之勞工會、上海各業之勞工會、省教育會代表袁希洛、寧垣國立、公立、省立男女各校學生，男女來賓皆冒雨而來。因無雨具咸集於墓前席棚下，由警察廳派警維持秩序。未開會之先，由上海大中華百合新民各影片公司攝影。禮堂設有墳墓模型。神道上扎有松柏牌樓兩座：一嵌"天下爲公"四字、一嵌"孫中山陵墓奠基禮"八字。開會禮節：一、奏樂；二、升青天白日黨旗；三、讀遺囑（鄧澤如）；四、奏樂；五、報告孫陵擇定經過（鄧澤如）；六、全體向遺像行三鞠躬禮；七、奏樂；八、陵墓奠基，立有白長方石一塊，上鑴"中華民國十五年三月十二日，爲中國國民黨總理孫先生陵墓之奠基"二十八字，安置於墓宮右側；九、再向遺像行三鞠躬禮；十、家屬答禮（孫夫人及孫科夫婦），來者咸呼：孫先生不死！孫先生精神不死！主義不死！事業不死！國民革命成功萬歲！中國國民黨萬歲！國民政府萬歲！中華民國萬歲！十一、奏樂；十二、禮畢。

將散會時，南京黨員左右兩派，因爭黨旗致起衝突。於是以旗幟之竹杠及道旁石子爲武器，互相攻擊、秩序頓亂，有頭破血流者、有被擠傾跌由山上滾下者，旁人相率引避。嗣黨員葉君大呼："孫先生在天之靈，諸君不可爭鬥！"始遂漸休止，分道而散云。

（原文配"孫中山陵墓奠基禮"攝影一幀）

8.孫中山葬事籌備會議（申報1926年3月□日）

▲新定職員服務規程

孫中山先生葬事籌備，自最近舉行陵墓奠基禮後，告一段落。聞昨因家屬代表孫哲生行將離滬，而籌備處事務增多，亦有整理之必要，特在張宅召集在滬委員及家屬代表開籌備會議。議決：（一）在滬之葬事籌備常務委員，應專力葬務，不得兼管黨務，其不能擺脱黨務者，應辭去籌備委員以清職責；（二）籌備處職員，亦不得幹預黨務，或職權以外事務，并不得兼任他職；（三）籌備處寧滬之事務所，不得借用作他項事務之會議，或辦事機關；（四）現在上海事務所房屋狹小，且無獨立門牌，應即日另行覓屋遷移；（五）籌備處重要事件，須得家屬代表同意，方能執行。是日議決案甚多，以上僅爲比較重大者云。

9.孫陵建築近狀與將來計劃（新聞報1926年4月2日）

▲建築輕便鐵道運輸材料

▲將來尚需設大學建公園

南京爲革命發祥之地，中山臨死，遺囑葬於紫金山，經葬事籌備處擇定紫金山前茅山坡爲陵地，由上海姚新記營造廠承包建築，於本年一月十五日動工。陵墓建於坡頂，但山坡積石矗立，且高低不平，故工人工作時，上下步履，極感困難。截至上月十二日行陵墓奠基禮時，僅築成小路二條、土坡百餘層而已。照姚新記原訂合同，爲一年後全工落成，預定明年中山逝世紀念日，即可運柩來寧，入宮陳設，故該營造廠即須加緊工作。在材料未曾運寧前（該廠所用木石材料，係購自外洋，刻下尚未到滬），刻正用炸藥炸平坡頂至四十立方丈面積，爲將來建築陵宮之用，所需材料，爲數過多，運輸上亦須計劃。故刻該廠決計自滬寧路之太平門站，築一輕便鐵道，繞鐘山之西南部，經過明陵，直達茅山脚，連接於滬寧路鐵軌，比較由下關轉運省行三四十里，而手續亦簡便過半。材料運至山麓時，再以起重機升運至坡頂。刻工程師呂彦直在滬趕制陵墓圖案，預定一月後，方可來寧指導。而廣東政府所派之監工專員鄭校之，雖已來寧多日，但以未曾正式動工，以致無工可監。又據葬事籌備處消息：爲垂永久紀念計，將來尚須就陵墓地點建築公園，并設中山大學。惟以需欵過鉅，恐非五六年内所可觀成。但因便利瞻仰中山陵墓人士起見，決於陵墓工程竣事後，就地建築大旅社一所，以便下榻之需；孫陵就近另造房屋一所，爲設孫陵保管事務所之用。所中常駐數人，照管陵宮。陵宮除春秋祭祀外，宮門均長年封閉。各國人士，如必欲入宮參觀者，可事先向孫陵保管事務所接洽，再由所中派定職員，啓封領道，不得自由出入也。

10.孫中山先生陵墓第二期工程招求投標廣告（申報1927年10月2日）[3]

本籌備處現擬在南京紫金山建造孫中山先生陵墓第二期工程。包括：挖土、填土、水溝工程、石坡工程、撐墻工程、石階工程及平臺鋪石工程五部。欲投標者須照下列章程辦理。

（一）時期　自登報日起至十月二十四日止爲投標時期。投標函須用火漆固封加蓋圖章，於十月二十四日以前交送南京浮橋二號孫中山先生葬事籌備處。

（二）資格　凡營造家有殷實資本、曾經承造建築工程一次在廿萬兩以上。願意投標者須同時將曾辦各項工程經驗詳細開具，交本籌備處審查。

（三）標　經審查合格之築造家應向本籌備處繳保證金一千兩正領取收據；並交手續費五元，領取圖樣章程及標函格式。照行投標開標之後，未投標與未得標者將本處所收據及圖樣章程交回，其保證金即行發還。已

[3] 除《申報》外，此廣告同日刊載於《新聞報》、《民國日報》等多家報刊。

得標者之保證金於合同簽定後發還，其手續費無論投標與否概不發還。

（四）決標 投標時期截止後四星期以内決定得標人名。本籌備處有選擇任何一家得標之權，不以最低標價爲準。

11.孫中山葬事籌備近訊（新聞報1927年5月8日）

▲請中央加委蔣介石等爲葬事籌備委員

孫中山先生葬事籌備委員張靜江、葉楚傖、陳果夫、林煥庭等，以本黨革命勢力，業經進展至寧，總理陵工，亟應趕速完成，以符原定計劃。乃於去月十七日在寧召集第四十四次籌備委員會議，議決：（一）、上海籌備處應遷并南京；（二）、上海籌備處所存案件銅棺等，暫行委人保管，一旦交通恢復，即行運寧；（三）、陵墓收買地事，已置緩辦，所有收買員司，着即取消，并應由三月份起一律停止津貼；（四）、請蔣總司令出示保護陵工姚新記需用工程材料，由籌備處審查，函滬寧路局及兵站交通處，挂車給運，該費由姚新記自理；（五）、請中央加委楊杏佛爲籌備委員，另聘工程專門家一員爲主任幹事。兹悉以上各議案均經次第執行。上海籌備處亦於廿六日遷往南京。至該處現在留存普通案件及銅棺等，則由總司令部特務處長楊天暫行派員保管。現聞廿七日該處幹部職員抵寧後，隨即在鐵湯池丁宅再開第四十五次籌備委員會議，僉擬增加負責委員，擴大會務組織，以資整頓。旋即議決：（一）、呈請中央加委蔣介石、伍梯雲、鄧澤如、古應芬、吳鐵城、陳群、楊銓七人爲葬事籌備委員；（二）、聘請夏光宇爲葬事籌備處主任幹事，并聞夏君業於五月二日到寧供職，主任楊杏佛君亦已函告該處預備交代云。

12.孫中山先生葬事籌備處遷寧啟事（□□報1927年11月5日）

敝處兹定於本月二十六日併南京，上海事務所即日撤銷。所有以前在滬一切未清手續，及以後有以葬事見商者，請徑向南京石板橋本籌備處接洽可也。至各方發來回電，亦請按照上述地址投遞爲荷。

13.孫中山先生葬事籌備處招商承築陵園馬路啟事（申報1928年4月30日）

籌備處現擬在南京朝陽門外建築石子馬路一條直達紫金山。中山先生墓前全路約長六里，寬四十尺，凡有股實資本，曾經承造此項馬路工程，確具經驗，願意投標者，請開具曾辦各項工程略歷，自即日至南京浮橋二號本籌備處領取圖樣章程，並隨繳保證金五百兩正，另交押圖費五元，限於本年五月廿五日以前將標送交本處。標函須用火漆封固、加蓋圖章並於封面書明"標函"字樣。投標時期截止兩星期内，由葬事籌備委員會開標決定得標人。委員會有選擇任何一家得標之權，不以最低標價爲準。未得標者將圖件繳還後，即將保證金、押圖費等憑收據一併發還。

14.紫金山陵墓工程近訊（大光報1928年6月29日）

……陵墓三個月竣工……祭堂六個月畢事……

（本報專訪仁）南京紫金山孫總理陵墓工程，經營已達一載有餘。乃者，革命軍已入北京，可謂孫總理北伐之目的已達，國府中人，對於總理靈櫬，均請早日歸正首都，使人瞻仰。故關心此事者，均知總理營葬之期不遠，而陵墓工程近狀，更堪令人注意也。近有承建陵墓工程之呂建築師代表黃君，因返粵視察紀念堂工程，記者得友人之介紹，探詢陵墓工程近狀，得意大概。據云：該項工程第一二期已屆完成，陵墓位置大約三個月便可竣工。惟祭堂工程，較爲浩大，須再六個月後方能畢其工。此爲呂建築師預算之計劃，如無特別障礙，將不至愆期云。計陵墓工程工人共七百餘名，進行經年，不問其工程之偉大，實屬近代東亞之鉅觀云。言下并出最近攝取工程影片二幀，謂可制版以饗關心此事者。因亟謝歸，以實新聞中，想爲一般所樂聞者也。

陵墓及祭堂第一級工程[圖]

陵墓及石級第二級工程[圖]

15.孫中山先進墓前甬道工程招求投標廣告（□報1928年8月20日）

本籌備處現擬在南京紫金山孫中山先生陵墓前面建築甬道一條，全道長約一千餘英尺、寬二百四十英尺，包括開山塡土，碎石馬路，沿口蘇石及溝渠工程。凡有殷實資本，曾經承造建築工程，確有經驗，願意投標承辦此項工程者，請開具經辦各項工程略歷，連同證明文件，自即日起，至南京浮橋二號本籌備處領取圖樣章程，並隨繳保證金五百兩正，另交押圖費洋五元，限於本年九月五日以前將標送交本處。標函須用火漆封固，加蓋圖章，並於封面書明"標函"字樣。投標時期截止後一星期內，由葬事籌備委員會開標決定得標人。委員會有選擇任何一家得標之權，不以最低標價爲準。未得標者，憑本處所發收據，將保證金發還。

孫中山先生葬事籌備處啓

16.孫陵建築求堅實（申報1928年10月25日）

・本報念四*南京電

中山陵墓，僅祭堂建築，已費去百萬，尚嫌仄小。所有碑碣皆屬人造石，硬度不堅，易於剝蝕，林森、孫科、胡漢民均不滿意，聞墓門擬延請高手爲之。

17.孫中山先生墓前（新聞報1929年3月□日）

（一）甬道做鋼骨水泥及澆柏油路面

（二）甬道添做石級

（三）甬道至朝陽門大馬路澆柏油路面　工程招求投標廣告

本籌備處現擬於已完工之墓前甬道上面：

（一）加做鋼骨水泥及澆柏油路面；

（二）添做蘇石石級工程；

（三）並於已完工之大馬路上面加做澆柏油工程。

共分三標，凡有殷實資本，曾辦上項各種工程，確具經驗，願意投標承包上列工程之一種或數種者，請開具經辦各項工程略歷，連同證明文件，自即日起至南京浮橋二號本籌備處，或上海四川路二十九號彥記建築事務所領取圖樣章程，並每標隨繳保證金三百元，另交押圖每標洋三元。限於陽歷本年三月二十七日以前將標送交本籌備處。標函須用火漆固封，加蓋圖章並於封面書明"標函"字樣。由委員會開標決定得標人。惟委員會有選擇任何一家得標之權，不以最低標價爲準。未得標者憑收據將保證金發還。　　孫中山先生葬事籌備處啓

18.命令（新聞報 1929年6月12日）

國民政府十一日令。

武漢特別市，着改爲漢口特別市，以漢陽漢口爲其管轄區域。此令。

靳雲鶚前當大軍北伐，表示服從，嗣被彈劾，經明令通緝在案。惟查該員於鄭州漯河各役，着有戰績，追念前勞，宜加原宥，令着即撤銷。此令。

貴州省政府委員兼主席周西成，黨中央命令討逆師出黔邊之際，竟敢阻撓大計，貽誤地方。周西成着即免去本兼各職，聽候查辦。此令。

總理葬事籌備處建築師呂彦直，常識優長，勇於任事。此次籌建總理陵墓，計劃圖樣，昕夕勤勞，適屆工程甫竣之時，遂爾病逝。眷念勞勛，惋惜殊深，應予褒揚，並給營葬費二千元，以示優遇。此令。

前次逆軍犯粵，經在粵各軍奮勇擊退，業經明令褒揚。第三師第八旅副旅長方璲，於戰事激烈之時，屹然不動，兩受槍傷，遂致殞命，死綏郊敵，壯烈异常。着行政院轉飭軍政部，從優議恤，以慰忠勤而資矜式。此令。

總理奉安大典，已告完成，所有奉安委員會、葬事籌備處、迎櫬專員，及總指揮等，督飭所屬，恪恭將事，衛哀盡禮，永奠山陵，應予嘉獎。其餘京內外在事出力文武人員，並着一體傳令嘉獎。此令。

教育部參事孟壽椿、教育部編審處常任編審劉俠任，均應即予免職。此令。

19.總理陵園管理委員會通告（新聞報1929年7月4日）

爲通告事，本會奉國民政府明令，組織繼續辦理總理葬事籌備委員會經辦陵墓未竟工程及陵園進行事務業，於十八年七月一日正式成立，暫就南京浮橋二號，總理葬事籌備處舊址開始辦公。除呈報及分行外，特此通告。

七月三日

總理陵園管理委員會招商承辦南京紫金山總理陵墓第三部工程啓事

本委員會現擬在南京中山門外紫金山坡建造總理陵墓第三部工程。包括：碑亭、陵門、大圍墙、石牌樓、衛士室等建築，凡有殷實資本，曾經承造各項偉大建築工程，確具經驗，願意投標承造者，請開具曾辦工程略歷，攜同證明文件，自即日起至南京浮橋二號本委員會或上海四川路念九號彦記建築事務所領取圖樣説明書，並隨繳保證金乙千兩，另交押圖費大洋五元，限於本年七月二十日以前將標函送交本委員會。標函須用火漆固封，加蓋圖章并於封面書明“陵墓第三部工程標函”字樣。投標時期截止後，即由本委員會開會啓標決定承包人。本委員會有選擇任何一家承包之權，不依最低標價爲準。未得標者，將保證金退還。此啓。

總理陵園管理委員會招商承辦南京紫金山總理墓前甬道路面及蘇石踏步工程啓事

本委員會現擬在南京紫金山建造總理墓前甬道路面及蘇石踏步工程，包括鋼骨凝土路面、柏油路面、蘇石踏步、蘇石側石及明溝等建築。凡願意投標承造者，可自即日起至南京浮橋二號本委員會或上海四川路廿九號彦記建築事務所領取圖樣説明書，並隨繳保證金五百兩正，另交押圖費大洋五元，限於本年七月二十日以前將標函用火漆固封，書明“甬道工程標函”字樣，送交本委員會，定期開標。所有詳細條件，悉照陵墓第三部工程招標辦法辦理。此啓。

20.孫中山先生陵墓銅門銅窗等工程招求投標廣告（□□報□□年□月□日）

孫中山先生陵墓銅門銅窗等工程現須投標。凡欲投標者，須照下列章程辦理：

（一）時期　自本年七月一號起至卅號止爲投標時期。各投標者務依此期内辦妥，過期無效。

（二）資格　凡制造家曾經承造過此項工程，一次在二萬兩以上者，願意投標請至上海四川路念九號彦記建築事務所交手續費三元領取圖樣章程，照行投標。

（三）凡投標人必須依建築師所定製成樣品一方以評工作能。

（四）投標函　投標函須封固，於七月卅號以前交至四川路念九號彦記建築事務所。

21.孫中山先生陵墓拱衛處房屋工程招求投標廣告（申報□年□月□日）

本籌備處現在南京紫金山，孫中山先生陵墓附近建造拱衛處房屋。凡有股實資本，曾經承造建築工程，確具經驗，願意投標此項工程者請開具經辦各項工程略歷連同證明檔，自即日起至南京浮橋二號本籌備處或上海四川路二十九號彦記建築事務所領取圖樣章程，並隨繳保證金三百元正，另交押圖費洋三元，限於本年十二月二十五日以前將標函送交本處。標函須用火漆封固，加蓋圖章並於封面書明標函字樣。投標時期截止後一星期内，由葬事籌備委員會開標決定得標人。委員會有選擇任何一家得標之權，不以最低標價爲準，未得標者憑本處所發收據將保證金發還。

孫中山先生葬事籌備處啓

22. Dr. Sun Yat-Sen Memorial Auditorium Construction Committee Canton（上海字林西報訊）

NOTICE

Tenders are invited for the supplying, fabricating and erecting a complete steel structure of an auditorium. Full particulars can be obtained upon application at Y. C. Lu, Architect, 29 Szechuen Road, Shanghai.

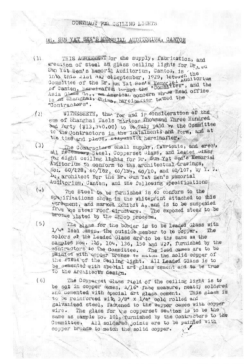

彦記建築事務所與紀念堂籌備委員會、供應商所簽訂關於紀念堂頂棚燈具與合同

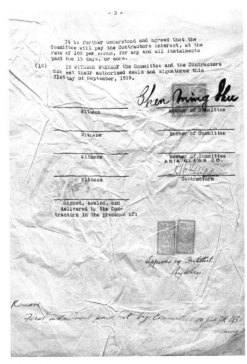

合同上陳銘樞、呂彦直及供應商的簽名

The "Chung San Street" (Dr. Sun Yat-sen's Memorial Highway), the main thoroughfare leading to the Mausoleum. Especially built.

上海字林西報所刊中山陵圖片介紹之一

Spacious parking space adjacent to the Mausoleum grounds outside.

上海字林西報所刊中山陵圖片介紹之二

The grand stairway leading from the foot of the mountain to the esplanade on which is constructed the Memorial Building Tomb. The stairway is constructed of cut-granite embedded in concrete and has been pronounced an excellent example of mo architectural construction. The surrounding grounds have been landscaped and planted in evergreens. The architect who designed Memorial, Mr. Lu Yen-chih, a Cornell graduate, died a few weeks ago before the completion of his work.

上海字林西報所刊中山陵圖片介紹之三

Close-up of the roof and cornice of the Memorial Hall constructed of all-bronze materials.

上海字林西報所刊中山陵圖片介紹之四

A side view of the Mausoleum, with the actual tomb in the rear.

上海字林西報所刊中山陵圖片介紹之五

A side view of the Memorial Hall and the Tomb.

上海字林西報所刊中山陵圖片介紹之六

Interior view of the rotunda of the tomb where the casket containing remains of Dr. Sun Yat-sen will lie in state. The hole inside the marble hurdles is 6-ft. 4-ins. in length and 2-ft. 2-ins. in height and depth.

上海字林西報所刊中山陵圖片介紹之七

Imitation bronze casket and pall-bearers having a "practice" march up the stairway of the Mausoleum.

上海字林西報所刊中山陵圖片介紹之八

Interior view of the Memorial Hall. The bronze doors in the centre lead into the tomb, where the remains of Dr. Sun will lie in state.

上海字林西報所刊奉安大典介紹

Front view of the bronze Memorial Medal specially issued on the occasion of the State Burial of Dr. Sun Yat-sen, whose portrait is engraved thereon.

上海字林西報所刊奉安大典紀念章正面

二、關於廣州中山紀念堂

1.懸賞徵求建築孫中山先生紀念堂及紀念碑圖案（廣州民國日報1926年2月23日）[4]（內容略）

[4]此消息另載於《申報》等.

2.募捐孫先生紀念堂各隊隊長先生均鑒（廣州民國日報1926年7月22日）

同人等奉中央黨部派充孫先生紀念堂籌備委員當經組會辦事,查上年三月間由孫先生追悼會籌備委員會推定執事,爲募捐隊長并制備捐册,交請分投募捐。現已經年,且建築紀念堂事宜,刻須着手籌備,則募捐手續亟應限期結束。茲行敬告隊長諸君,所有募得捐款項,請於此次登報日起□個月內送交中央銀行匯存,取得收條即連同捐册統交本會以憑分別登記并將捐款人名登報以昭大信。即祈查照辦理是禱。再本會辦事處附設國民政府秘書處合併佈聞。

孫中山先生廣州紀念堂籌備委員會鄧澤如、譚延愷、宋子文、金曾澄、張人杰、彭澤民、孫科、陳樹人謹啓

中華民國十五年七月二十一日

3.中山先生廣州紀念堂徵求圖案揭曉（廣州民國日報1926年9月21日）[5]

日前,本會爲籌建孫中山先生廣州紀念堂及紀念碑曾登報徵求圖案,迭承海內外建築名家惠投,佳構不勝收。茲經本會評定美術建築專家先行發抒評判意見,并於九月一日由本會委員開評判會議詳加審核,特將結果公佈如下:

第一獎　呂彥直君;

第二獎　楊錫宗君;

第三獎　范文照君;

名譽第一獎　劉福泰君;

名譽第二獎　陳均沛君;

名譽第三獎　張光圻君;

孫中山先生廣州紀念堂籌備委員會披露。

[5]是年9月3～9日間,已先後有《新聞報》、《申報》、《現象報》等披露此消息。

4.孫中山先生廣州紀念堂及紀念碑工程招求投標（廣州民國日報1927年11月6日）

本委員會現擬在廣州市吉祥北路及粵秀山頂建造孫中山紀念堂及紀念碑等工程,欲投標者須照下列章程辦理:

（一）時期　自本年十一月十日起至十一月三十日爲投標時期,投標函須用火漆封固,於本年十二月十日以前。在廣州投標者交至省政府內孫中山先生廣州紀念堂籌備委員會辦事處;上海投標者交上海四川路二十九號彥記建築事務所轉交。本委員會於十二月三十日開會決定。得標人名登報通告。

（二）資格　凡營造家有股實資本、曾承造建築工程一次在三十萬兩以上願意投標者,請將該項工程名目開具交彥記建築事務所轉交本委員會審查核實。

（三）投標　保證已經審查合格之營造家,應至本委員會或彥記建築事務所交保證金。在粵交毫洋二千五百元、在滬交規元一千五百兩正領取收據及投標條例並交手續費。在廣州毫洋二十元、在上海洋一十五元領取圖樣章程照行。投標開標之後,未得標者將圖樣章程交還,其保證金即行發還;其手續費,無論得標與否概

不發還。

（四）決票 本委員會有權選擇任何一家得標，其標價不以最低額爲準。

孫中山先生廣州紀念堂籌備委員會廣告

中華民國十六年十一月五日

5.總理紀念堂定期開投工程（廣州民國日報1928年1月28日）

建築孫中山先生廣州紀念堂及紀念碑一事，現經該籌備委員會着着進行，兹定本月廿五日在省政府開投此項工程。籌備會李主席因特函請市政府派代表屆時到會參觀。市廳准函後，應由工務局派員參加。昨特函致工務局云：徑啓者，現准孫中山先生廣州紀念堂籌備委員會李主席函開，本會前因建築孫先生廣州紀念堂及紀念碑，當經登報招投工程，兹定本月二十五日午前十時，在廣東省政府內開票，相憑函請貴政府派代表一人，屆時到會參觀是荷，等由准此，應由貴局派員參加，相應函達，希爲查照是荷。

此致 工務局彭局長

市政府啓

6.孫中山先生廣州紀念堂及紀念碑置裝電綫冷熱水管等工程招求投標（廣州民國日報1928年5月□日）

本委員會現擬裝置紀念堂及紀念碑各項電綫冷熱水管等工程，凡欲投標者須照下列章程辦理。

（一）時期 自本年五月廿五日起至六月十日止爲投標時期。投標者務依此期內辦妥，過期無效。

（二）資格 凡工程家曾經承造過此項工程一次在二萬兩以上者，願意投標請至上海四川路廿九號彥記建築事務所繳保證金三百兩正領取收據，並交手續費：電綫工程十元、水管工程十元，領取圖樣章程照行。投標開標之後，未投標與未得標者將收據及圖樣章程交回，其保證金即行發還。已得標者之保證金合同簽定後發還，其手續費無論投標與否概不發還。

（三）投標函須用火漆封固加蓋圖章，於六月十日以前交至四川路彥記建築事務所轉本委員會。

（四）決標 投標時期截止後六星期以内決定得標人名。本委員會有選擇任何一家得標之權，不以最低標價爲準。

孫中山先生廣州紀念堂籌備委員會廣告

中華民國十七年五月廿五日

7.總理紀念堂地基改建問題（廣州民國日報1928年8月25日）[6]

▲昨建廳召開會議討論補救方法

▲松木椿不合永久建築應亟改造

▲請省府飭令停工組審委會負責

昨（廿四）日下午二時，討論孫總理紀念堂地基改建問題，在建設廳大禮堂開會討論。出席者葉家駿、姚觀順、卓康成、司徒彼得、楊永唐、周士毅、梁仍楷、胡棟朝、鐘柏祥、陳贊臣、桂銘敬、容祺勳、陸鏡清、梁彈、成志和、鄺子俊、黎度公、雷官□、孫兆芳、伍希呂、卓越、彭回、陳國機、黃肇翔、詹小桓，建設廳長馬超俊，主席馬超俊，紀錄詹小桓。主席恭讀總理遺囑，全體肅立。

[6]另見《現象報》1928年8月25日載《新聞一：總理紀念堂地基改建問題會議紀》。

（甲）報告事項。（一）主席報告召集開會理由，及宣佈關於總理紀念堂用松木打樁工作情形。并謂：曾派本廳技正前往調查勘驗後報告，但實情仍多有未明了之處，擬再請公務處長詳述其經過及內容；（二）主席報告總理紀念堂籌備處來函內容；（三）公路處長卓康成報告該堂打樁情形：一用松木樁。二樁基距離尺寸：七尺或十尺不等。三樁下水源高度：比較樁基距離約二尺餘。現此項松木樁爲避免白蟻計，須如何方法，及如何能支持永久，似應再行派員勘驗。

（乙）討論事項。（一）總理紀念堂現因用松木樁建築，實爲不妥，茲爲久遠并求補救及根本改建起見，應如何籌劃案，（決議）討論結果，僉以松木樁不適合永久建築之用，亟謀改造，并呈省政府克日制止工程進行；（二）組織審查委員會負責：擬定改造計劃，貢獻於省政府採擇；（三）審查委員由廳聘定之。

8.改造紀念堂建築辦法（現象報1928年8月27日）

▲省政府第九十五次會議決議照擬

（覺悟社）廣州孫中山先生紀念堂。興工建築後，業經數月，各部分工程，已積極進行。建設廳長馬超俊，日前以該紀念堂用松木打樁，深恐易致朽腐，爲謀永久起見，亟應研求補救辦法。除呈報省政府查核外，并與籌建紀念堂各籌備委員磋議。昨復召集該委員等開會討論，結果以紀念堂用松木打樁，不能適合永久建築之用，亟謀改造，并呈省政府制止工程進行，及擬定計劃，呈省政府採擇。昨二十五日，省政府委員會第九十五次會議：馬委員超俊，特將改造建築孫中山先生紀念堂辦法，提議討論，經決議照擬。昨二十六省政府已錄案，函建築紀念堂籌備會查照，制止工程進行云。

9.總理紀念堂竟用松木打樁（廣州民國日報1928年9月7日）[7]

松木易被白蟻侵蝕……粵省溫濕之地更不相宜……地基鬆動殊危險……速謀補救免致貽患將來……馬超俊微少上府提議速召集工程專家討論補救辦法

本市建築總理紀念堂工程當求其堅固，經預算費數十萬之鉅，以垂久遠，但聞該堂地基，衹用松木打樁，殊有鬆動危險之慮，省政府委員馬超俊，尤抱杞憂，頗持异議。昨六日，省政府已接有馬委員關於取締總理紀念堂用松木打樁之提議一件，茲特探錄如下：將來如何辦理，現尚未得確訊。（提議原文）爲提議事，竊委員前聞建築總理紀念堂，有用松木打樁之事，當即派員黃肇翔陳國機前往按址履勘去後，茲據該技正等呈稱，查紀念堂系由上海彥記建築公司承建，經於本年□月興工。一切地基已用木樁打妥，并用三合土敷蓋，故其樁木質料如何，無從查考，旋訪詢楊西嚴先生，又值因病未到。因向該公司駐粵之工程師切實調查，據稱紀念堂地基所用之木樁，均係美國粵利近省之松木，其最大者爲十寸，十寸四十尺長；最小者爲六寸、六寸二尺長等語，是紀念堂地基所用之樁，俱屬松木，可以證實。惟查松木一種，爲最易招白蟻之侵蝕，凡粵人稍有常識者，斷不用此種松木爲建築之材料，蓋粵省位居溫濕之地，若用此松木作樁，若值天氣幹燥，地中之水低下時，白蟻臭覺其味，即舉集於松樁上部，漸而侵蝕至於下部，則地基鬆動，危險堪慮。伏以紀念堂爲紀念總理之建築物，自應敬恭將來，以期昭垂永久，竊以爲應請政府監理工程人員，詳加考慮，設法補救，或召集本省具有工程經驗人員，共同討論，務求補救於今日，勿貽後患於無窮，是否有當，敬祈察核，等情前來。查紀念堂之建築，係屬紀念總理萬年不朽之業，既據該技止等勘明該堂地基所用木樁，俱屬松木，恐有危險之慮，亟應詳細考求，設法補救，擬請今飭現在負責監理工程員,向政府作一詳細報告,然後再召集本省具有工程經驗人員,共同討論,是否有當,理合提出會議。

敬候公決施行!

10.孫中山紀念堂由陶復記承建(專訪)(現象報1928年9月□日)

▲定價九十二萬餘兩

孫中山紀念堂,早經決定建築於粵秀山麓前總統府故址并建築紀念碑於山巔,當即懸獎徵求圖案。其時應徵者頗不乏人,而應首選者,厥爲上海建築師呂彥直,又經決定依其圖案建築。上年十月間,籌備委員會,績□此項詳細工程圖則,登報徵求投標。有省港滬各大建築家估價投標者,如聯益公司、陶復記、陳林記、余鴻記、公益營造廠、新仁記、宏益公司共八家。當由李主席定期一月二十五日上午十時,假座省政府會議,開標決選,並先期函約各黨政機關,屆時到會參觀。開標結果,記紀念堂工程:陶復記取價九十二萬八千八百二十五兩;紀念碑工程:宏益公司取價一十三萬八千六百兩;全部銅架:以慎昌洋行取價一十八萬五千兩爲當選云。

11.省政府九十八次議決案(廣州民國日報1928年10月1日)

警察服制規定限用國貨質料……總理紀念堂仍照原圖案建造……交法院核覆各縣市處理逆產之職權範圍……補助國貨展覽廣東分會經費一千元……函國稅署核辦造幣廠改鑄大園問題……

省昨開第九十八次會議。出席委員馮祝萬、李禄超、伍觀淇、朱兆莘、黃節、馬超俊,臨時主席馮祝萬,紀錄鐘泰代。茲錄各議決要案如下。

(甲)、報告事項。(略)

(乙)、討論事項。

一、建設廳呈報。商標注册,應以商號或經理人代理人所在官廳辦理較宜。正擬請示,適又准廣東交涉負函,請查復關於德國駐廣州代總領事所詢。關於已在國府所屬注册之商標之保護各節,除商標注册費一點,可依例辦理,並函復外。其餘各節,理合併案請示案,(議決)所有已注册之商標,一律轉呈中央備案追認。

二、伍委員觀淇呈復審查廣東各縣市警察服制暫行條件,大致尚妥,惟對於制服及各種綫件質料,應明白規定,如有國貨可用者,不得用舶來品,以示提倡,請察核案。(議決)照擬。

三、建設廳長呈,接紀念堂松木打樁研究委員會函陳松樁不宜於此堂建築各理由,與該堂建築師代表裘燮鈞等提議,擬設蓄水補救法。應如何辦理,連同蓄水池圖,請公決施行案。(議決)毋庸築池,仍照原圖案建造。

(下略)

12.總理紀念堂建築近訊(現象報1928年10月2日)

▲一切工作均照常積極進行

專訪 總理紀念堂自興工以來積極進行,頃查全部建築已達第一層樓面。該堂之四周石壁打鑿工事,行將完竣,不日盡可安置其上面所用全部銅架。聞該堂籌備委員會已接懼昌洋行電報,月中可能運到一切銅鐵材料施工,并聞全部工程分級核計,預算祇有一年半工程。此亞洲所無之偉大建築物,即可與百粵人士相見云。

(黃檀甫按:此稿係在"民國報發表"停止工程之後一日)

13.總理紀念堂尚未遵令停工（廣州民國日報1928年10月3日）

▲該堂決在省府未定補救法前不停工

▲審查委員會特於今日開會提出討論

建築總理紀念堂，不能用松木打樁，業經省府委員會通過，着即先行停止進行，一方面交由建設廳組織審查委員會，另行商議妥善辦法。該審查委員會，經召集開會多次，并分組審查。惟紀念堂籌備會，因建築工程問題，自接到省政府公函着行停止建築後，以事體重大，未便操切。即於廿七日召集在粵籌備員及建築師、監理員等開會共同討論，當即議決函復省政府，請飭建設廳，從速擬具補救方法，以便研究執行，在未經決定補救辦法以前，未便進行停工，致礙工程。昨已函致省政府查照辦理，故連日繼續開工建築，而審查委員會以該承商如此舉動，實與政府意思抵觸。除呈政府請示辦法外，頃聞該會復定於今日（三日）下午二時，召集各委員，在建設廳禮堂開會，討論一切，并以最短時間妥擬辦法云。

14.要聞　紀念堂絕對不適用松木樁（廣州民國日報1928年10月5日）

▲審查委員會討論之結果

▲擬辦法三項呈建廳採擇

關於變更總理紀念堂建築工程一案，經由建設廳組織審查委員會詳細審查，妥擬補救辦法，呈省政府採擇施行。昨該審查委員會，經將審查補救辦法三項，及不適宜用松木樁理由，至函建設廳查照，函云：徑啓者，關於總理紀念堂用松木樁一案，前經大函出任敝委員等，研究擬具補救辦法，呈候省府采擇施行在案。經於十月一日在貴廳開會擬具根本改造及補救辦法三項，計開：

（一）根本改造三合土樁；

（二）用基下加力法；

（三）利用井池蓄水法，并經各委員互選分組進行研究。

查第一項辦法，係將原有松樁一概抽出，改用三合土樁，此法衹須從事占計，較其它方法，耗費高昂，惟屬根本改造，決無後患；第二項辦法，係在地基之下，增添下層基礎，此法須將全部工程，詳細研究，務求他日松樁雖經白蟻蝕壞，而地基仍可支持；第三項辦法，係在紀念堂附近地面各部分，多開井泉，以測驗地水之水平高度，是否常在松樁之上，並開設水塘蓄水，滲入地基，以期松樁常在地水之下，而使白蟻無從侵蝕。此法較第一二項辦法爲遜，且缺點不少，但非良法。是日閉會後，復經委員等前赴紀念堂地址，視察工程進行情形，查得紀念堂禮堂樓面競價，三合土敷蓋，已將完妥，該工程始終並未停工。對於本會議決第一二項辦法，諸多窒礙難行，設若工程仍然繼續進行，根本改造，實屬無從估計。即使采用此項辦法，而工程日有增加，將來拆建，耗費更重。至如用基下加力方法，亦須在地基四周，加添鋼筋三合土樁，即非將禮堂之現有三合土樓面各部分拆去，則工程無從施行。惟本堂爲紀念總理之建築物，後人景仰所聞，務期萬年不朽，委員等僉以松樁不宜於此堂建築，謹將理由臚列於後（總理紀念堂不適宜用松木打樁理由）。計開。

一、粵地松木（如各鐵路所用之北江松枕木是）在一月後，多生白蟻，以潮濕地點爲尤甚。此爲粵地普通常識，凡稍知粵地氣候者，無不知之。

二、香港政府，對於松木一物，曾多方設法用藥料外敷，或將木內汁液抽去，然後將藥料注射，以免白蟻之侵蝕，其結果均屬難期效驗，日久則功用全無。

三、木料藏於地數尺深以下，普通蟲蟻，本不易生，但對於白蟻則不然，觀於本市從七八尺下挖出之舊棺木，曾被侵蝕者，不可勝數。

四、木料若常浸在水中，本不易腐壞，但水平高下，因時而變，極難預定。茲略舉數端以明之：如附近多開水井，或附近之舊井用水較前增多，則地水難保其不低降；如觀音山及附近多開馬路，則山上流下之水，間接而透往別處宣洩，則地水難保其不低降；觀音山及附近繼續有新建築物，該地腳及石墊等，與原有水源及水流方向，如發生關係，難保其地水不低降。觀音山之山水，多由六脉渠及附近管道宣洩，現以六脉渠及附近管道淤塞，故該處一帶街道，多犯水浸。如將來脈渠清理，及正式管道完成後，決無水患，但紀念堂之現有地水平，難保其不低降，雨水多寡，向無標準。如一旦水旱時期過長、則水平有無變更、此屬疑問。

五、松樁經白蟻蝕壞，則地基形狀，類似蜂巢。以此鬆壞地基，能否受原有規劃壓力，實屬疑問。近年來凡偉大建築，靡不採用三合土樁，取其價廉而永久。今以最易朽壞之松樁，而在白蟻最易滋生之地，建永久建築物之地基，理由似欠充足。

上項理由，經委員等奉聘後，詳細研究所得。心所謂危，未敢安於緘默，至應如何進行之處，仍候卓裁。此至建設廳長馬。

15.建築紀念堂工程師關於用松木樁之談話（現象報1928年10月8日）

專訪 總理紀念堂建築其中發生停工問題，迭見報載。記者以事關重要。且該堂在年前已預籌計劃，又已經數月之建築，已達至地樓面層，聞已用費數十餘萬，果一旦停工，未免使人詫異。為求真確消息起見，昨特到該工程處查詢，以報告閱者。當投刺後，即蒙裘工程師接見。裘自言係為此次打樁問題事，代表呂總工程師南下，向當局解釋而來。問訊之下，即將關於此項意見，大略向記者發表。茲記其大要如下。（以下均裘工程師言）

（一）紀念堂工程，現在未因省政府通告而停止進行，蓋用松木打樁一事，係概照呂建築師原定計劃，在圖案上注明，兼經紀念堂籌備委員會審查核准，然後登報投票，後由馥記投得承造，訂明合約照計劃辦理。計自開工以來，業已半數，一切工程進行歷照合同辦理，從未變更。

（二）近來此項打樁問題之發生，係因貴省建設廳一方面工程人員，對於松樁事發生疑慮，遂有松樁易為白蟻侵蝕，危險堪虞等提議。然此可謂杞人憂天之談。查松樁浸入地層水下，既不虞腐爛，又不能為白蟻所侵蝕，加以樁木之上做鋼筋三合土為基礎，計劃時泥土之負重，祇許每方尺二千磅，其工程之穩固周到可知。又紀念堂所填泥土，自樁面上起計□五尺至七尺半之深度，按據白蟻專書所言，堅土二尺以下，決無白蟻生存，故該項松樁不能為蟻所蝕，可無疑義。

（三）松樁用於建築，已有多年之歷史，如近來菲律賓拆去六百年之建築物，發松木樁仍完好無損，是松樁適用於建築，永久而經濟至為顯明。此外如上海及香港的偉大建築物，莫不用松木打樁，歷經中外建築師之審核，明察周詳，否則非議之來，當不止發生於今日，廣州一隅已也。更查前者廣州電燈廠機樓之建築，亦採用松木打樁，粵人多能記憶，該工程為慎昌洋行所計劃，迄今事隔多年，未嘗稍變。此可為明證者又一也云云。記者以裘工程師所談有理，特錄出以饗關心總理紀念堂工程者。

16.加委紀念堂籌備委員（現象報1928年10月23日）

（亞洲社）政治分會昨加委財政廳長馮祝萬、建設廳長馬超俊及陳少白等三人，為中山紀念堂籌備委員。

昨特連同派委狀，函達馮、馬、陳等籌備委員知照。函云：徑啓者，本會一百四十九次會議，林委員提議，請加委財政廳長、建設廳長及少白同志爲中山紀念堂籌備委員，請予公決一案。當經議決通過。在案，除分函中山堂分別委派外，相應檢派狀函達察收，是荷。此致　政治會議廣州分會

17.奠基典禮情形（大光報1929年1月16日）

紀念堂奠基地點，在場內西偏。基石爲日字形，高約五尺，闊約二尺餘，青色。鑴以金字爲"中華民國十八年一月十五日爲孫中山先生紀念堂奠基。籌備委員李濟深等立石"字樣，用黨旗將基石覆蓋。馮委員祝萬，親手將磁質方形之奠基紀念品，放在基址內，隨持銀灰池用士敏土分塗基址四周，徐徐放下基石，軍樂大奏，並用銀錘輕向基石上敲擊，取鞏固基礎意義。禮畢，即撤去覆蓋基石之黨旗，向基石行一鞠躬禮，即拍照而散。隨往粤秀山上紀念碑前，行建立碑石禮。碑石長約五尺，高約二尺餘，鑴以"中華民國十八年一月十五日。爲孫中山先生紀念碑經始籌備建築委員李濟深等立石"字樣，由馮委員行禮如儀（禮式同上）。禮畢，拍照鳴炮而散。

18.中山紀念堂舉行奠基典禮詳情（現象報1929年1月16日）^[8]

（博愛社）廣州中山紀念堂，於昨十五日正午十二時舉行奠基典禮。茲將情形分志如下。

（禮堂布置）是：在總統府內紀念堂空地，蓋搭棚廠一座，丁方五丈，地板離地高約五尺許。正中設主席樓一座，上置大花籃一個，花籃下按放一紀念堂圖形，并總理遺囑。左放大銀盆一個，外刻"奠基典禮"四大字，旁則小字曰：中華民國十八年一月十五日馥記營造場敬誌。右放藍磁基石一方，中藏三民主義著述數種，並有銀質灰匙一個，額曰："孫中山先生廣州紀念堂奠基典禮"，旁刻："中華民國十八年一月十五日籌備委員主席李濟深，建築師呂彥直敬誌"。上懸總理遺像，下設來賓座椅百餘張，左旁爲□八路軍樂隊。一切布置，異常齊整。

（到會人數）。是日到會者，政治分會代表馮祝萬、省政府主席陳銘樞、市政委員長林去陔、建設廳長馬超俊、民政廳長許崇清、教育廳長黃節、中央銀行行長黃隆生、葉菁、綫私局長何彤、海軍司令陳策、航空延長張惠長、公安局長鄧世增、衛生局長何熾昌、籌備總處處長伍觀淇、教育局長陸幼剛、廣東鐵路總工會代表陳立餘、市黨部代表林翼中、省黨部代表馬洪焕、中國國民黨香港支部代表馮海朝、及工商團體學校等五六百人，濟濟一堂，異常熱烈。

（行禮秩序）。正午十二時開會由馮祝萬主席：（一）齊集。（二）主席就位。（三）奏樂。（四）向黨國旗總理遺像行三鞠躬禮。（五）主席恭讀總理遺囑（由馮祝萬宣讀）。（六）默念三分鐘。（七）主席開會理由（由馮祝萬宣布詞另錄）。（八）報告本會籌備經過情形（由金曾澄報告詞另錄）。（九）來賓演說（自陳銘樞、林翼中、陳季博等演説詞另錄）。（十）行奠基禮（由馮祝萬爲前導，帶同陳銘樞等要人來賓等，步行至安碑地點，由馮祝萬、陳銘樞兩要人將碑扶之，緩緩而下放好，後將封碑石面之黃紙，及薄綢黨旗揭開，然後由馮祝萬誦讀碑文一遍，向碑石行一鞠躬禮，旋請馮祝萬立碑之後，陳銘樞立碑之左，共拍照，遂告禮成。（十一）奏樂。（十二）鳴炮。（十三）拍照。（十四）散會。

馮祝萬宣布開會詞："今日爲廣州總理紀念堂行奠基禮之日，李主席因公赴京，兄弟被推爲臨時主席。茲報告開會理由於各位。總理爲創造中國國民黨及中華民國之偉大人物，不祇我中國人民欲建築紀念堂以紀念之，即全世界人類，亦將有同樣之紀念。廣州爲先總理生長之地，又爲本黨革命歷史最多之地，尤宜有偉大悠悠之精神。紀念總理，兩年前國府在粤時，已建議建築紀念堂，現全國統一，全國皆在本黨領導之下，紀念堂適於今日

[8]另有《廣州民國日報》1929年1月16日通訊《要聞：總理紀念堂紀念碑奠基典禮》，與此篇大致相通。

行隆重之奠基禮，希望黨基國基隨紀念堂之基礎而俱固。"云云。

陳主席銘樞演詞："際此民國統一後之新紀元——中華民國十八年。總理紀念堂之奠基禮，適於十八年之今日舉行，實有重大悠久之意義。中國雖已統一，但黨國基礎，尚未十分鞏固，正本黨同志上下一致建築黨國基礎之時。中央之編遣會議實爲建築黨國基礎之惟一關鍵，黨國基礎，能否鞏固，全視編遣會議之能否徹底做去爲斷。黨國基礎鞏固之後，總理之一切主張政策，始能加速前進，底於成功。今日紀念堂奠基禮之重大意義，吾人須推廣之，以鞏固黨國之基礎，促成裁兵，而後革命方可成功。吾人紀念總理生前之豐功偉烈，須努力完成其主張，則紀念堂可以垂諸千載，亘萬古而不拔矣！"

林翼中演詞："（上略）總理紀念堂爲吾人對於總理崇高偉大之人格，在形式上之欽佩之表現。形式上之表現以外，在精神上吾人更應深刻之紀念，努力完成總理遺下之工作"云。

金曾澄報告籌備經過，略謂："今日爲紀念堂舉行奠基禮，承各同志莅會參加，至爲榮幸。所有會籌備經過情形，應向各同志報告一下。建築孫先生紀念堂之議，係十四年四月間，孫先生逝世後，由各界追悼會籌備處發起通過，並推舉募捐隊長六十一人，分頭募捐。嗣後追悼會籌備處結束，其建築紀念堂未盡事宜，暫歸中央黨部秘書處兼管。同年國民政府成立後，以孫先生紀念堂既已興築有日，尤不可無偉大之紀念碑以資景仰。時適計劃開放，粵秀山闢作公園，是以有在山頂建築紀念碑之議。嘗經懸獎徵求圖案，結果以工程家楊錫宗君所作爲首選，祇潮、梅、高、雷各屬軍事方殷，未及興築。迨十五年六月，孫先生逝世周年以後，而紀念堂紀念碑各工程，尚無辦法。鄧澤如同志遂向中央黨部提議，請派專員負責專辦。於是派出鄧澤如、張人杰、譚延闓、陳樹人、金曾澄、孫科、宋子文諸同志爲籌備委員，遂即成立籌備委員會，先後議決下列各事：（一）地點。擇地條件以交通利便、面積廣闊及與先生歷史有關三者，具備爲合格。遍查本市繁盛地方，并無大段公地；縱能併合收用，亦與先生歷史無關，經費籌躇，姑覓得德宣路舊總統府故址。此地面積約有二千四百餘井，合之收用左右附近各民房，可共得地約一百畝，當無地小不足回旋之虞。況位置貼近粵秀山麓，風景絕佳，前堂後碑，互相銜接，尤爲大觀。且該地址爲先生任總統時開府於此，有此歷史，更無別處可與頡頏，與原擬三條件適合，惟前因軍餉緊急，舊總統府地址，已由聯成實業公司備價承領，早成私產，當向該業主商議，照價收回。幸得該業戶同意，於是建堂之地點遂決。（二）圖案地點。決定之後，如何規劃圖則，自是主要問題。且山上築碑，山下建堂，須有精神連貫相交輝映的態度。當時擬定徵求圖案修例，測定堂碑，兩地面積登報懸獎，徵求圖案，計中西人士之應徵者，有二十六件之多。隨請工程家、美術家爲評判，委員在國府內開會評判，結果以呂彥直君所作爲首獎，楊錫宗君所作爲第二獎，范文照君所作爲三獎。蓋呂君圖案純中國建築式，能保全中國的美術，最爲特色，遂確定依此圖建築。（三）建築師決定採用圖案後，關於工程之計劃，材料之規定，圖樣之製備，亟須覓有專門學識者，爲之主持。當即依照南京陵墓建築監工辦法，商確呂彥直君擔任建築師職務，訂立合約，按序進行。（四）建築費地點。圖案均已確定，主持建築又復有人，則款項問題，亟須解決。查募捐隊原推定隊長六十一人，發出捐册六千五百六十五本。惟各隊長多數爲軍政各界之領袖，因時局變遷，竟有不知去向，或有人，雖存在而捐册已散失，無從追踪者。此次募捐成績，固屬不好，即發出捐册，亦多數未能收回。歷經公告限期結束，實止收回捐册二千零一十五本。據各隊長繳存中央銀行保管款項，計內地捐款粵幣一十八萬四千四百五十八元零五仙、港幣六千零三十九元零四仙，又海外捐款粵幣五萬三千八百五十九元九毫、港則及金磅伸合港幣一萬一千七百零七元五毫六仙，連同售章隊繳存售章粵幣八千五百七十八元一毫六仙，總共不過合粵幣二十七萬元之譜。一經動工，在在需款，若不先事寬籌，從何應付。復經決定請財政部每月撥款五萬元，撥至工程完竣爲止。業承國府允許，余部照撥，以備建築之用。以上四事，皆籌備時期所宜首先注意者也。自從國府北遷，籌備委員相繼離粵，至十六年五月，留粵者並無一人。此時全務完全停頓。嗣奉中央黨部加派李濟深、古應芬、林雲陔、黃隆生四同志爲籌備委員，并指定黃同志兼司庫。隨接收會務，繼續辦理。一面督促建築師趕將所有詳圖及用料章程，妥速擬具送會審查。一面函請工務局測勘附近民房面積，并擬收用辦法。嗣據各將擬辦各伴送到，當經開會議決，如擬辦理。於是一面分登粵港滬各報，招商包辦工程；一面函請公安局布告執行，收購民產。□□□□□□□，會務因而中輟。事平務定十七年一月二十五日，假座省政府會廳，公用投票先期。函請政治分會、省黨部、市黨部、省市政府，及工務局到場參觀。是日各派代表與會。省港滬大建築家，照章投標共八家。紀念堂工程，以上海陶馥記取價，規元九十二萬八千八百二十五兩爲最低，按之粵幣約一百五十餘萬元；又紀念碑之工程，以香港宏益公司取價，規元一十三萬八千六百兩爲最低，按粵幣二十三萬餘元。當場決定以上列兩號當選。隨於二月八日簽訂合同，陸續興築，并訂期限：紀念堂二十六個月完工；紀念碑十七個月完工。竊維此項建築，係爲紀念孫中山先生而設，非常隆重，且工程宏偉，亦爲我國最大之建築，事繁責重，非三數人可能建設。迭蒙政治分會體察情形，先後加派吳鐵城、楊因嚴，建設廳長馬超俊，財政廳長馮祝萬，及陳少白五同志爲籌備委員，共同負責。隨由本會議決，組織常務委員會。並公准金、楊、馬三同志爲常務委員。監工一職，原已訂定由建設廳兼任，本會爲慎重工程起見，特聘卓康成同志爲工程監理員。惟堂與碑同時施工，一身奚能兼顧？且卓君爲現任行政長官，勢難終日監督，當由本會公決，倫允襄、郭振聲兩君，專任工程監理職務常駐工廠辦事，并設助理員三人，分頭巡查，以期周密。至於各項預算，如購地費約粵幣五十萬元。凡兩處建築費連添改工程，共規元一百零萬餘兩，伸合粵幣約一百八十五萬元。全部鋼架油瓦小綫等材料費，約粵幣七十六萬元。總額約共粵幣三百一十餘萬元。自興工以來，每月支出當十萬元內外。現因積存款項，經已支用無餘，逆料將來收支相抵，不敷甚鉅。經會議決請國稅公署，自十八年一月起，每月加撥建築費五萬元。經政治分會核准加撥在案。款項有着，諒不致妨礙要工。收用民房一層。各業戶希翼免收。故前迭向黨政機關分頭請願，經本會召集各業戶代表，將收用之理由及必要，當面解釋，并許酌補價格。各代表均已諒解，其繳契領價者，已有多起。現計紀念工程已造得十分之三，大約至遲不過年半，便可完工云。以上係本會籌備經過情形。今乘此機會摘要報告，當望各同志隨時指教。教匡不逮，至誠至感。"

19. 紀念堂之宏偉與現在工程（現象報29年6月21日）

▲籌委會議決收用民房補價加給二成

專訪 孫先生廣州紀念堂籌備委員會，昨廿日開第十二次會議，出席者除李濟深等各委員外，並有建築師呂彥直代表黃檀甫，因報告關於建築上之種種重要佈置，特從上海來粵列席。聞其報告關於最新式之佈置，將來全堂安裝冷熱水管，及反射光綫電燈，此兩種材料，均係採用英美建築工程公會規定最優良之質料，而呂建築師圖則所定配置之法，則水管電燈外露，而應用時則冬溫夏涼，光綫濃淡隨人如意，堂外並有反光射燈，使黑夜時能照見堂外附屬建築物，夜如白晝，此均依足近世偉大建築之配置，將來實爲東西手屈一指之巨廈。至現在工程之進行，均能照預定計劃完成，地腳安置，各種大小樁杙數千，業已竣事。現方從事於鋼骨三合土等薹柱工程，水管電綫等物料，不日亦登報招商投承云。又聞此次議決要案中，關於收用民房補價問題，照原定價格加給二成，以恤民艱云。

20.招投廣州中山紀念碑銅門銅窗工程廣告（民國日報1929年11月8日）

本委員會因中山紀念碑需要銅門二扇、銅窗六扇（用紫銅九成點錫一成配合鑄成）招人承辦，經已繪備圖樣及訂定構造章程存本會工程監理處（在北路第八十三號）。如願承造者即攜手續費一元到該處取閱，由十一月八日起至十一月廿二日止爲投票期。此佈。

廣州中山紀念堂碑建築管理委員會啓

21.省市新聞：中山紀念堂建築內容（廣州民國日報1930年1月29日）

本市中山紀念堂工程之重要，規模之宏偉，中外人士，咸爲注目，本黨同志靡不關心。故本省自去年以來，雖迭受軍事影響，而當局仍極力維護，工程幸能賴以不輟，兹將紀念堂之範圍佈置及用料等分述如下。

（一）範圍：南自德宣路、北至九龍街、東自吉祥路、西迄粵秀街，其間均爲紀念堂範圍，面積廣約百畝。

（二）佈置：紀念堂中間，爲一極大之會堂，縱橫直徑各二百尺，可容五千座位。所有裝飾，均採用我國古代法式，美術極爲富麗堂皇，堂內四周、墻壁及平頂，裝有矯音紙板，演講時，聲浪不致受回音反響，且甚清晰。又計劃有冷氣裝置，可無溫度太高，及空氣不足之虞。此外更有最新式之盥厠室、救火設備及極完備之電燈佈置等。堂外四周，有大平臺及石級，正面有總理銅像，像基則爲雕有精細花紋之香港石築成。

（三）用料：堂身中下部骨架，均用鋼筋三合土構成；看樓及屋頂，完全用新式鋼架支撐；磚墻均用士敏土，砌築工作，十分鞏固。所有內外裝飾，大都爲顏色花紋人造石，該項人造石，係用白色士敏土，顏料及大理石屑溫和而成，須經過磨光上蠟等手續，此種工作，最爲鞏固耐久。外墻面爲三色組織成：下屋用白色香港花崗石、中間用青色遼寧大理石、上層用上海特制之乳色泰山面磚，配以屋檐之顏色人造者，屋面之青色琉璃瓦殊爲美觀云。

22.築紀念堂西北馬路（廣州民國日報1930年3月□日）

籌建廣州中山紀念堂紀念碑委員會，函請市政府開闢紀念堂西北兩馬路一案，經市府令行工務局計劃建築在案。工務局長程天固奉令後，現經運遵計劃完竣，約工程費二萬七千八百八十九元四毫。此款擬由市庫撥給，其餘關於收用民業，補價產價等費，概由紀念堂紀念碑委員會籌措，分負責任，以期易於舉辦。昨特備具意見收，連同辦法路綫圖，提出十八次市行政會議通過。昨十一日，市政府已錄案令發工務財政兩局遵照矣。查其建築中山紀念堂西北兩面馬路辦法。

（一）路綫　由德宣路粵秀街口起，經粵秀街至九龍街折而東向，直達吉祥路止。計路綫長約一千八百五十英尺，寬五十英尺，兩旁建人行路每邊十尺。

（二）收用民房辦法及補價產價事宜，均由中山紀念堂委員會負責。

（三）馬路建築費約共二萬七千八百八十四元四毫。

（四）負責建築　馬路建築時期，由廣州特別市工務局負責理辦云。

23.中山紀念堂總工程師抵粵（廣州民國日報1930年6月9日）[9]

▲爲促進紀念堂紀念碑工程案

▲乘便欲在唐家灣察勘商港

全國建築師學會長，兼中山紀念堂工程師李錦沛來粵一訊。已志昨報，查李總工程師已於昨六日抵省。記者

[9]相關消息又見《現象報》1930年6月7、9日訊，《廣州民國日報》1930年6月8日訊。

以關係於總理紀念建築物促進辦法起見，特赴紀念堂工程處晉謁李君。即蒙延見，寒煊後，據李君云："此次來粵，除專視察紀念堂紀念碑工程，並與此間管理委員會協商從速完竣此項工程外，擬俟數日後，即以私人資格，端赴中山唐家灣察勘商港，以便返滬後，按圖備徵，使國人明了南方有此天然商港。"查我國建築師自呂彥直積勞逝世後，上海方面，能繼呂君建築技能者，僅得李君一人云。

24.紀念堂: 屋面壯觀 (廣州民國日報1930年□月□日)

▲特產的青色琉璃瓦

▲名貴的屋頂黃金磁

▲千斤鑄成的紫銀溝

本市中山紀念堂，自開工以來，迄已兩載有餘，惟以工程浩大，短期間尚難完工。現該堂正在進行屋面磁瓦等工作。查此項磁瓦，備極壯美，其一切式樣，係由彥記建築事務所計劃，而交由本市□華陶業公司轉製者。屋面之結頂處，係一金色磁頂，該頂所用之金色磁，係由紀念堂承商馥記營造廠特向法國定購者，頃已由法國運來，不日即可到場。一頂之器，共費價六千餘金，可稱華貴之至。又屋面上一切落水天溝等，均用分半厚紫銅包成，聞共享紫銅百餘擔之多，誠空前未有之偉大建築也。

25.志廣州中山紀念堂 (慰堂) (申報1933年3月21日)

▲故呂彥直建築師設計

▲馥記營造廠承造

我國建築物，除廟宇神殿外，就無公眾之偉大建築。國府成立以來，各地提倡新政，往往舉行公眾大集會，乃有大會堂或大會場之建築。就中以廣州中山紀念堂為最偉大，同時集會可容六千人。

民國十四年間，廣州當局特組織廣州中山紀念堂籌備委員會，由省主席李濟深氏主持進行。此種偉大之建築，非特應現代市民之需求，亦所以紀念總理在廣州偉大之勛績。

該屋之設計在民十五年四月間，由該委員會登報徵求圖案，應有中外名建築師多人。揭曉結果由故建築師呂彥直氏主持設計，襄助者有裘燮鈞、葛宏夫等建築師。至翌年春，全部圖樣說明始完成。

建築經費由粵政府月供十萬圓。綜計完成是項工程，計費用一百二十六萬八千一百十兩。

中山紀念堂建築地基，經籌備委員會數次之商酌，決定在觀音山麓，即前非常總統府舊址，負有歷史上相當之價值。

十七年年元月中旬，李主席任潮會同儲委員當眾開標，結果由陶桂林君主辦之馥記營造廠以九十二萬八千八百二十五兩得標。同年四月二十六日開工，翌年正月十五日舉行奠基禮，限二十六個月完工。

禮堂取八角形。東西南三面為入口，有甬道相連，自外有石階直達禮堂內部。北面有講臺寬可百尺、深四十餘尺，臺前有奏樂廂，後有休息室二間。正廳深一百五十餘尺、寬度相仿，出口凡十。會場內群眾六千人，可於數分鐘內完全離去。此外有辦公室兩間，儲藏室四間，男女盥洗室個二，有巨梯六座。正廳蓋引形玻璃頂禮堂，本身約占四萬方英尺。

營造人馥記營造場	規元	九二八八二五兩
鋼架工程慎昌洋行	規元	一八五〇〇〇兩

電燈綫工程慎昌洋行　　規元　　三六〇〇〇兩

衛生及消防工程亞洲機器公司 規元　　三三七五〇兩

五金及銅燈工程瑞昌工廠　　規元　　二〇四三八兩

鉛條玻璃工廠亞洲玻璃公司　規元　　一三三四〇兩

玻璃瓦工程廣州裕義陶業公司 規元　　五〇七一二兩

總計一百二十六萬八千一百十兩正

三、關於呂彥直逝世

1.工程師呂彥直逝世[10]（上海民國日報1929年3月21日）

▲總理陵墓之設計者

▲建設時期失一良材

[10]此爲黃檀甫先生所撰新聞通稿，另有《申報》、《新聞報》、《廣州國民日報》等同日刊載。

名工程師呂彥直，於前年設計紫金山總理陵墓圖案獲得首獎。忽於本月十八日患腸癌逝世，年僅三十六歲。呂字古愚，江寧人，而生於天津，民國二年由清華卒業，派送赴美留學，卒業於康奈爾大學。富於美術思想，專心於工程研究。民國十年在美時，曾擔任南京金陵大學新式房屋設計工程。是年返國，設事務所於上海。上海銀行公會會所工程之設計，亦出其手。其後則於設計總理陵墓建築獲首選，而擔任建築工程；繼而復爲廣東總理紀念堂紀念碑設計，皆以世界之最新之建築方法，兼採中國華麗之建築方式鎔合而成。而君竟不及睹此所建築之完成而逝，甚可悲也！

1929年3月上海宇林西報所刊呂彥直逝世之訃告

2. He Conceived Sun Yat-sen Mausoleums（上海字林西報1929年3月21日）

Yen Chih–lu, the architect who won the open competition in 1925 for the design of the Memorial Hall and Tomb for Dr. Sun Yat–sen and subsequently completed its construction under commission from the Government, was born in Tientsin in 1894. He graduated from the Tsing Hua College, Peiping, in 1913, and on a Government scholarship proceeded to America where in 1918 he obtained the degree of Bachelor of Architecture from Cornell University. From 1919 to 1921 he continued his post–graduate study with Murphy & Dana, the eminent, New York firm of Architects, and was responsible for the designing of Ginling College group at Nanking, which is a premier adaptation of Chinese architecture to modern purpose. In 1921 returning to China he won a competition for the design of the Shanghai Bankers' Association Building. In 1926 he won still another competition for a Memorial Auditorium and a Monument to Dr. Sun Yat–sen to be erected at Canton. All these are conceived in Chinese style and worked out in modern methods. The brilliant young architect passed away about three months ago.

In connection with the monument it should be noted that the structure is not yet completed. Other remaining structures which will complete the Sun Yat–sen mausoleum consist of a Pabelet pavilion, entrance gate at Pat–ic. a boundary wall and a causeway and minor excess buildings used for the maintenance until the completion of the cutter affair.

3.國府褒恤呂彥直(申報　1929年6月12日) [11]

南京　國府十一日令：總理葬事籌備處建築師呂彥直，學識優長，勇於任事。此次籌建總理陵墓計劃圖圖樣，昕夕勤勞，適屆工程甫竣之時，遂爾病逝。追念勞勛，惋惜殊深，應予褒揚，並給營葬費二千元，以示優遇。此令。(十一日專電)

4.呂彥直復活（天天）（申報1929年6月16日）

[中華民國十八年六月十六日]

著名建築師呂彥直自繪畫　總理孫中山先生陵墓圖案獲居首獎以後，呂氏之名，幾遍全國。嗣後復應廣州、北平各建設廳之聘，繪畫種種革命紀念建築，表現我中華民族之精神，留人們深刻紀念的印象。呂氏之功，可謂偉矣！乃總理陵墓告成，而呂氏已溘焉長逝。奉安之日參加典禮者，瞻此偉大之陵墓建築，莫不聯想繪此陵墓圖案者其人。奉安禮畢，六月十一日，國府會議，對於繪此陵墓圖樣之呂彥直，明令褒揚，並給葬費。庶幾呂氏之名，將與革命紀念物同傳不朽矣！呂彥直雖死，實仍活在人間也。

[11]另見1929年6月12日《新聞報》刊載"國民政府令"。

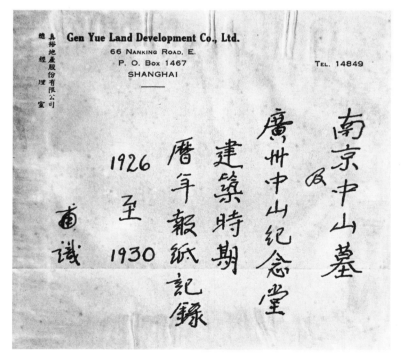

原資料輯錄封面

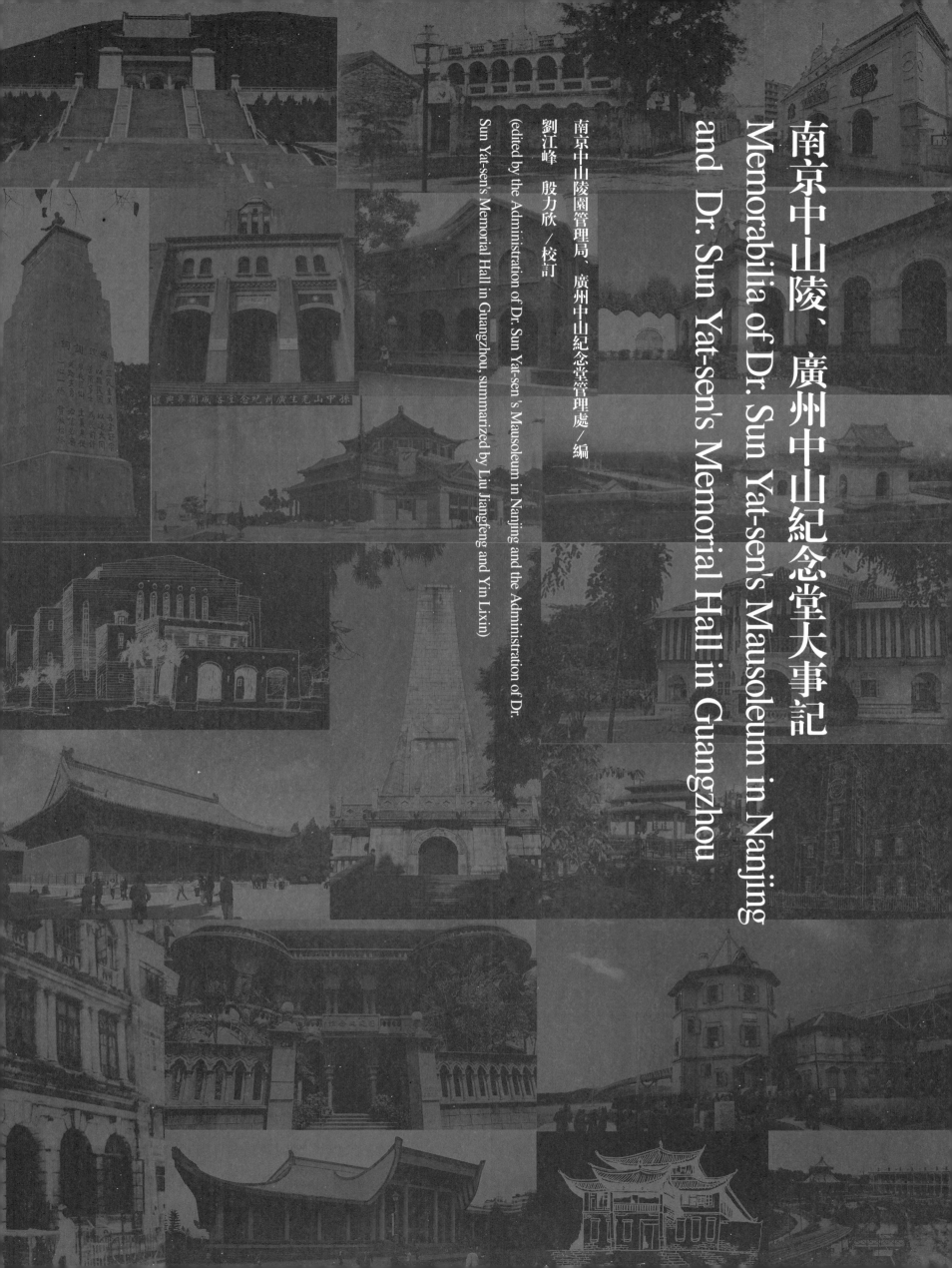

南京中山陵、廣州中山紀念堂大事記

Memorabilia of Dr. Sun Yat-sen's Mausoleum in Nanjing and Dr. Sun Yat-sen's Memorial Hall in Guangzhou

南京中山陵園管理局、廣州中山紀念堂管理處／編

劉江峰　殷力欣／校訂

(edited by the Administration of Dr. Sun Yat-sen's Mausoleum in Nanjing and the Administration of Dr. Sun Yat-sen's Memorial Hall in Guangzhou, summarized by Liu Jiangfeng and Yin Lixin)

一、南京中山陵園大事記

·1912年（民國元年）

辛亥革命後，金陵大學農科教授裴義理鑒於紫金山之荒蕪及貧民之衆多，聯合中外名人發起組織義農會，在紫金山天堡城北部置山地四千畝從事墾荒造林，以工代賑。

·1913年（民國二年）

孫中山發動二次革命，討袁軍與袁軍在紫金山展開激戰。

·1917年（民國六年）

江蘇省第一造林場成立，在紫金山四方城開闢苗圃六百畝，在小紅山、紫霞洞南及明陵西、石象路以北等地造林一千五百餘畝。

·1925年（民國十四年）

3月12日　上午9時30分，孫中山先生在北京逝世。

4月4日　中國國民黨在京之中央執行委員推定汪精衛、張靜江、林森、于右任、戴季陶、楊滄白、邵力子、宋子文、孔祥熙、葉楚傖、林煥廷、陳佩忍12人爲葬事籌備委員。

4月18日　葬事籌備處在上海正式成立並舉行第一次會議，推楊杏佛爲葬事籌備處主任幹事，葉楚傖、林煥廷、宋子文爲常務委員，孫科爲家屬代表。

4月21日　宋慶齡、孫科及葬事籌委會代表至南京紫金山選擇墓地。

4月23日　葬事籌備委員會召開第二次會議，確定紫金山中茅山南坡爲墓址所在地。

5月15日　葬事籌備處登報徵求陵墓圖案，限期9月15日截止。

9月20日　葬事籌備委員會和孫中山家屬聯席會議推舉呂彥直設計的陵墓圖案得首獎。

9月27日　葬事籌備委員會再次開會討論陵墓圖案。經過詳細審查和討論，仍一致贊成採用呂彥直的設計圖案，決定聘請他爲中山陵墓的建築師。

10月31日　葬事籌委會第14次會議，接受國民黨中央執行委員會委托，辦理廖仲愷移葬南京紫金山事務。

·1926年（民國十五年）

1月15日　紫金山炸山塡土，中山陵墓第一部工程破土動工。

3月12日　葬事籌備處在紫金山舉行孫中山陵墓奠基禮。

7月27日　葬事籌備委員會第41次會議決定：陵園內設立總理紀念植物園（中山植物園）。

9月5日　葬事籌備委員會會議決議，祭堂匾額“天下爲公”，用孫中山手書；“民族、民權、民生”，由張靜江篆書；墓門“浩氣長存”，用孫中山手書；機關門上“孫中山先生之墓”，由張靜江篆書。

·1927年（民國十六年）

4月18日　國民政府在南京成立。

4月26日　葬事籌備處由上海遷南京。

4月27日　葬事籌備委員會第45次會議決定：加委蔣介石、伍朝樞、鄧澤如、古應芬、吳鐵城、陳群、楊杏佛爲委員，聘請夏光宇爲葬事籌備處主任幹事。

6月　葬事籌備委員會決定擴大陵園範圍，進行整體規劃。

9月　正式組織陵園計劃委員會，林煥廷、楊杏佛、蔡元培、林森及各方面專家劉夢錫、傅煥光、夏光宇等爲委員。經陵園計劃委員會履勘，決定北以省第一造林場林地爲界，東迄馬群，西至城根，南沿鐘湯路直抵朝陽門（中山門）爲陵園範圍，陵墓恰好處於中央。國民政府予以核准備案。

9月18日　中國國民黨中央執行委員會決定：胡漢民、汪精衛、蔣介石、張靜江、譚延闓、程潛、李煜瀛、蔡元培、許崇智、于右任、林森、謝持、鄧澤如、伍朝樞、宋子文、孔祥熙、林煥廷、葉楚傖、楊杏佛19人爲孫中山先生葬事籌備委員會委員。

10月27日　葬事籌備委員會第52次會議決定：祭堂内鐫刻《建國大綱》、《總理遺囑》，祭堂正面匾額爲
"天地正氣"四字。

·1928年（民國十七年）

1月7日　葬事籌備委員會第55次會議，定碑亭碑文爲"中華民國十七年□月□日中國國民黨葬總理孫先生
於此"，由譚延闓書寫。祭堂内總理遺囑石刻文字，由胡漢民書寫。

1月16日　葬事籌備委員會第56次會議決定：由林煥廷與家屬代表同捷克雕塑家高琪簽訂承造總理石像
合同。

3月2日　葬事籌備委員會第57次會議推林森、林煥廷、夏光宇前往接收江蘇省立第一造林場紫金山林區
并改爲中山陵園，聘傅煥光爲主任技師。預定本年11月12日爲總理安葬日期。

3月12日　舉行總理逝世三周年紀念植樹，各界代表在陵墓西南植樹2500株。

4月7日　國民政府通令全國"嗣後舊曆清明植樹節（1915年7月，北京政府曾規定將每年"清明"定爲植
樹節）應改爲總理逝世紀念植樹式"（以後民國時期每年3月12日都在中山陵舉行紀念植樹，這次植樹遂成爲
以後植樹節的開端。1979年2月，中華人民共和國第五屆全國人大常委會第六次會議決定，將每年的3月12日定
爲中國的植樹節）。

9月25日　葬事籌備委員會第61次會議決定，呈請中央改1929年3月12日爲總理安葬日期，並決定總理演説
詞由譚延闓書刻於靈前石壁。

10月20日　葬事籌備委員會第62次會議決議，請法國雕刻家保羅·朗德斯基雕刻總理石制坐像，用中國
服飾。

10月　蔣介石提議設立籌備遺族學校委員會。

11月　中國國民黨中央執行委員會建議：設立建築陣亡將士公墓籌備委員會，派蔣介石、陳果夫、劉紀文、
何應欽、林煥廷、熊斌、劉樸忱、李宗仁、邱伯衡着手籌備。

12月23日　迎櫬專員辦事處成立。

·1929年（民國十八年）

1月14日　奉安委員會成立。

2月7日　國民黨第196次中常會決議：將奉安日期改在6月1日。

3月～5月　在鐘山小茅山之頂，建成總理家屬守靈處 —— 永慕廬，總面積200多平方米。

5月22日　在北平（北京，下同）西山碧雲寺舉行總理遺體易棺儀式。

5月26～28日　孫中山靈櫬從北平西山碧雲寺起靈奉移南京，停靈於國民黨中央黨部大禮堂。

5月29～31日　在南京國民黨中央黨部靈堂舉行公祭。

6月1日　奉安大典。

6月28日　國務會議決議：派胡漢民、蔣介石、張靜江、譚延闓、李煜瀛、蔡元培、于右任、林森、宋子文、
孔祥熙、林煥廷、葉楚傖、楊杏佛、戴季陶、陳果夫、孫科、古應芬、劉紀文、吳鐵城爲總理陵園管理委員會委
員，指定林森、林煥廷、葉楚傖、孫科、劉紀文爲常務委員。

6月30日　孫中山先生葬事籌備處撤銷。

7月1日　正式成立總理陵園管理委員會。

7月2日　總理陵園管理委員會第一次會議，決議：委派夏光宇爲總務處處長、劉夢錫爲工程組主任、傅煥
光爲園林組主任。另，林森提議修理小茅山頂的萬福寺，作爲保存孫中山奉安紀念物品的處所。但考慮到奉安
紀念館在小茅山頂有諸多不便，況且原寺廟面積有限，總理陵園管理委員會遂將位於四方城東北的原中山陵
園辦公處闢爲奉安紀念館。

9月1日　正式開放中山陵祭堂。

9月　建築陣亡將士公墓籌備委員會決定以靈谷寺舊址爲公墓地址。國民革命軍遺族學校第一部校舍落成。

·1930年（民國十九年）

3月7日　總理陵園管理委員會第13次會議決議,總理陵墓碑刻字格式分三行,如下:

　　　中國國民黨葬

　　　總理孫先生於此

　　　中華民國十八年六月一日

4月　由漢口總商會捐款建造的温室在石象路北側峻工,温室計280平方米,共七間。

11月12日　在中山陵祭堂舉行孫中山坐像揭幕典禮并謁陵,蔣介石、張學良等國民黨中央執、監委員均参加。

本年夏　國立第一天文臺在紫金山第三峰正式破土動工。

本年冬　國民政府外交部籌備成立了郊球會,并租賃靈谷寺東側山地1200畝建成郊球場。有六個球場場地,有一幢二層樓房屋作爲郊球會會所。

·1931年（民國二十年）

3月　陣亡將士紀念館（即松風閣）開工。

4月　中國國民黨中央執行委員會決議:改派陳果夫、劉紀文、林煥廷、黃爲材、趙棟華、蔣介石、何應欽、王柏齡、熊斌、傅煥光、夏光宇爲建築陣亡將士公墓籌備委員會委員,指定陳果夫、劉紀文、林煥廷、傅煥光、夏光宇爲常務委員,黃爲材爲秘書。

5月31日　班禪額爾德尼贈送陵園象徵愛好和平、拔除不祥的神雕兩座。

6月1日　班禪額爾德尼謁陵。

9月4日　舉行譚延闓國葬典禮,蔣介石主祭。

本年秋　中央體育場主體工程竣工落成,占地1200畝。

·1932年（民國二十一年）

1月15日　對中山陵墓第三部工程正式接收。中山陵工程全部竣工。

5月18日　建築陣亡將士公墓籌備委員會決定陣亡將士公墓布局名稱:正中爲第一公墓,在無量殿後之五方殿舊址;東首爲第二公墓,西首爲第三公墓,各在無量殿東西約一千尺的山坡上。

本年秋　由葉公綽捐款建造的仰止亭竣工,亭位於陵墓東二道溝北側的梅嶺上。

本年秋　航空烈士公墓、音樂臺開工建設。

本年冬　由中央陸軍軍官學校（黃埔軍校）捐建的流徽榭,在中山陵二道溝築壩蓄水的人工湖之上建成。

本年冬　革命歷史圖書館開工建設。

·1933年（民國二十二年）

1月9日　舉行譚延闓墓落成典禮。

2月23日　位於國民革命軍陣亡將士公墓的革命博物館正式命名爲"革命紀念館",蔣介石書額。

3月12日　中山文化教育館舉行成立大會,推孫科爲理事長。新館址位於靈谷寺南。

4月25日　建築陣亡將士公墓籌備委員會將陣亡將士公墓内的無梁殿定名爲"正氣堂",紀念塔定名"國民革命軍陣亡將士紀念塔"。

5月7日　舉行中山陵孝經鼎奠基典禮。

6月2日　舉行國民革命軍陣亡將士第一公墓安葬儀式。

9月13日　因總理陵園管理委員會委員譚延闓、古應芬、林煥廷、楊杏佛先後逝世,中央政治會議推定汪精衛、居正、張繼、馬超俊補充,林森、葉楚傖、孫科、劉紀文爲常委。

本年春　由中央陸軍軍官學校捐建,陵園工務組自行建造的永豐社落成。

本年夏　由廣州市政府捐建的行健亭落成。

本年夏　由美國三藩市（舊金山）華僑與遼寧省政府捐建,關頌聲、楊廷寶設計,利源公司承建的音樂臺落成。占地4200多平方米，造價9.5萬元。

　　本年　由廣州市政府捐資建造，陵園工程師楊光煦設計，陵園工務組自建的桂林石屋完工。該建築位於靈谷塔以西、藏經樓向東起伏的山林中的高丘上。

　　·1934年（民國二十三年）

　　2月20日　建築陣亡將士公墓籌備委員會第26次常務委員會議決議：紀念塔外《遺阡表》由葉楚傖書寫，祭堂牌位由張靜江書寫。

　　3月24日　國術體育專科學校開館。學校位於靈谷寺南大柵門，設國術、體育、軍事三部。

　　5月1日　建築陣亡將士公墓籌備委員會第28次常務委員會議決定：陣亡將士公墓牌坊橫額爲“救國救民”、“大仁大義”，由張靜江書寫。

　　6月8日　日本駐南京總領事館副領事藏本英明“失蹤”，至6月13日在明孝陵後山尋獲，是爲轟動一時的“藏本事件”。

　　9月1日　國立第一天文臺落成。天文臺占地47畝，主體建築由楊廷寶設計。因建在紫金山第三峰，又稱紫金山天文臺。

　　本年夏　國民政府加派朱培德爲總理陵園管理委員會委員。

　　本年秋　由海外華僑捐款所建的光化亭竣工。亭坐落於中山陵陵墓廣場東側的小山丘頂。

　　本年　國民政府主席官邸（美齡宮）落成。因建在小紅山上，又稱小紅山官邸。

　　·1935年（民國二十四年）

　　3月1日　中山文化教育館由上海遷南京，在陵園新館捨正式辦公。

　　3月18日　舉行藏經樓開工奠基禮。

　　7月　陵門前白石獅子一對安置完竣。該石獅由前察哈爾省主席宋哲元從北平定王府購得贈中山文化教育館，由該館轉贈陵園。

　　9月1日　舉行廖仲愷安葬典禮。

　　11月20日　陣亡將士公墓舉行落成暨公祭典禮，國民黨中央和各界人士一萬多人參加。

　　本年春　革命歷史圖書館落成。

　　·1936年（民國二十五年）

　　2月5日　總理陵園管理委員會違警法章程公佈。

　　2月19日　舉行范鴻仙國葬。

　　7月25日　國民政府文官處諭陵園派員正式接收陣亡將士公墓。

　　本年冬　由中國佛教會發起募捐而修建的藏經樓竣工。藏經樓仿清代喇嘛寺建築風格，包括主樓、僧房和碑廊三部分，面積達3000多平方米，坐落在中山陵與靈谷寺之間的山谷中。

　　·1937（民國二十六年）

　　2月26日　紫霞洞西南水壩工地發現一座明代古墓。墓分二室，室內空無一物。

　　11月底～12月初　總理陵園管理委員會遷往重慶。

　　12月9～12日　日軍進攻南京，與國民黨教導總隊在中山陵園激戰四天四夜。陵園新村、陵園郵局、中山文化教育館、桂林石屋、温室、永豐社、永慕廬、遺族學校女舍毀於日軍炮火，總理陵園管理委員會辦公樓等多處建築遭到嚴重破壞。

　　·1938年（民國二十七年）

　　偽督辦南京市政公署實業局園林管理所在其下設偽中山陵園辦事處。

•1939年（民國二十八年）

11月8日　總理陵園管理委員會第18次常務委員會議在重慶國民黨中央黨部舉行,推選林森爲總理陵園管理委員會基金委員會主席,通過基金委員會組織規程。

•1942年（民國三十一年）

3月25日　汪精衛派僞內務部長褚民誼赴北平迎取孫中山遺體內臟切片與蠟塊標本。

3月29日　孫中山遺體內臟切片與蠟塊標本送至中山陵園,置於孫中山靈櫬後。

4月1日　汪僞國民政府在中山陵舉行孫中山內臟安放儀式。

4月6日　汪精衛指定褚民誼等組織僞國父陵園管理委員會。

11月12日　汪僞國民政府將梅屋莊吉所贈孫中山銅像,由中央軍校遷至新街口廣場中央。

11月19日　汪僞行政院公布僞國父陵園管理委員會與孔廟管理委員會合併。

•1943年（民國三十二年）

9月9日　汪僞國民政府令將北平香山碧雲寺國父衣冠塚劃歸僞國父陵園管理委員會管轄。

•1944年（民國三十三年）

1月8日　重慶總理陵園管理委員會接管林森陵墓。

11月10日　汪精衛病死,同月23日葬於梅花山。

•1945年（民國三十四年）

7~8月　日軍以構築陣地爲名,在陵園大肆砍伐森林。

8月17日　重慶總理陵園管理委員會派出首批人員回南京接收中山陵園。

8月23日　重慶總理陵園管理委員會常委會議決議恢復原有組織。

•1946年（民國三十五年）

1月21日　國民革命軍陸軍第七十四軍工兵炸毀梅花山汪精衛墳。

3月10日　總理陵園管理委員會在重慶原盧孫院長公館舉行會議,推舉程潛、何應欽、鄒魯、王寵惠、邵力子、鄧家彥、李文範7人遞補病故出缺之委員,推吳鐵城爲常務委員、孫科爲主任委員,報國民政府批示。

3月29日　舉行陣亡將士公墓公祭儀式。

5月5日　國民政府由陪都重慶還都南京。是日,蔣介石夫婦率國民政府高級官員及南京市各界人士數千人,在中山陵舉行"慶祝國民政府還都暨革命政府成立紀念典禮",并進行謁陵。

5月19日　在南京舉行和談的中共代表團一行由董必武、鄧穎超率領謁陵并謁廖墓。

7月2日　國民政府公布《國父陵園管理委員會組織條例》,原《總理陵園管理委員會組織條例》即廢止,總理陵園管理委員會遂改爲"國父陵園管理委員會"。

7月8日　蔣介石、周恩來先後謁陵。

7月9日　國民政府明令指定張靜江、于右任、宋子文、孔祥熙、戴季陶、孫科、陳果夫、吳鐵城、居正、張繼、鄒魯、王寵惠、邵力子、鄧家彥、李文範、馬超俊、劉紀文爲國父陵園管理委員會委員,孫科、張靜江、于右任、孔祥熙、戴季陶、陳果夫、馬超俊7人爲常務委員。

7月　孫科之母盧慕貞謁陵。

8月8日　蔣介石批准孫科爲國父陵園管理委員會主任委員,執行會務。

8月20日　周恩來、董必武、鄧穎超、廖承志等率中共代表團三十餘人謁陵。

10月10日　國慶謁陵逾十萬之衆,靈堂花盆十餘隻被踏破,拱衛處因人多將陵門關閉。

11月　蔣介石諭飭,陵園於觀音洞地區建造半山亭（正氣亭）。

12月1日中午,陵園在本部會會議廳設宴招待國大華僑代表三十餘人,提請代表負責勸募修復陵園費用。

·1947年（民國三十六年）

3月 蔣介石諭將明陵祭臺碑亭及圍墻等破壞部分修復，旋開工，至5月工竣。

3月29日 陣亡將士公墓舉行公祭儀式，航空烈士公墓舉行公祭公葬儀式。

4月 延暉館、觀梅軒開工。

12月 由美國紐英倫華僑捐款、基泰工程司楊廷寶設計的正氣亭工程告竣。

·1948年（民國三十七年）

3月 于右任、邵力子謁陵。

3月 孫科謁陵。

本年 由楊廷寶、童寯設計的延暉館（孫科公館）建成。延暉館占地40多畝，建築面積約1000平方米。

·1949年（民國三十八年）

3月29日 李宗仁代總統率領僚屬公祭國民革命軍陣亡將士公墓。

4月23日 國父陵園管理委員會拱衛處召開緊急會議，決定集中各分駐所官兵加強管理。

4月24日 中國人民解放軍第二野戰軍先頭部隊第三十五軍一〇五師進駐陵園。

5月7日 南京市軍事管制委員會派軍事代表董紹祺、聯絡員王嘉訓率工作組5人接管陵園。

·1949年

10月14日 蘇聯科學藝術文化代表團由作家法捷耶夫與西蒙諾夫率領謁陵。

10月16日 中央人民政府副主席宋慶齡謁中山陵。

11月12日 南京市各界代表謁陵紀念孫中山誕辰83周年。

·1950年

5月6日 中山陵對外開放。

·1951年

7月13日 中山陵園管理委員會成立。

·1952年

12月 南京園林管理處成立，由中山陵、雨花臺與園林科合併而成。在此之前，中山陵園屬中央內務部領導。

·1953年

2月23日 中華人民共和國中央人民政府主席毛澤東謁陵。

·1954年

4月28日 植物園由陵園劃出改歸中國科學院管轄，定名南京中山植物園。

10月4~20日 應邀參加中國國慶5周年典禮的各國貴賓先後晉謁中山陵。其中有：波蘭統一工人黨中央委員會第一書記貝魯特、民主德國副總理博爾茨、阿爾巴尼亞外長什圖拉、蘇聯政府代表團成員布爾加寧、赫魯曉夫、米高揚等。

10月28日 印度總理尼赫魯一行謁陵。

·1955年

1月4日 達賴喇嘛·丹增嘉錯由中央統戰部副部長劉格平陪同謁陵。

6月3日 印度尼西亞總理阿裏·沙斯特羅阿米佐約和夫人謁陵。

·1956年

9月22日　阿爾巴尼亞勞動黨代表團團長、阿爾巴尼亞勞動黨第一書記恩維爾·霍查等由中共南京市委書記彭衝陪同謁陵。

10月1日　參加中國共產黨第八次全國代表大會的各國共產黨代表團先後謁陵。

10月9日　印度尼西亞共和國總統蘇加諾由陳毅副總理陪同謁陵。

11月12日　紀念孫中山先生誕辰90周年，以中華人民共和國副主席朱德爲團長、李濟深爲副團長的中央謁陵代表團謁陵。蘇聯、蒙古、日本、緬甸、印尼、朝鮮、英國、加拿大等8國謁陵代表團也同時謁陵。

·1957年

11月29日　中國農工民主黨及江蘇省各界人士在靈谷寺東側舉行鄧演達安葬公祭典禮。

11月30日　中共南京市委城建部、市建委、工務局、交通局、建工局、公用事業局、房地產局、園林管理處合併，成立南京市城建局。園林管理處成爲局設處。

·1958年

本年　中山陵園擴建茶園1.1公頃、果園33公頃、竹園71公頃。

·1959年

12月8日　全國人大常委會副委員長班禪額爾德尼·確吉堅贊等謁陵。

·1960年

12月21日　柬埔寨王國西哈努克親王、賓努親王等由周恩來總理、陳毅副總理陪同謁陵。

·1961年

3月4日　明孝陵、中山陵被國務院公佈爲全國首批重點文物保護單位。

5月　越南民主共和國主席胡志明謁陵。

10月10日　紀念辛亥革命50周年，江蘇省暨南京市各界人士謁陵。

10月11日　尼泊爾國王馬亨德拉及王后在國務院副總理習仲勛等陪同下謁陵。

·1964年

11月7日　阿富汗國王查希爾和王后霍梅拉由王光美陪同謁陵。

·1965年

8月19~22日　南京連降暴雨，雨量195毫米，同時受13號臺風影響，園林樹木受損嚴重，雨後，參與搶救的園林職工達1.5萬餘人次。

本年　淞滬抗戰紀念碑、七十四師紀念碑等被炸毀。

·1966年

5月8日　曾任國民政府代總統的李宗仁謁陵。

8月28日　新街口廣場孫中山銅像移至中山陵園。

11月14日　南京市舉行孫中山誕辰100周年大會及謁陵儀式。

本年　靈谷寺停止宗教活動，交中山陵園管理。

·1967年

3月14日　撤銷南京市園林管理處，園林管理工作由軍管會城建局生產組負責。

本年　　因“文化大革命”，紫金山林區無人管理，孝陵衛附近和靈谷寺後山山林被盜嚴重。

·1968年

4月　中山陵園管理處成立革命委員會。

10月　巴勒斯坦政府代表團晉謁中山陵。

·1969年

12月1日　南京市革命委員會決定，中山陵園劃歸鐘山區管理。

·1970年

10月18日　法國前總理德姆維爾謁陵。

11月22日　經江蘇省革命委員會批准南京增建鐘山區，以中山陵園地域爲範圍。

·1971年

3月1日　柬埔寨國家元首西哈努克親王和夫人謁陵。

·1972年

9月6日　全國人大常委會副委員長何香凝歸葬廖仲愷墓。

·1973年

4月　中山陵園管理處重修范鴻仙墓。

9月　伊朗左拉姆·禮薩·巴列維親王殿下和夫人謁陵。

10月　著名美籍物理學家吳健雄夫婦謁陵。

12月　尼泊爾國王比蘭德拉·比爾·比克拉姆·沙阿·德瓦陛下和王后謁陵。

·1974年

9月26日　毛里塔尼亞伊斯蘭共和國總統莫克塔·馬爾德·達達赫和夫人謁陵。

12月19日　紮伊爾共和國總統蒙博托·塞塞·塞科和夫人等謁陵。

本年　經葉劍英副委員長、鄧小平副總理指示，南京中山植物園遷回原址重建。

·1975年

3月12日　江蘇省暨南京市各界人士舉行謁陵儀式，隆重紀念孫中山逝世50周年。

4月22日　朝鮮勞動黨總書記、朝鮮民主主義人民共和國主席金日成在中共中央副主席、國務院副總理鄧小平陪同下謁陵。

4月　南京市革命委員會撤銷鐘山區，中山陵園劃歸南京市城建局管理。

·1976年

8月6日　博茨瓦納共和國總統塞雷茨·卡馬和夫人等謁陵。

11月20日　中非共和國總統、中非革命委員會主席薩拉赫阿丁·艾哈邁德·博卡薩和夫人等謁陵。

本年　中山植物園內發現一座明代古墓。

·1977年

6月17日　墨西哥合衆國前總統、政府特使、第三世界經濟和社會研究中心主席埃切維裏亞一行謁陵。

10月10日　喀麥隆聯合共和國總統阿西喬由全國人大常委會副委員長阿沛·阿旺晉美陪同謁陵。

本年　玄武湖公園、中山陵園等市屬公園，財政自給有餘。全市園林收入284.2萬元，支出279.8餘萬元。

·1978年

3月11日　羅馬尼亞國民議會代表團謁陵。

6月23日　利比里亞共和國總統托爾伯特謁陵。

7月26日　南京市革命委員會城建局以寧革城辦（78）148號文將南京市中山陵園管理處革委會改屬中山陵園管理處。

·1979年

5月　孫中山外孫女戴成功謁陵。

10月　盧森堡大公讓和夫人謁陵。

12月13日　吉布提共和國總統哈桑·古萊德·阿普蒂敦和夫人由阿沛·阿旺晉美副委員長等陪同謁陵。

·1980年

2月17日　日本友人德武登子贈省旅游局500株山櫻樹轉贈南京市，栽種於中山陵園。

4月13日　贊比亞共和國總統卡翁達等由全國人大常委會副委員長阿沛·阿旺晉美陪同謁陵。

4月　中共中央主席華國鋒由中共江蘇省委書記許家屯、省長惠浴宇陪同謁陵。

5月　南京中山植物園與美國密蘇裏植物園結爲姐妹植物園。並加入國際自然與自然資源保護聯盟"監測保護中心"協作組織。

本年　中山陵墓前栽植的6株1929年從日本引進的千頭松，受蟲害致死。

·1981年

4月11日　瑞典王國首相費爾丁和夫人謁陵。

6月5日　孫中山、宋慶齡親屬孫穗英、孫穗華、戴成功等9人參加宋慶齡名譽主席追悼大會和安葬典禮後晉謁中山陵，憑弔廖仲愷、何香凝墓。

8月27日　中山陵墓維修工程完成，恢復了祭堂內的中國國民黨黨徽、國旗圖案。

6月1日　紀念宋慶齡逝世1周年，宋慶齡親屬一行25人（孫穗英、林達文、林淑真、戴成功、林達光、鄧廣殷、孫君蓮等）晉謁中山陵。

7月30日　江蘇省人民政府發佈《關於保護中山陵園、雨花臺烈士陵園的布告》。

11月8日　國務院批准鐘山風景名勝區爲第一批44個國家重點名勝區之一。

·1983年

5月8日　法國總統密特朗謁中山陵。

9月3日　中山陵園管理處緊急報告紫金山松材綫蟲嚴重危害，致死黑松2000株左右。

10月12日　南京市政府請專家踏勘紫金山松材綫蟲危害情況，專家們認爲受害程度國內罕見，並提出了防治意見。

·1984年

1月17～18日　南京普降大雪，積雪30厘米，常綠樹木受害嚴重。

6月16日　爲紀念黃埔軍校建校60周年，在寧黃埔校友和江蘇省暨南京市各界人士舉行謁陵儀式。

7月　爲控制松材綫蟲在中山陵園林區傳播和蔓延，南京市政府成立了防治領導小組，採取大面積航空防治、放養松材綫蟲天敵——赤眼蜂、馴養樹林衛士——灰喜鵲等措施，綜合治理取得成效。

12月3日　江蘇省生態學會確定紫金山爲全省7個自然保護區之一。

·1985年

2月3日　中共中央政治局常委、中央軍委主席、中央顧問委員會主任鄧小平在韓培信、顧秀蓮陪同下，游覽靈谷寺，晉謁中山陵，視察中山植物園。

3月12日　孫中山紀念館開館。孫中山銅像由中山陵廣場南端的原孝經鼎石座上移至藏經樓前。

9月18日　奧地利總統基希施萊格謁陵。

9月20日　加納元首羅林斯一行謁陵。

·1986年

4月28日　孫中山先生孫女孫穗芳謁陵。

5月23日　澳大利亞總理霍克謁陵。

8月　運用彩色紅外遙感調查紫金山地區綠地工作結束。

9月　中山陵園管理處與南京市檔案館合編的《中山陵園檔案史料選編》出版發行。

10月　南京市政府撥款2.2萬元，修繕了蔣介石自選的墓址建築"正氣亭"。

11月　江蘇省暨南京市各界人士在中山陵舉行謁陵儀式，隆重紀念孫中山誕辰120周年。孫中山先生孫女孫穗英、孫穗華等謁陵。

·1987年

5月15日　荷蘭王國首相呂貝爾斯一行謁陵。

7月15日　聯邦德國總理赫爾穆特·科爾和夫人一行謁陵。

9月26日　孫中山先生孫女孫穗華和女婿一行4人謁陵。

10月　經中央統戰部批准，國家撥款45萬元重修的航空烈士公墓工程全部竣工。建牌坊、東西廡、祭堂、六角亭兩座及159塊墓碑。

·1988年

6月1日　中山陵園普查紫金山森林資源，編制了紫金山森林面積蓄積表、主要優勢樹種表，繪製了林相圖。調查表明，1975年後總林地增加32.5%，其中經濟林地減少50%，竹林增加54%，松林增加134%。但由於綫蟲危害，松林蓄積量減少37%。

11月4日　靈谷寺癸丑戰役碑揭碑儀式舉行，全國各省市紅十字會代表100餘人參加。

·1989年

2月4日　國家主席楊尚昆晉謁中山陵。

5月29日　孫中山紀念館正式對外開放。

12月22日　孫中山先生的孫女孫穗芬一行晉謁中山陵。

·1990年

7月12日　由議長米歇爾·多科率領的中非國民議會代表團一行4人，游覽中山陵園。

11月1日　日本神戶市孫中山紀念館館長山口一郎，贈中山陵《孫文與神戶》（書）、《移情閣》（畫冊）及神戶紀念孫中山誕辰120周年畫冊各一本。

·1991年

3月13日　無梁殿正式對外開放。同時展出"國民革命陣亡將士"史料、圖片259幅。

4月19日　中共中央政治局常委，全國政協主席李瑞環參觀中山陵園。

10月21日　南京市政府召開關於中山陵地區規劃土地管理問題會議。會議決定，成立中山陵園規劃土地管理辦公室。

11月12日　江蘇省、南京市各界人士200多人在中山陵舉行謁陵儀式,紀念孫中山先生誕辰125周年。

·1992年

4月28日　臺灣海峽兩岸商務協調會會長張平沼一行晉謁中山陵。

6月　美籍華人陳香梅(抗日戰爭中美國志願航空隊隊長陳納德的夫人)一行謁陵。

7月4日　臺灣"國大"代表一行34人晉謁中山陵。

7月17日　孫中山先生的嫡孫、美中經濟文化交流協會會長孫治强和夫人林倫可一行,晉謁中山陵。

9月16日　國民黨元老于右任之子于鵬及其妹于念慈、外孫女戴安娜一行3人專程來中山陵拜謁。

本年　中山陵園成立土地規劃管理辦公室和監察中隊,對97家駐陵單位土地使用權核定登記。中山陵寢後花園開放,此園封閉逾半世紀。

·1993年

2月12日　全國政協副主席、中國佛教協會會長趙樸初先生來梅花山賞梅,並題寫詩詞一首。

3月12日　臺灣黃埔同學會一行晉謁中山陵。

10月30日　"紫金山客運索道"竣工試運行。

11月12日　"博愛閣"落成典禮在梅花山山頂舉行。"博愛閣"由臺灣海峽兩岸商務協調會會長張平沼捐建。

12月　毀於抗戰時期的"永慕廬"按原貌複建。

·1994年

1月24日　全國首家"辛亥革命歷史名人蠟像館"在靈谷公園無梁殿建成開放。

7月11日　《鐘山風景名勝區總體規劃》通過國家建設部和省建委組織的專家評審。

9月7日　澳門總督韋奇立一行謁陵。

9月27日　新加坡資政李光耀攜夫人謁陵。

10月6日　孫中山先生坐像的雕塑者、法國著名雕塑家保羅·朗德斯基之女謁陵,并捐贈一套當年孫中山先生坐像的有關圖片資料。

10月　孫中山先生孫女孫穗芳謁陵。

11月12日　中山陵園管理處舉行"中山書院"落成典禮。

12月　孫中山先生之孫女孫穗芳一行來中山陵謁陵。

12月　中山陵園管理處重新録製《總理奉安大典》録像片,舉辦"紀念首次國共合作七十周年圖片、書畫展"。

12月　孫中山紀念館被南京市政府確定爲"青少年思想教育基地";又被南京軍區命名爲"青年官兵革命傳統教育基地"。

本年　修復抗戰時期毀於日軍炮火的永慕廬、議政亭、孫中山文化教育紀念館(今中山書院)。建成山頂公園。

·1995年

4月13日　韓國議會代表團參觀中山陵園。

8月12日　"《鐘山龍蟠》風光片首映式"在華藝音像公司舉行。

8月20日　江蘇省政協、南京市政協、民革紀念廖仲愷先生逝世70周年。

9月17日　以色列議會代表團謁陵。

12月　全長4000米的紫金山盤山公路拓寬、整修工程完成。

本年　海協會、海基會有關人員在中山陵園舉行會談,并集體謁陵。

·1996年

2月10日　中山陵園管理處與日本福岡縣議會合作興建的"江蘇-福岡友好櫻花園"落成典禮舉行。

6月17日　中共南京市委發 (96) 19號文《關於市委、市政府直屬事業單位機構改革的意見》，正式將中山陵園管理處更名爲中山陵園管理局。

8月31日　南京市政府發佈第53號令，頒佈實施《南京市中山陵園風景區管理辦法》。這是中山陵園自1929年建立以來的第一部綜合性管理法規。

11月1日　時任中共中央政治局常委、書記處書記胡錦濤一行參觀孫中山紀念館。

11月12日　江蘇省、南京市暨臺灣各界人士隆重紀念孫中山先生誕辰130周年。孫中山先生孫女孫穗華一行前來謁陵。

11月15日　孫中山之孫孫治强和夫人以及孫女孫穗英、孫穗華等謁陵。

11月27日　芬蘭最高行政法院院長貝卡·哈爾伯里一行參觀中山陵園。

12月　南京市政府將中山陵園命名爲"全國中小學愛國主義教育基地"。

·1997年
4月22日　孫中山先生衛士范良先生追悼會在中山陵園舉行。

·1998年
3月12日　孫中山紀念館陳列改造工程竣工對外開放。

4月12日　全國人大常務委員會委員長李鵬謁陵。

10月1日　經江蘇省九屆人大常委會第四次會議批准，《南京市中山陵園風景區管理條例》正式施行。

10月18日　美國前總統布什一行參觀中山陵園。

·1999年
3月19日　臺北國父紀念館副館長曾江源夫婦一行5人拜謁中山陵。

4月4日　臺灣原"參議院"院長郝柏村一行35人，晉謁中山陵並游覽了紫霞湖、正氣亭。

6月1日　爲紀念孫中山先生奉安70周年，中山陵園管理局舉行了"三民主義于右任草書碑刻"綫裝本首發式；在中山書院召開了紀念中山先生奉安70周年座談會；並舉辦了爲期一周的"孫中山與中山陵"圖片資料展。

9月13日　臺北國父紀念館曾一士副館長訪問中山陵。

9月27日　中山陵園管理局在陵前路隆重舉行中山陵廣場交通疏解暨環境綜合整治工程竣工典禮。

10月15日　萊索托國王萊齊耶三世一行16人謁陵。

10月31日　中山陵園"國家文明風景區"挂牌儀式在中山陵商業街舉行。

·2000年
2月27日　孝陵博物館在明孝陵文武坊門挂牌成立，館址設在暗香閣。

9月21日　中山陵園管理局舉行明東陵遺址新聞發佈會。位於明孝陵東側的明東陵考古遺址公園正式建成對外開放。

11月25日　時任中國國民黨副主席吳伯雄、臺灣"立法院"副院長饒穎奇、原民進黨副主席許信良一行敬謁中山陵。

·2001年
3月8日　美國著名法庭科學家李昌鈺博士參觀中山陵園。

9月18日　臺北國父紀念館館長張瑞濱一行參觀中山陵園。

12月17日　韓國前總統全斗煥一行參觀中山陵園。

·2002年
1月28日　中山陵園管理局向國家文物局報送《明孝陵申報世界文化遺產》文本。由國家文物局呈遞聯合國教科文組織。

    5月7日   聯合國前秘書長布托·加利參觀中山陵園。

    7月9日   明孝陵景區的兩座大型單體建築"大金門"與"四方城"文物修繕和環境整治工程竣工。

    8月26日   國際古迹遺址理事會專家、韓國成均館大學建築系教授李相海，受世界遺産委員會委托，對南京明孝陵的價值和保護狀況進行了實地考察。

    12月16日   中山陵園風景區經國家環保總局司長陳尚芹爲首的專家組現場考察驗收，成爲全國首批通過ISO14000國家示範區實地驗收的風景區之一，也是華東地區惟一一家通過驗收的風景區。

    ·2003年

    2月12日   國家環保總局批准中山陵園風景區爲ISO14000國家示範區。

    2月28日   古巴國務委員會主席兼部長會議主席菲德爾·卡斯特羅在國家主席江澤民及夫人王冶平陪同下參觀了明孝陵、梅花山。

    7月3日   是日23時58分，聯合國教科文組織在法國巴黎召開的第二十八屆世界遺産大會上，明孝陵作爲明清皇家陵寢拓展項目被正式列入《世界遺産名録》。

    ·2004年

    4月12日   江蘇省建設廳正式批准《鐘山風景名勝區中山陵園風景區詳細規劃》，並報國家建設部備案。

    4月28日   澳門特別行政區行政長官何厚鏵一行在李源潮、梁保華、羅志軍、蔣宏坤等的陪同下拜謁了中山陵。

    11月4日   江蘇省建設廳批准《鐘山風景名勝區外圍景區規劃設計》。

    ·2005年

    3月30日   中國國民黨副主席江丙坤率領的國民黨大陸參訪團一行拜謁中山陵。這是1949年後國民黨第一次正式組團到大陸參觀訪問，也是國民黨高層首次正式組團前來南京拜謁中山陵。

    4月27日   中國國民黨名譽主席連戰率領國民黨大陸訪問團在中共江蘇省委副書記任彥申、中共南京市委副書記楊植和中山陵園管理局黨委書記王學智的陪同下拜謁中山陵。連戰爲中山陵題詞"中山美陵"，並稱贊中山陵保護及管理"盡善盡美"。

    5月7日   親民黨主席宋楚瑜率親民黨大陸訪問團在中共江蘇省委副書記任彥申、中共南京市委副書記楊植和中山陵園管理局黨委書記王學智陪同下拜謁中山陵。宋楚瑜爲中山陵題詞："情爲民所系，權爲民所用，利爲民所謀，民有、民治、民享，三民主義一統華夏。"

    6月4日   孫中山孫女孫穗芬女士拜謁中山陵。

    7月8日   臺灣新黨主席鬱慕明一行在中共江蘇省委趙少麟秘書長、中共南京市委沈健秘書長和中山陵園管理局王鵬善局長陪同下拜謁了中山陵。

    9月8日   臺北國父紀念館曾一士副館長一行與中山陵園管理局進行文化交流。

    10月12日   國際奧委會主席羅格一行在江蘇省副省長王湛和中山陵園管理局副局長沈先金陪同下拜謁中山陵，參觀了明孝陵神道。

    12月22日   《南京市人民政府關於加强紫金山登山管理的通告》正式發佈實施。

    ·2006年

    2月21日   明孝陵風景區翁仲路、金水橋路正式禁車。

    6月10日   南京市政府公佈了第三批南京市文物保護單位，中山陵園風景區的鐘山定林寺遺址（六朝古遺址）、靈谷寺（六朝古建築）、中山植物園（民國建築）、原國民革命軍遺族學校舊址（民國建築）、藏經樓、光化亭、流徽榭、音樂臺、行健亭、永慕廬、仰止亭、正氣亭、革命歷史圖書館舊址等中山陵附屬建築（民國）、志公殿與寶公塔（民國建築）等14處被列爲第三批市文保單位。

10月31日　幾内亞比紹共和國總統維埃拉一行參觀中山陵。

11月11日　江蘇省暨南京市各界人士在中山陵舉行謁陵儀式，紀念孫中山誕辰140周年。

11月14日　時任中國國民黨副主席吳伯雄、新黨主席鬱慕明、親民黨秘書長秦金生、民進黨前主席許信良、臺灣新同盟會會長許曆農、海峽兩岸和平統一促進會會長郭俊次以及臺灣同胞、旅居日本美國的華僑、國際友人共180多人集體謁陵。孫中山先生的孫女孫穗英女士代表孫中山先生的親屬、國際友人以及海外來賓向孫中山坐像敬獻了花籃。臺灣知名人士晉謁儀式由中國國民黨大陸事務部主任張榮恭先生主持，臺灣新同盟會會長許曆農先生代表臺灣各界人士敬獻了花籃。

・2007年

3月12日　江蘇省暨南京市各界人士在中山陵舉行謁陵儀式，紀念孫中山逝世82周年。

4月16日　孫中山先生的孫媳林倫可女士晉謁中山陵、孫中山紀念館。

4月28日　王鵬善主編《首論鐘山文化》出版發行。

5月15日　中山陵園管理局單捍政一行5人赴臺北國父紀念館舉辦《南京與明文化——世界文化遺產明孝陵大型圖片展》。

6月5日　中山陵園管理局副局長沈先全代表管理局與俄羅斯駐華使館簽訂維修蘇聯抗日航空烈士紀念碑合同，俄羅斯駐華大使館高級參贊陶米恒代表俄羅斯政府認捐53000元人民幣，用於維修前蘇聯抗日航空烈士墓。

・2008年

1月25日　南京普降大雪，管理局及時啓動雪災應急預案，組織愛衛辦發放掃雪工具，動員駐區各單位及局各部門組織力量抗擊雪災。

2月19日　由王鵬善主編，明孝陵博物館與東南大學出版社合作出版的《鐘山文化之旅》新書正式發行。

2月28日　原臺北國父紀念館館長高崇雲一行在中山陵園管理局單捍政書記的陪同下拜謁中山陵，參觀了明孝陵、梅花山。

3月12日　江蘇省暨南京市各界人士代表在中山陵舉行謁陵儀式紀念偉大的民主革命先行者孫中山先生逝世83周年。

4月4日　"2008年清明節憑弔抗日航空烈士儀式"在抗日航空烈士紀念碑廣場舉行。江蘇省、南京市領導，南京抗日航空紀念館建設委員會成員，烈士家屬代表，南京航空聯誼會代表，省、市政協，省、市民革、民盟、民建、民促、農工民主黨、致公黨，九三學社、臺盟會，省、市工商業聯合會，以及美國駐上海總領事館，俄羅斯駐上海總領事館等代表分別向抗日航空烈士敬獻花籃。

5月13日　中山陵園管理局王鵬善局長召開緊急會議，研究部署抗震救災工作，以管理局名義向四川災區捐款20萬元，並組織職工募捐。

5月14日　在中山陵博愛廣場舉行愛心捐贈活動，爲四川災區同胞募得捐款30.4萬元。

5月27日　中國國民黨主席吳伯雄一行27人拜謁中山陵，題詞"天下爲公，人民最大"。

6月15日　在明孝陵升仙橋前，方城明樓保護修繕工程開工儀式正式舉行。

9月6日　臺北國父紀念館鄭乃文館長一行來中山陵拜謁。

二、廣州中山紀念堂大事記

・1912年（民國元年）

爲廣東省督軍署。

・1920年（民國九年）

11月至次年4月　爲廣州軍政府。

·1921年（民國十年）

5月5日　孫中山在廣州就任非常大總統，將廣州軍政府改爲總統府。

·1922年（民國十一年）

6月16日　陳炯明部發動叛亂，炮轟總統府。孫中山化裝成醫生順利逃脫，隨後，宋慶齡在衛士的隨同下也順利脫險，兩人歷盡坎坷，最終在楚豫艦上重逢。幾天後，孫中山登上永豐艦，指揮反擊陳炯明部叛亂，堅持了50餘日。這次事件使總統府夷爲平地，北伐受挫，史稱"孫大總統廣州蒙難"。

·1925年（民國十四年）

3月25日　國民黨中央執行委員會初步提出建設紀念堂的方案，議決募捐五十萬，爲大元帥建紀念堂圖書館。

4月13日　廣東省省長胡漢民發表《致海外同志書》，號召人民"以偉大之建築，作永久之紀念"，系統提出籌建廣州中山紀念堂的計劃。

·1926年（民國十五年）

1月　廣州國民政府成立"建築孫總理紀念堂委員會"，公開登報向海內外懸獎徵求紀念堂紀念碑圖案。

9月1日　紀念堂設計圖案結果揭曉，在海內外26份設計方案中，專家評定呂彥直的設計圖獲首獎，二獎楊錫宗，三獎范文照。隨後孫中山先生廣州紀念堂及紀念碑籌備委員會與呂彥直簽訂建築師合同。

·1927年（民國十六年）

10月30日　李濟深在李公館主持召開拆遷收用民房的會議。紀念堂堂址確定後，首先面臨的是收用民房、拆遷補償問題。由於設計變更、堂址西移，拆遷量也隨之增加。據不完全統計，拆遷補償工作從1927年起，歷時4年，共徵用民房三期，拆遷364戶。其中，第一期80戶；第二期48戶；第三期236戶。

·1928年（民國十七年）

1月25日　投標會議在廣東省政府會議廳舉行，陶馥記營造廠、慎昌洋行、裕華真記陶業有限公司勝出，分別與籌委會簽訂了建築中山紀念堂的合同。

3月22日　中山紀念堂工程正式動工興建。

4月　孫中山先生廣州紀念堂籌備委員會採納呂彥直的建議，決定將堂址西移二十餘丈。

·1929年（民國十八年）

1月15日　省政府主席陳銘樞出席了中山紀念堂奠基儀式，馮祝萬代李濟深宣布典禮事由。

12月5日　中山紀念碑建設竣工。

·1930年（民國十九年）

5月31日　廣州市政府第十八次行政會議議決通過，建設中山紀念堂西北兩面馬路。這一舉措，有利於解決紀念堂的北面交通，但堂碑一體化的整體佈局從此被打破。

·1931年（民國二十年）

10月10日　中山紀念堂主體工程完成，並舉行了隆重的落成典禮。鄧澤如、孫科受匙行開門禮，林雲陔報告建築紀念堂碑經過。

11月18日至12月5日　中國國民黨（粵）第四次代表大會在中山紀念堂召開。

·1932年（民國二十一年）

中山紀念堂舉行第一次紀念周。

· 1938年（民國二十七年）

6月7日　中山紀念堂遭到日軍飛機轟炸。紀念堂前被重磅炸彈炸出大坑。

6月8日　中山紀念堂再次遭到日軍飛機轟炸，燃燒彈一處落在西臺階，另一處彈片穿透建築物後墻，所幸對建築物結構沒有造成破壞。

12月10日　廣東日偽治安維持委員會在中山紀念堂舉行成立"典禮"。

· 1939年（民國二十八年）

12月　汪精衛在廣州中山紀念堂出席廣東日偽政權成立周年閱兵。

· 1945年（民國三十四年）

9月16日　上午10時，國民黨第二方面軍司令張發奎在中山紀念堂主持駐廣東日軍受降儀式，日軍將領田中久一在投降書上簽字。

· 1951年

3月8日　廣州市15萬婦女在中山紀念堂前廣場上舉行抗美援朝、保家衛國游行。

9月　廣東省第二屆各界人民代表會議在廣州中山紀念堂召開，葉劍英（廣東省第一、二屆各界人民代表會議協商委員會主席）等黨政領導出席。

· 1954年

7月23日　廣州歸國華僑學生招生委員會在中山紀念堂舉行歡迎、歡送歸國華僑學生投考、入學大會。

· 1956年

8月16日　廣州市各界人民在中山紀念堂前面的廣場上舉行群眾大會，支持埃及人民收回蘇伊士運河。

· 1956年

10月13日　印度尼西亞總統蘇加諾訪問廣州，廣州人民在中山紀念堂舉行了歡迎蘇加諾總統的晚會。

· 1958年

1月24日　毛澤東在中山紀念堂接見幹部、戰士，並參觀紀念堂建築，稱："這是中國人自己設計、自己施工建造的偉大建築物，誰說中國人不行？"

· 1965年

周恩來總理在中山紀念堂觀看革命音樂舞蹈史詩《東方紅》。

· 1967年

7月23日　中山紀念堂內外發生廣州地區兩派組織的嚴重衝突，造成重大傷亡。這是"文化大革命"以來廣州地區發生的第一次大型"武鬥"事件。

· 1978年

7月14日　中共廣東省委、廣州市委在中山紀念堂召開會議，認真落實黨的幹部政策和知識分子政策。

· 1985年

3月13日　中山紀念堂舉辦改革開放以來第一場商業性演出——羅文演唱會。

·1998年

3月5日　中山紀念堂綜合大維修工程正式動工。

12月18日　通過廣州市政府的全面驗收，歷時九個多月，政府總投資6700萬元，是中山紀念堂有史以來規模最大、耗資最多的一次綜合性大維修。維修後的中山紀念堂煥然一新，成爲集旅遊、演出和大型集會多功能於一體的場所。

·1999年

1月1日　廣州首場新年音樂會在中山紀念堂舉行。

12月19日　廣州各界在中山紀念堂舉辦"慶祝澳門回歸祖國聯歡晚會"。

·2001年

6月25日　中山紀念堂晉升全國重點文物保護單位。

·2002年

7月17日　經國家旅游區（點）品質量等級評定委員會批准，廣州中山紀念堂被國家旅游局評爲2002年第二批國家AAAA級旅游區（點），成爲廣州市第一家獲此稱號的全國重點文物保護單位。

12月3日　第二屆世界廣東同鄉聯誼大會在中山紀念堂舉行。

·2003年

6月19日　廣東省抗擊非典先進集體和先進個人表彰大會在中山紀念堂舉行。

·2005年

10月10日　時任中國國民黨副主席吳伯雄晉謁廣州中山紀念堂，並在主體建築前合影。

·2006年

1月9日　《羊城晚報》刊登"打造廣州城市名片"大型調查活動的評選結果，廣州中山紀念堂以1584的票數從三個候選名片中脫穎而出，被評爲"歷史名片"。

10月12日　中國國民黨名譽主席連戰晉謁廣州中山紀念堂並題詞："蘭香逸，重簷舉，華表千載存高志"。

11月17日下午　臺灣新黨主席鬱慕明晉謁廣州中山紀念堂並題字。

11月26日　2010年廣州亞運會會徽發佈儀式在中山紀念堂舉行。

·2008年

5月7日　2008年北京奧運會火炬傳遞來到廣州中山紀念堂。

·2009年

3月22日，"亞運廣州行"啓動儀式暨亞運會倒計時600天群衆文化活動在中山紀念堂隆重舉行。

Iquam ing exer sum num dolenim volor aut wis nit vent inissequat. At.

Exerciduipis nulla coreet velit ipit aliquat, velis ercinci liquipsum augiatum iureet, velisis dolortie magna aliquis aliquisl dolorperat. Ut wisit, quisl iriuscing ea faccum do commolore feugiam, sed mincil ut ing exercip ero con veriustie eros nostrud tet, consequis ad te feu faccum el enim alisi.

Em dolestrud eugiatisi.

Tat nonse feum iure dolore do do eugiatem duisl ex er sed dolut ullummy niat.

Iril ulput aliquat am nosto eu faccum ilit nummod tion veliscin ea consed mincil ulputatueros nostrud modolor si.

呂彥直書信一封

光宇[1]我兄大鑒：

奉手書敬悉。南京市府擬組織設計委員會，辱蒙推薦，並承垂詢意見，不勝銘感。對於加入市府擬組之專門委員會，因弟於此事意氣如所條陳，故此時不能斷然允諾。茲先將鄙意分列三款陳述如次。(甲)答復尊函詢及各條，(乙)對於首都建設計劃之我見，(丙)私擬規畫首都設計大綱草案之供獻。

（甲）

(1)設計委員會取兩級制，當視其職責權限之規定，始可決其適宜與否。因陵園計劃委員會之經驗，關於規定委員會名稱職權，極宜審慎，請於下(乙)款鄙見內陳述之。

(2)建築設計專門委員會人限及組織問題，根本解決在確定其目的及事務之範圍。若其目的僅在擬製首都設計總圖案，則弟意以爲此項任務不宜採用委員會制度。蓋所設總圖案者，即首都全市之具體的完整的佈置設計(General Schemeor Parts)。就南京市之性質及地位情狀而言，其設計雖包括事項多端，但在根本上已成一創造的美術圖案。但凡美術作品，其具真實價值者，類皆出於單獨的構思，如世界上之名畫、名雕刻、名建築以至名城之佈置，莫非出於一個名家之精誠努力。此種名作固皆爲一時代文化精神思想之結晶，但其表現必由於一人心性之理智的及情感的作用。美術作品最高貴之處，在於其思想上之精純及情意上之誠摯，其作用全屬於主觀。根據此理由，則首都之總設計圖，宜出於徵求之一道，而決非集議式的委員會所能奏效。懸獎競賽固爲徵求辦法之一，但需時需費，而因歷史國情等人地關係，結果未必可觀，特約津貼競賽似較適用，或徑選聘專材全責擔任創製，亦最妥之辦法。因即使必用委員會制，其設計草案亦必推定一人主持也。且建築師爲美術家，藝術創製之工作可有分工，而不能合作，其性質蓋如此也。(此處所言總設計爲規模完整的全體佈置，全屬藝術性質，至於其中之局部詳細計劃，固爲專家分工擔任之事，其組織法於下款鄙見中陳述之。)

（3）外國專家，弟意以爲宜限於施行時專門技術需要上聘用之。關於主觀的設計工作，無聘用之必要。以上答復尊詢各條，次陳述。

（乙）對於建設首都計劃之我見

建設首都之手續兩層：(一)成立計劃全部及分部；(二)籌備及實施。執行此兩項任務之機關，即應須成立之各委員會。先就性質上觀察之，建設首都爲國家建設事業之一，其情形條件與開闢一商埠相似，非一地方之事，故其執行機關之性質爲屬於中央的，其委員會適用兩級制。委員會名稱及組織，依弟意見宜有：(一)"首都建設委員會"。其職權爲決定計劃、釐定方針、籌備經費及實施工程。其組織如市府所擬"設計委員會"。委員包括黨部國府市府及有關係部長及政務官長。在實際上實施工作之責，屬於市府，故此委員會當以市府爲中心，蓋建設委員會有臨時性質(其存在期間實際上固必甚久)，首都建設完成以後，委員會終止而市府繼續其職務。(二)"首都市政計劃委員會"爲專門家之委員會，其任務爲責計劃市政內部各項事業。市政所應包括事項，如交通系統(街道市區布置)、交通制度(鐵道電車水綫航空等)、衛生設備、建築條例、園林佈置、公共建築、工商實業等細目。此委員會爲永久性質，委員皆責任職。首都之總設計成立以後，由此委員會制定其內部之詳細計劃。其組織大要宜爲一整個的委員，應包括代表市政各項事業各一人特聘之顧問等。宜設常務委員，並就各項事業之需要附設專門技術委員會或技師以執行計劃之實際工作(按此委員會之性質爲Commission，含有特設研究之意義，

[1] 指夏光宇。夏光宇，上海青浦人，早年入北京大學攻讀建築學，畢業後曾任交通部技正、路政司科長、廣三鐵路管理局局長等。1927年4月27日，葬事籌委會第四十五次會議決議："聘請夏光宇君爲籌備處主任幹事"(南京市檔案館、中山陵園管理處編.中山陵檔案史料選編.南京：江蘇古籍出版社，1986年，第102頁)

我國尚無相當名稱)。於此兩級委員會以外，有一事應須特別設置者，即中央政府及市府之各項建築之工程是也（按吾國名詞現未統一，混淆已極，建築一語意義尤泛，今爲便利起見，擬規定建築當爲Architecture之義，至Contruction，則宜課曰建造或建設）。其次，公共建築將爲吾國文化藝術上之重要成績，其性質爲歷史的紀念的。在吾國現在建築思想缺如、人才消乏之際，即舉行盛大規模之競賽，亦未必即求得盡美之作品。弟意不若由中央特設一建築研究院之類，羅致建築專才，從事精密之探討。冀成立一中國之建築派，以備應用於國家的紀念建築物。此事體之重要，關係吾民族文化之價值，深願當局有所注意焉。依上述組織法列表如次。

以上爲弟理想中建設首都之完善計劃，其注重之點在求簡捷適用而尤貴精神上之統一與和合，與市府所擬微有不同，我兄意見如何？可否請將鄙見提出市府參考應用？前閱報載建設委員會委員李宗黃有設立"市政專門委員會"之建議，未知其內容如何者。

首都建設委員會

(丙)供獻私擬規畫首都設計大綱草案

統一大業完成，建設首都之務，於實現黨國政策若取消不平等條約及籌備開國民會議，關係至深且鉅，其計劃之成立，實已刻不容緩。定都南京爲總理最力之主張。在弟私衷以爲此鐘靈毓秀之邦，實爲一國之首府，而實際上南京爲弟之桑梓，故其期望首都之實現尤有情感之作用。自去歲黨國奠都以來，即私自從事都市設計之研究，一年以來差有心得。自信於首都建設之途徑已探得其關鍵，願擬草就圖說至相當時機，出而遙獻於當道，以供其研究參用。弟承市府不棄，咨詢所及，敢不竭鄙識，瀝陳下情，請於市長假以匝月之期，完成鄙擬"規畫首都設計大綱草案"，進獻市府作爲討論張本，然後再商榷徵求設計之手續。弟之此作，非敢自詡獨詣，實以心愛此都深逾一切，且於總理陵墓及陵園計劃皆得有所貢獻，故於首都設計之事，未嘗一日去情，如特因我兄之推穀，蒙市長及當道之察納，使弟一年來探索思構之設計得有實現之一日，則感激盛情於無既矣。言不盡意，餘當面罄。

專覆順頌

　　日祉

　　　　　　　　　　　　　　　　　　　　　　　　弟 呂彥直 頓首

　　　　　　　　　　　　　　　　　　　　　　　　十七、六、五

　　　　　　　　　　　　　　　　　　　　　　（黃建德提供）

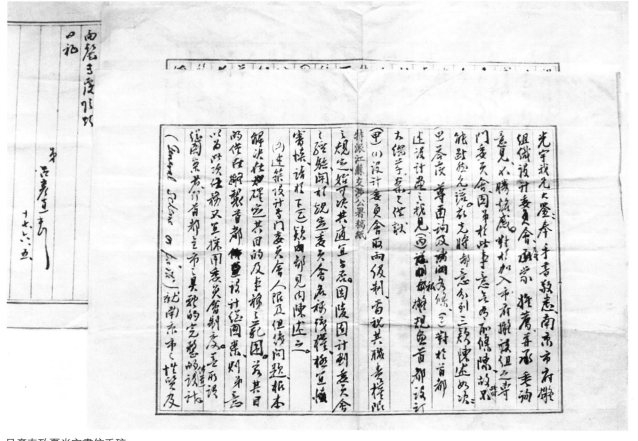

呂彥直致夏光宇書信手稿

附錄二：

建設首都市區計劃大綱草案[2]

呂彥直

夫建設根據於計劃，計劃必基於理想；有邃密之理想，然後有完美之計劃；有完美之計劃，然後其設施乃能適應乎需要，而其成績始具真價值。中華民國之建國也，根據三民主義之理想，及建國方略之計劃，而以世界大同爲其最高之概念者也。首都者，中樞之所寄寓，國脈之所淵源，樹全國之模範，供世界之瞻仰。其建設計劃之基本理想，當本於三民主義之精義，及建國大綱所定之規制，造成一適用美觀、宏偉莊嚴的中央政府運用權能之地，同時尤須以增進發展都市社會之文化生活爲目的。

都市計劃，有理想的及實際的，兩方面須兼顧並察。就平地而起新都，則可盡理想中至完盡美之計劃以從事，如北美之華盛頓是；就舊都而建新市，則必須斟酌實際情況，因勢制宜，以逐步更張，如法國之巴黎是。若南京者，雖爲吾國歷代之故都，但其所被兵燹之禍獨烈，所留之遺跡最缺，其有保存之價值者蓋尟。全城三分之二，實可目之爲邱墟，等諸於平地。故就今日南京狀況觀之，可謂其兼有法、美二京初設時之情勢，則規劃之事、理想與實際當兼併而出之，以臻於至善。巴黎之改造也，拿破崙第三以帝主之威力，採用浩士曼之計劃，積極施

[2]此文原載於原首都建設委員會秘書處1929年10月編印《首都建設》，標題爲《規劃首都都市區圖案大綱草案》，現據呂彥直先生手迹整理校訂。此份手稿與《首都建設》所刊略有不同：1、總標題：手稿題爲《建設首都市區計劃大綱草案》；2、章節標題及序號：手稿"引言"部分無標題及序號；3、措辭：已刊文稿中的"黨國"一詞在手稿中均爲"國家"、"先哲祠"在手稿中爲"先賢祠"等；4、手稿中無"七、建設經費之大略預算"一項。今據兩種文本所述之內容及措辭分析，疑《首都建設》所刊編者修改（應徵得了作者的許可），似有原首都建設委員會之意圖；而原稿則更能體現作者之原有規劃思想，故具相當高之史料價值和學術價值。爲此，徵得此份手稿收藏者黃建德先生的同意和支持，今全文收錄本書，以饗讀者。——整理者注

[3] 朗仿，法國建築師、規劃師，今通"朗方"。——整理者注

行，更獎勵民間之建築，不數年而巴黎成爲世界最美觀之都城。華盛頓京城之肇畫，成於獨立戰爭之後，出於法人朗仿之手[3]，但其後未能完全根據當日之計劃。至今二百餘年後，乃知其失策，現已由國會派定藝術專會，從事糾正其舛誤，以求符合於朗仿之計劃。由是以觀，建設都市有先定基本計劃而後完全依據以施行之必要。吾國首都建設伊始，宜作詳審之研究，以定精密之計劃，既當師法歐美，而更須鑒其覆轍焉。

就地理之形勢、政治之需要、及社會之情狀而觀之，南京之都市，宜劃爲三大部分：一曰中央政府區，二曰京市區，三曰國家公園區。中央政府區，宜就明故宮遺址佈設之，依照本計劃之所擬，將來南京都市全部造成之時，此處適居於中正之地位。京市區先就城中南北兩部改造之，而東南兩面，則拆除其城垣，以擴成爲最新之市區。夫城垣爲封建時代之遺物，限制都市之發展，在今日已無存在之價值。惟南京之城垣，爲古迹之一種，除東南方面阻礙新計劃之發展，必須拆卻外，其北面及西面，可利用之以隔絕城外鐵道及工業區之塵囂，並留爲歷史上之遺迹。城西自下關以南，沿江闢爲工業區，鐵道、船塢皆使匯集於是。國家公園區自中央政府區至東北，包括現已着手規劃之中山陵園，擬再迤東，造成面積廣袤之森林。各區詳細佈置、略如下述。

一、中央政府區

中央政府區，或即稱國府區，位於明故宮遺址。地段既極適合，而其間殘跡殆盡，尤便於從新設施。按南京形勢，東北屏鐘山，西北依大江，受此兩方之限制，將來都市發展，必向東南方之高原。則故宮一隅，適居於中點，故定爲中樞區域，又其要因也。規劃此區，首在拆卻東南兩面之城垣，鏟平其高地，而填沒城內外之濠渠，以便鋪設道路。自太平門向正南劃南北向之軸綫，作一大經道，改正現在午朝門偏向西南之中道。自今西華門之地點，向東劃東西大緯道，分此區成南北兩部。北部依建國大綱之所規定，作國民大會之址，爲國民行使四權集議之地，乃全國政權之所寄也。國民大會之前，立莊嚴鉅大的總理造像，再前闢爲極大之廣場，以備國家舉行隆重典禮時，民衆集會之用。場之東設國民美術院，其西設中央圖書館。國民大會之後，設先賢祠及歷史博物館。凡此皆可以發揚光大中華民族之文化，實國族命脈之所系也。全部之佈置，成一公園，北依玄武湖，東枕富貴山，而接於中山陵園，西連於南京市，此爲大緯道北部之計劃。緯道南部之廣袤較北部爲大，爲中央政府之址。依建國大綱所規定，爲中央政府執行五權憲法集中之地，乃全國治權之所出也。全部形作長方，道路布設成經緯。正中設行政院，位於大經道之中，北望國民大會，南矚建國紀念塔。其左爲立法院及檢察院，其右爲司法院及考試院。東南、東北、西南、西北之隅，則置行政院之各部。將來須增設之部及其它政府附屬機關，皆環此而置之。國府區之西南連接南京舊市區，其東南則擬辟成首都最新之田園市。此國府區布置之大要也。

二、京市區

南京之現狀，以下關爲門戶。城內則有城南城北之通稱，其間縱貫南北及橫貫東西之幹道，雖各有二，然皆蜿蜒曲折，全乏統系。而行政機關，則散佈四方，略無連絡。今欲改造南京市，急宜劃立市政府行政中樞，以一統攝、而壯觀睹。茲擬就南北適中之處，劃地一方，收買其民地，以作市政府之址，爲全市行政總機關，號之曰市心。自此以北，地廣人稀，當就其地劃設寬闊整齊之街衢，成南京之新市區。現在之寧省鐵路，則宜取消之，蓋按市政經濟原理，凡鐵路在城中經過之附近，必成一種貧賤汙穢之區。將來鐵路終點，宜總集於一中央車站，此路勢在淘汰之列。其路綫所經過地段，乃可發展爲高貴之市區。城北迤西一帶，山崗之間，當佈置山道，作居宅之區域。下關一隅，現仍其爲交通樞紐，但其街衢，皆須放闊，從新設施。滬寧鐵路終點，現可仍其舊，將來宜延長，

使經過沿江之未來工業區，以達於漢西門外，於此地設中央總站，實爲最適中之點。車站分南北兩部，將來由湘粵浙贛自南而來之鐵路，皆止於車站之南部；其自滬自北及自西而來之路綫，皆須經浦口，或架橋、或穿隧道江底(建國方略中已有此提議)，以直達於中央總站之北。自中央總站向東關橫貫南全城中心之東西大道，續國府區之大緯道，直通公園區之鐘湯路。若此則中央車站之所在，誠全城市交通至便之機紐矣。自市府以南，現所謂城南一帶，其間屋宇櫛比，勢必逐漸改造。先就原有連貫繼續之孔道放寬改直，惟因於全市交通，及預備發展東南方最新市區計劃上之需要，宜即劃一斜出東南之大道，經市心而連接向西北至下關斜上之路，完成一斜貫全城之大道。得此然後南京市之交通系統以立，而市區乃有發展之期望。故此路之開闢，乃市心之劃定，實改造南京市計劃上根本最要之圖也！秦淮河爲城內惟一水道，而穢濁不堪，宜將兩岸房屋拆收，鋪植草木成濱河之空地，以供鬧市居民游息之所。至其橋梁，則須改建而以美觀爲目的。通濟洪武門外，預定爲最新建設之市區，其間道路自可佈置整齊、建築壯麗。依最新之市政原則，期成南京市清曠之田園市。至漢西門、水西門外沿江至下關一帶，已擬定之工業區亦當設計而佈置之（按《建國方略》中已主張取消下關而發展來子洲爲工業區）。交通之系統既定，則依市政上經濟原則，分道路爲數級，曰道、曰路、曰街、曰巷等等，各依其位置重要及應用之性質而定其廣狹。凡重要道路之交叉點，皆劃爲紀念建築地，作圓形或他種形勢之空場，置立華表碑像之屬，以爲都市之點綴，而作道里之標識。通衢大道之上，皆按最適當方法，鋪設電車軌綫。城內四隅，尤須留出空地多處，以備佈設市內公園之用。城內不宜駐兵，兵營軍校，皆移設江濱幕府山一帶。現在西華門之電燈廠及城南之製造局，則須移置於城西工業區。

三、國家公園

國家公園，包括現規劃中之中山陵園，擬再圈入玄武湖一帶，並迤西更植廣袤之森林，作京城東面之屏藩。中山陵園之設計，大致以中山陵墓爲中心，包括鐘山之全部，南部則廢止鐘湯路，其中就天然之形勢，經營佈置，以成規模宏大之森林野園。其間附設模範村，爲改進農民生活之楷模。有植物及天文臺學術機關，爲國家文化事業附設於此者。此外則擬有烈士墓之規定，及紀念總理之豐碑。其餘明陵及靈谷寺等名勝遺跡，則皆保存而整理之。按此爲總理陵墓之所在，使民衆日常參謁游觀於其地，感念遺教之長存，以不忘奮發砥礪，而努力吾人之天職，得不愧爲興國之國民。則其設計宜有深刻之意義，又豈徒以資吾人游息享樂而已哉。

四、建築之格式

民治國家之真精神，在集個人之努力，求供大多數之享受。故公衆之建設，務宜宏偉而壯麗；私人之起居，宜尚簡約而整飾。首都之建設，於市區路綫佈置既定以後，則當從事於公衆建築之設計，及民間建築之指導。夫建築者，美術之表現於宮室者也，在歐西以建築爲諸藝術之母，以其爲人類宣達審美意趣之最大作品，而包涵其它一切藝術於其中。一代有一代之形式，一國有一國之體制；中國之建築式，亦世界中建築式之一也。凡建築式之形成，必根據於其構造之原則。中國宮室之構造制度，僅具一種之原理，其變化則屬於比例及裝飾。然因於其體式之單純，佈置之均整，常具一種莊嚴之氣韻，在世界建築中占一特殊之地位。西人之觀光北平宮殿者，常嘆爲奇偉之至，蓋有以也。故中國之建築式，爲重要之國粹，有保存發展之必要。惟中國文化，向不以建築爲重，僅列工事之一門，非士夫所屑研探。彼宮殿之輝煌，不過帝主表示尊嚴，恣其優游之用，且靡費國幣而森嚴謹密，徒使一人之享受，宜爲民衆所漠視。至於寺宇之建築，則常因自然環境之優美，往往極其莊嚴玄妙之現象，但考其建築之原理，則與宮殿之體制，略無殊异。今者國體更新，治理异於昔時，其應用之公共建築，爲吾民建設精神之主要的表示，必當採取中國特有之建築式，加以詳密之研究，以藝術思想設圖案，用科學原理行構造，然後中國之建築，乃可作進步之發展。而在國府區域以內，尤須注意於建築上之和諧純一，及其紀念的性質、形式與精神，相輔而爲用；形式爲精神之表現，而精神亦由形式而振生；有發揚蹈勵之精神，必須有雄偉莊嚴之形式；有燦爛綺麗之形式，而後有尚武進取之精神。故國府建築之圖案，實民國建設上關係至大之一端，亦吾人對於世界文化上所應有之供獻也。

五、建設實施之步驟

以上所擬之草案，雖出於理想者爲多，而於實情未嘗無相當之觀察。夫首都之建設，必須有根本改革之基本計劃，至今日而益彰矣。首都爲全國政治之中心，在在足以代表吾族之文化，覘驗吾民族之能力，其建設實爲全國民衆之事業，爲全國民衆之責任。工程雖極浩大，要非一地方之問題，是宜由國家經營。關於計劃之實施，應由中央釐定完整之方案，以便逐次進行。此則屬於行政院範圍之事，非此草案所得而及。但對於進行之程序，與夫事之輕重先後，其大較有可言者：首都市計劃之根本在道路，則籌設道路自爲先務。然在舊市中闢劃新路綫，困難至多，蓋無在而不發生居民反抗之阻力。但此種反抗，自在人煙稠密、建築櫛比之區域。今宜先就城北荒僻之處，力行經營，設法導誘首都新增人口，以展發新市區。同時並將東南方之林園市積極擘畫，則城內舊市之商務，受東南西北之吸收，不難使其日就衰頹。及其已呈殘敗之象，再進而改造之，以容納首都有加無已之人口，而一改其舊現。斯時全城之形勢，乃可呈現其整齊壯麗之象，南京市之計劃，於是全部完成。而絢爛璀燦之首善國都，於此實現矣。

（原載1929年10月《首都建設》，現據黄建德先生收藏手稿校訂。校訂者：殷力欣）

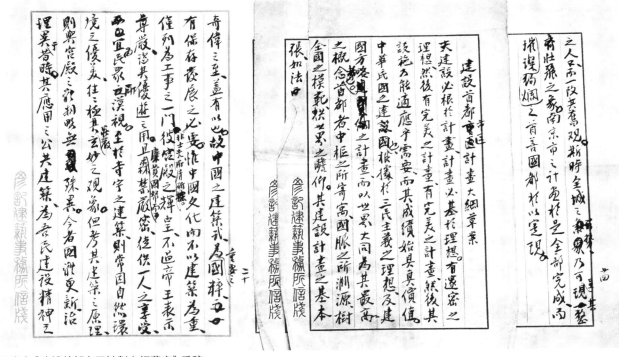

呂彦直《建設首都市區計劃大綱草案》手稿

代表呂彥直在中山陵奠基典禮上的致辭
黃檀甫

今日爲中山先生陵墓祭堂行奠基禮之期，鄙人同事者呂彥直建築師因身體違和，不能親來，殊甚可惜。故鄙人此來係代表呂君參與盛典，實深榮幸之至。關於今日在中國時勢上及歷史上之重要，自有今日執政諸公可以説明，不待不佞辭費。惟不佞今日仍來與諸君一相晤談者，鄙人代表呂彥直同事欲以藉此機會，申達感謝哲生先生及葬事委員諸公膺選呂君圖案之盛意，並表示兩種感想，及因此而又發生兩種之希望。夫陵墓之建造，首在保存遺體，次則所以紀念死者。自來歷史上對於喪葬，其欲留存永久之遺跡者，蓋無不盡其力之所至。在西方，如埃及之金字塔(GE.PYRAMID)、羅馬帝王之陵寢(B.C.28, Mavsoleom Angustas)、各國帝王名人之墓。在東方，如印度最珍貴之建築曰塔知馬哈爾者(Taj.MAHAL AD.1630)；我國今日所存之明孝陵，及北方明十三陵、清東陵等，皆在建築上具最貴之價值。中華民國以來，十五年中，所失名人亦不少。其所以紀念亡者，亦各盡其宜。惟中山先生之逝世，則非惟民國損失新創造人，即在世界上亦失去一偉人。所以謀爲紀念者，亦非惟國人所獨具之忱，故應徵製先生陵墓圖案，其較佳之作，外人反占多數。

今陵墓已動工矣，預定明年此次可以竣工矣。不佞因此乃有第一感想。慨自民國十五年以來，日見爭鬥之事而無建設之象。中山先生所以革命，其目的在改造中華民族，在建設中華民國。祇在外人租界則日見發展，中國人之可痛愧者，莫過於此。今中山先生已爲吾人犧牲矣，因此而有陵墓之建築，此殆可視之爲民國以來第一次有價值之紀念建築物，吾人因此亦不能不勉勵，而希望有實用之紀念建築物日興月盛。如將來此處之中山紀念大學及民國國家政治機關、社會機關，皆應有相當之紀念物。一國家一民族之興衰，觀之於其建築之發達與否，乃最確實之標準。蓋建築關於民生之密切，無在而不表示其文化之程度也。故中華民族而興隆，則中華之建築必日以昌盛。吾人因此而發生第二種感想與希望。夫建築者，在在足以表示吾民族之文化矣。然則民族文化之價值，亦將由其所創造之建築品觀之。夫建築一事，在文化上爲美術之首要，其成之者，應用哲學之原理及科學的方法。然其所以爲美術，由其具有感發之作用。凡有一價值之建築，猶之一人必有其特殊之品格，而其品格之高尚與否，則視其圖案之合宜與否。若陵墓之圖案，必需嚴肅幽厲，望之起祇敬感懷之心而後得體。其圖案之是能興起此感觸，則胥其建築師之才學矣。

今者，吾國向無需要高上建築之心理，故不求其圖案之合乎美術原理，而關於建築之學術則無人注意。是以建築之人才，則寥若晨星，有需較大之建築，則必假手外人。夫外人之來中國者，其目的完全在求利，彼固不顧其圖案之足否、合格否也。將來中華民國入於建設時，其建築物必成永久的、紀念的、代表文化的，故關於其圖案之鄭重，可以設想。但以吾國今日建築人才之缺乏，其勢不能不悲觀，故今希望社會對此建築學，無再視其無足輕重，當設法提倡教育本國人才，興立有價值之建築物。

今者，中山先生葬事籌備委員會今對於圖案之選定，非常鄭重其事，可見亦已認定其關係之重要，促共國人之注意，此可爲吾國建築界前途賀者。今此陵墓者，所以爲中山先生紀念者也，而爲民國第一次之永久建築。民國者，中山先生之所手創也，將來民國建設時之永久的紀念的建築日興月盛，是皆因先生之倡導，亦先生之所希望。則此將來之建築，皆得爲先生之更永久的紀念。

（黃建德提供）

如印度最珍贵之建筑曰塔（Taj Mahal Agra）知名哈尔者及
罗马帝王之陵寝各国帝王名人之墓在东方
如埃及之（Pyramid）金字塔
不尽其力之所至在西方如埃及之金字塔
对于表示晋存永久之遗迹者盖无
保存遗体况则所以纪念死者自表历史比
此帝又发生两种之希望夫陵墓之建造首在
庸选君君圆案之感意并表示两种之感想及用
会申达感谢哲生先生及诸董事委员诸公
相晤误者鄙人代表吕彦直同事欲以藉此机
明不待不使辞费惟不使今日执政诸公可说
上及历史上二重要自有今日执政诸公可说
盛典实深荣幸之至澜於今日在中国时势
观来殊甚可惜故鄙人此未俦代表吕君参与
鄙人同事者造彦直建筑师因身作惟和不能
今日为中山先生陵墓殊堂行葬基礼之期

（一）

編後記

還在2009年1月19日,《建築創作》雜志社主辦的"建築師與媒體面對面的新年論壇"上,我們曾提到,2009年是"五四運動"90周年,而與此對應的,是人們尤其不該忘記與時代一起走過的那些杰出的建築師及其作品,呂彥直及其南京中山陵和廣州中山紀念堂建築等。

如今,面對海內外紀念"五四"新文化運動90周年的熱情,我認爲,90年後的反思,不能僅停滯在對科學與民主的膜拜和思考上,而必然喚起時代的回響。值得注意的是,盡管"五四"過去90年了,但中國文化,尤其是中國文學始終未能走向世界。中國文聯副主席、作家馮驥才認爲,與"五四"後許多中國人從事翻譯西方文學相比,幾乎没有西方人翻譯中國作品。與中國文學的近況相比照,我們認爲中國近現代建築及其建築文化,雖"五四"新文化運動之啓蒙産生突變,卻未得到總結和傳播,無論在建築界、文博界、教育界都未從根本上關注這種變化。"五四"新文化運動的基本精神是反傳統,"五四"的啓蒙思想家從以"三綱五常"爲核心的禮教中發現了專制,從"重道輕器"的觀念中找到了中國現代化之阻力,於是發生了關於文化的一系列反叛之聲。從此種意義上講,用圖書紀念中山先生奉安大典80周年并追溯建築師呂彥直的創作觀,就自然成爲當下紀念"五四"新文化運動90周年的又一有意義的事件,因爲它至少在建築學界將當時剛剛啓蒙的中國建築教育思想與新文化進程相銜接,將呂彥直等一批當時中國的青年建築學人與"五四"新青年相聯係,這本身體現了一種新認知。我們爲編研《中山紀念建築》專程造訪文化名城、偉人故裏——廣東中山市,深深感受到這裏弘揚的"博愛、包容、和諧"的新時期中山精神。

建築文化考察組自2006年9月成立伊始,首先開展的是古代建築文化遺存的考察工作,繼而萌發擇要做專題專項研究的願望。受1966年出版的陳明達先生編著《應縣木塔》的啓發,又恰巧有一份陳明達先生遺著《獨樂寺觀音閣、山門的大木制度》待整理,於是便有了編輯《薊縣獨樂寺》專集的初步嘗試,繼而又編著了《義縣奉國寺》一書。我們的上述工作,可以説是一個"爲中國傳統建築經典樹碑立傳"的工作。

也就是在這個梳理古代建築發展史的過程中,每每回顧當年中國營造學社前輩們的工作,特別是與已故建築文化考察組成員劉志雄先生的研討中,思索朱啓鈐等奠基中國建築歷史學科的初衷,總覺得他們是爲了民族建築的創新而去研究古代建築的。

梁思成先生認爲呂彥直先生設計中山陵"適足以象徵我民族復興之始也",飽含着他對現代建築師的期待……

陳明達先生説:"民族形式不是固有不變、等你發現的東西,而是一個創作問題,要你在我們傳統文化的基礎上,根據我們這個民族的現實去創造。"可見他研究古代建築是爲着中國建築的未來的。

所有這些,總令我們有一種樸素的衝動:將考察研究的範圍盡快擴大到近現代建築之中。

我們曾經考慮過將中山陵考察作爲近現代建築實例研究的開端,但限於資料的匱乏,我們祇能將這個設想擱置起來。

事有機緣巧合。2008年5月，德高望重的建築學資深編審楊永生先生轉來江蘇大學黃建文教授的來信，言及他們兄弟姊妹將其先父黃檀甫先生所珍藏150餘幀南京中山陵、廣州中山紀念堂建造過程的歷史照片已捐贈南京博物院，希望有關機構在中山先生奉安大典80周年之際，利用這批資料對這兩個著名的紀念建築群作一次成規模的研究。

有了這個意外的機緣，我們如願以償地以中山陵、中山紀念堂的考察作爲我們"爲近現代建築經典樹碑立傳"的開端。

這一過程遠比預想的要復雜、艱難。

首先是選題的確定。起初僅限於南京中山陵、廣州中山紀念堂，但本組成員殷力欣在初步梳理資料後提出："應將世界各地所有的中山先生紀念物視爲一個整體。"於是我們的選題便初定爲"中山紀念建築"。這似乎是更全面周到的，但隨後的工作也隨之更加復雜。

其次是資料的採集工作。我們先後得到了黃檀甫先生後人、南京中山陵園管理局、廣州中山紀念堂管理處、南京博物院、南京市城建檔案館、廣州市設計院等的通力合作，但也遭遇了個別單位的不合作；我們先後十次赴廣東、江蘇、上海等地拍攝現狀照片、搜集文獻資料，但仍不免有所疏漏、有所遺憾。

再次是撰寫書稿及圖片拍攝、美術編輯。基本資料搜集工作就緒之際，留給主要作者殷力欣、周學鷹、馬曉、劉江峰等的寫作時間也不足半年了。在如此短的時間內，他們既要安排本職工作，又要完成20萬字的導論、專論、文獻輯録與校訂等文字工作，其難度可知，其艱苦則難以言説。美術編輯康潔、攝影師劉錦標、傅忠慶、編輯助理路偉等在并不富裕的時間裏，克服了無數困難，完成了全書的編制，他們的工作本身正體現一種難得的"五四"精神。

歷經一年多，集衆專家智慧，在國家文物局單霽翔局長支持下完成的《中山紀念建築》一書，在諸多方面堪稱國內首創：

它是國內第一次將中山陵、中山紀念堂及臺北國父紀念館等建築融爲一體，并以中山紀念建築爲題的紀念建築專著，其學術貢獻首先是爲學界提供了一批極爲珍貴的建築圖紙、原始圖片及相關資料；

它是國內第一次由建築界與文博界聯係，爲建築師呂彥直及工程師黃檀甫的歷史貢獻總結與評述，并從中分析其文化內涵，進而探討"中山紀念建築"與"五四"新文化運動關係的命題；

它是中國第一次以一類超大型建築群爲個案，展開中國近現代建築文化遺產研究的範例，無論從文化遺產的繼承性，還是對中國當代建築的啓發性上，都有創作理念上的建樹；

它是中國建築史上以圖書形式出現的，以工程實例爲背景的對建築文化作出深入的研究的工程"圖説"，其價值不僅僅在于工程意義上，更體現在文化多樣性上，依據其豐富的史料及精選的內容，使該書不僅可供海峽兩岸建築學界研讀，也自然開闢了讓社會知識界群體認知的天地。

……

直至《中山紀念建築》將要付梓的前夜，我仍很詫异我們這些中青年朋友以怎樣一種的忘我精神和科學求實作風完成了這部看似不可能完成的大部頭著作。我以爲，這得益於學者們勤奮、敬業和專業素養；得益於全體編創人員對孫中山先生的敬仰；得益於大家對建築師呂彥直及黄檀甫的欽佩及學習之心；得益於要用實際行爲開創建築文化遺産研究與傳播的不懈努力；得益於我們對"繼承文化遺産以走向未來"所抱有的特殊使命感。在這裏我們尤其要表述的是：

　　感謝建築學資深編審楊永生先生對我們一行的信任；

　　感謝黄檀甫先生及其家人歷經磨難保存這些珍貴的文獻資料，尤其是黄檀甫哲嗣黄建德先生對本書出版所投入的無私奉獻；

　　感謝呂彥直先生的親屬李自煒、薛曉育夫婦，他們提供珍貴資料供本書首發，直至近幾天來還在義務爲本書校審書稿；

　　感謝南京博物院、南京市城市建設檔案館、廣州市設計院等單位，以文化遺産的責任感爲本書的出版在圖片、圖紙上提供的幫助；

　　感謝我們過去可愛、可敬、勤奮篤實的編研團隊，他們繼2008年8月完成緊張的"北京奧運建築"傳播任務，立即轉入"中山紀念建築"，才使本書的出版成爲可能。

　　最後，我們期望這部在"五四"新文化運動90周年之際出版的《中山紀念建築》一書，以其復雜而精確的工程性及博大精深的文化共通性，爲海峽兩岸建築學人及公衆認知偉人之偉大建築，提供一本可研讀的"教科書"。"中山紀念建築"，無論是藝術風格還是建築創作，都無愧於中國近現代杰出建築作品範例的盛譽。

　　願以《中山紀念建築》一書紀念中山先生奉安大典80周年，也同時敬獻給辭世80周年的建築大師呂彥直先生。

金　磊

2009年4月30日於北京